博碩文化

OCP

Java SE 11 Developer
認證指南・上
物件導向設計篇

Java SE 11 認證最佳攻略

- ✦ 解析原廠文件，切合認證範圍！
- ✦ 對照範例程式，迅速了解內容！
- ✦ 彙整教學經驗，重點一次掌握！
- ✦ 圖解複雜觀念，學習輕鬆上手！
- ✦ 演練擬真試題，掌握考試精髓！
- ✦ 適用 1Z0-819 認證考試

曾瑞君 著

 本書範例程式碼

OCP：Java SE 11 Developer 認證指南 ⑤

物件導向設計篇

作　　者：曾瑞君
責任編輯：曾婉玲

董 事 長：陳來勝
總 編 輯：陳錦輝

出　　版：博碩文化股份有限公司
地　　址：221 新北市汐止區新台五路一段 112 號 10 樓 A 棟
　　　　　電話 (02) 2696-2869　傳真 (02) 2696-2867

郵撥帳號：17484299　戶名：博碩文化股份有限公司
博碩網站：http://www.drmaster.com.tw
讀者服務信箱：dr26962869@gmail.com
讀者服務專線：(02) 2696-2869 分機 238、519
（週一至週五 09:30 ～ 12:00；13:30 ～ 17:00）

版　　次：2022 年 7 月初版

建議零售價：新台幣 690 元
I S B N：978-626-333-189-1（平裝）
律師顧問：鳴權法律事務所 陳曉鳴 律師

本書如有破損或裝訂錯誤，請寄回本公司更換

國家圖書館出版品預行編目資料

OCP：Java SE 11 Developer 認證指南 . 上 , 物件導
向設計篇 / 曾瑞君著 . -- 初版 . -- 新北市 : 博碩文化股
份有限公司 , 2022.07
　面；　公分
ISBN 978-626-333-189-1(平裝)

1.CST: Java(電腦程式語言)

312.32J3　　　　　　　　　　　111010749

Printed in Taiwan

序 言

時光荏苒，距離上次出版 Java SE 8 認證書籍已經 3 年了！

適逢前年 Java SE 11 的考試科目由 1Z0-815 與 1Z0-816 合併爲 1Z0-819，市場上迄今沒有對應的輔助書籍；加上 Java SE 8 已經在 2022/03 停止主要支援，預期認證考試也將逐漸進入尾聲，因此順勢在今年推出兩冊：

- OCP：Java SE 11 Developer 認證指南（上）－ 物件導向設計篇
- OCP：Java SE 11 Developer 認證指南（下）－ API 剖析運用篇

上冊以基本語法入門，以至於了解封裝、繼承、多型等物件導向程式的撰寫方式與設計模式實作，也包含列舉型別、巢狀類別、lamdba 表示式等特殊語法講授。

下冊聚焦 Java API 應用，包含泛型、集合物件與 Map 族群、基礎 IO 與 NIO.2、執行緒與並行架構、JDBC 連線資料庫、多國語系、lamdba 進階與 Stream 類別族群、日期時間類別族群、標註型別、模組化應用、資訊安全等豐富主題。

相較於上一版認證書籍的撰寫風格，這次的編排將擬眞試題實戰放在書末，並且有逐題參考詳解；希望無論是有志於考取 OCP Java SE 11 Developer 證照，或是熟悉 Java SE 11 功能的讀者，都能有各自的收穫。

曾瑞君 謹識

目 錄

Java 歷史與證照介紹　01

1.1　誰在使用 Java？

Java 是一種電腦程式設計語言，擁有跨平台、物件導向等高階程式語言特性，廣泛應用於企業網站與行動應用開發。

Java 是大多數網路應用程式的基礎，而常被使用於開發和設計內嵌及行動裝置應用程式、遊戲、網站內容以及企業軟體。因為源自開源碼（open source），藉由眾多社群的力量，可以協助程式開發者有效率地設計、部署以及使用優質的應用程式與服務。從筆記型電腦到資料中心、從遊戲機到超級電腦、從智慧型手機到網際網路，Java 均無所不在，根據 Java 官網的統計：

1. 有 97% 的企業桌上型電腦執行 Java。

2. 在美國有 89% 的桌上型電腦（或電腦）執行 Java。

3. 全世界有 9 百萬名 Java 開發人員。

4. 開發人員的首選。

5. 第一名的開發平台。

6. 有 30 億支行動電話執行 Java。

7. 100% 的藍光光碟播放機均預載 Java。

8. 有 50 億張 Java Card 在流通。

9. 有 1.25 億部電視裝置執行 Java。

10. 前 5 大原始設備製造商均預載 Java ME。

根據 TIOBE 網站（ⓤⓡⓛ https://www.tiobe.com/tiobe-index/）每月一次的評比結果，在 2020 之前都是由 Java 與 C 語言纏鬥前兩名；之後 Python 崛起，開始三強鼎立的局面。即便如此，Java 畢竟有很長一段時間是全球最多人使用的程式語言，其底蘊造就了多數企業、多數系統依然使用 Java，因此 Java 程式設計師在就業市場依然炙手可熱。

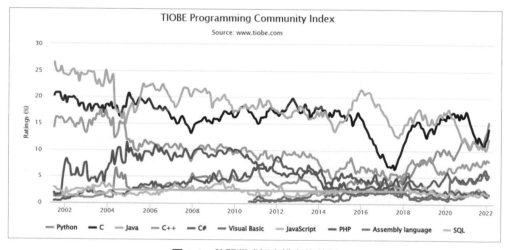

圖 1-1　**熱門程式語言排名趨勢圖**

> **小知識**　TIOBE 是一個程式語言熱門排行榜，每月都會進行一次調查。排行榜順序的主要依據是根據世界上的資深工程師數量、程式語言課程、程式相關供應商的數量以及網際網路主要搜尋引擎（例如：Google、Bing、Yahoo!、Wikipedia、Amazon、YouTube、StackOverflow 及 Baidu 等）所彙整的結果。

1.2 Java 的歷史

在 1990 年 12 月，昇陽公司（Sun）由 Patrick Naughton、Mike Sheridan 和 James Gosling 成立稱爲 Green Team 的小組。這個小組的主要目標是要發展一種適用於小型系統的程式架構，使其能在消費性電子產品作業平台上執行，例如 PDA、手機、資訊家電等。

在隔年，也就是 1992 年的 9 月 3 號，Green Team 發表了 Java 語言的前身，就是當時開發團隊稱呼爲「Oak」的程式語言，主要的目的就是用來撰寫裝置上的應用程式，而取名 Oak，則是因爲辦公室的窗外正好有一棵橡樹（Oak）。Oak 當時已經擁有目前 Java 的一些基本特性，像是安全性、網路通訊、物件導向、Garbage Collected、多執行緒等，是一個相當優秀的程式語言。

當 Oak 要去註冊商標時，卻發現已經被別人捷足先登，無法使用這個名字，大伙集思廣益的時候，因爲正巧喝著爪哇（Java）產的咖啡，於是改名爲「Java」，就這樣 Oak 就變成了大家熟知的 Java 程式語言。

可惜的是，由於智慧型家電的市場需求在當時沒有預期的高，等同宣告 Java 無用武之地。正當這個小組準備要被昇陽公司裁撤時，全世界第一個全球資訊網瀏覽器誕生了。Java 就以它優異的功能，在全球資訊網的平台上撰寫高互動性的網頁程式，我們稱爲「Applet」，因爲那時沒有其他的程式語言能夠做到，所以原本坐以待斃的 Java，又在全球資訊網上開啓了另一片天空。在 1995 年 5 月 23 日，JDK（Java Development Kits）1.0 版本正式對外發表，此後 Java 隨著網際網路的發展逐漸成爲重要的網路程式語言，當時也創造出了 2 個有名 Java 標誌：

1. 一個是 Java（爪哇豆）的咖啡杯：

圖 1-2　Java 標誌

2. 另一個則是吉祥物 - 杜克（Duke）：

圖 1-3　Java 吉祥物 - 杜克（Duke）

Java 的大事紀如下：

表 1-1　Java 大事紀

時間	Java 大事記
1995/05/23	Java 語言誕生。
1996/01	釋出 JDK 1.0。
1997/02	釋出 JDK 1.1。
1998/12	釋出 J2SE 1.2（代碼：Playground）。
1999/06	昇陽電腦公司釋出 Java 的三個版本：標準版（J2SE）、企業版（J2EE）和微型版（J2ME）。
2000/05	釋出 J2SE 1.3（代碼：Kestrel）。
2002/02	釋出 J2SE 1.4（代碼：Merlin）。
2004/09	釋出 Java SE 5.0（代碼：Tiger）。因為是 Java 語言發展史上的又一里程碑，Java 的各種版本一併更名取消其中的數字「2」：J2EE 更名為「Java EE」，J2SE 更名為「Java SE」，J2ME 更名為「Java ME」。
2006/12	釋出 Java SE 6（代碼：Mustang）。
2009/04/20	Oracle 公司宣布以每股 9.50 美元，總計 74 億美元收購昇陽電腦公司（Sun）。
2011/07	釋出 Java SE 7（代碼：Dolphin）。
2014/03	釋出 Java SE 8，是長期支援（long term support, LTS）版本，預計 2022/03 停止主要支援，但企業用戶可以購買其他支援。 認證考試版本為 1Z0-808、1Z0-809。
2017/09	釋出 Java SE 9。
2018/03	釋出 Java SE 10。

時間	Java 大事記
2018/09	釋出 Java SE 11，是 LTS 版本，也是本書關注的版本。 認證考試版本為 1Z0-819。
2019/03	釋出 Java SE 12。
2019/09	釋出 Java SE 13。
2020/03	釋出 Java SE 14。
2020/09	釋出 Java SE 15。
2021/03	釋出 Java SE 16。
2021/09	釋出 Java SE 17，是 LTS 版本。 本書出版時尚未推出認證考試。
2022/03	釋出 Java SE 18。

> **小知識** 從 Java SE 10 開始，Oracle 公司對 Java 版本的釋出改採固定時間：
>
> 1. 每隔 6 個月釋出一個新的 Java 版本。如 2018 年 3 月釋出 Java SE 10，在 2018 年 9 月釋出 Java SE 11，其餘依此類推。這些功能釋出，預期至少包含一或兩個重要功能。
>
> 2. 對該釋出功能的支援將僅持續 6 個月，亦即直到下一個功能發布，可以參考 URL https://www.oracle.com/java/technologies/java-se-support-roadmap.html。
>
> 3. 支援超過 6 個月的稱為「長期支援版本」，將被標記為 LTS。

1.3 Java 的 4 大應用領域

依據 URL https://docs.oracle.com/javaee/6/firstcup/doc/gkhoy.html 的說明，Java 程式語言有 4 個主要應用：

1. Java 標準版（Standard Edition, SE）。

2. Java 企業版（Enterprise Edition, EE）。

3. Java 微型版（Micro Edition, ME）。

4. Java FX。

所有 Java 平台都由 Java 虛擬機（virtual machine, VM）和程式開發介面（application programming interface, API）組成。

Java 虛擬機是一個程式，藉由虛擬機可以讓我們編寫的 Java 程式執行在不同的硬體上。

API 則是 Java 提供給我們的一些程式元件，這些元件可以用在我們編寫的 Java 程式裡，來提升我們的開發速度與品質。

前述每一個 Java 平台都提供了一個虛擬機和一套 API，所以我們可以在不同平台上快速開發 Java 程式，這也是使用 Java 程式語言開發的優勢：平台獨立性、功能強大、穩定性、易於開發和安全。

Java 標準版（standard edition, SE）

當大多數人想到 Java 程式語言時，第一個反應就是 Java SE API。Java SE 的 API 提供了 Java 程式語言的核心功能，它定義了從 Java 程式語言的基本類型和物件，到應用於網路、安全、資料庫存取、圖形化使用者介面（GUI）開發和 XML 解析等的進階類別的所有內容。

除了核心 API 之外，Java SE 還包括虛擬機、開發工具、部署技術以及 Java 技術應用程式中常用的其他類別函式庫和工具包。

Java SE 是其他平台的基礎，也是本書的主要內容。

Java 企業版（enterprise edition, EE）

Java EE 平台構建在 Java SE 平台之上，Java EE 平台為開發和運行大規模、多層級（multi-tiered）、可擴展（scalable）、可靠和安全的網路應用程式提供了 API 和運行時環境。

Java EE 的發展史最早可以溯及 1999 年底，當時昇陽電腦釋出了 J2EE（Java 2 Platform, Enterprise Edition），後來更名為「Java EE」。而 2009 年昇陽電腦被 Oracle 併購，Java EE 繼續發展，並在 2017 年 8 月推出 Java EE 8；而在同年 9 月，Oracle 就宣布要將 Java EE 貢獻給 Eclipse 基金會，並改名為「Jakarta EE」，改名後第一個釋出的開放版本是 Jakarta EE 8，是一個完全相容於 Java EE 8，而且真正獨立於所有供應商，並由社群管理的版本。

微型版（micro edition, ME）

Java ME 平台提供了一組 API 和一個占用空間小的虛擬機，讓 Java 程式可以執行在 IoT（Internet of Things）、智慧型手機、PDA 等小型設備上。

Java ME 的 API 是 Java SE API 的一個子集合，加上一些對開發小型設備程式的特殊函式庫。Java ME 的程式也可以作為 Java EE 平台的用戶端（client）。

Java FX

JavaFX 可以用來設計擁有輕量且高效能的使用者圖形介面（graphical user interface, GUI）的應用程式，還能作為 Rich internet application 來發布，如同微軟的 Silverlight。相較於傳統 Java 使用 AWT、Swing 實作，Java FX 提供了更多、更好的工具以及函式庫協助開發應用程式，而且製作出來的程式效能更好，畫面更美，Java FX 程式也可以是 Java EE 平台的用戶端。

1.4　Java 認證考試介紹

Oracle 公司推出的 Java 認證考試可以參考網址：⒰ https://education.oracle.com/oracle-certification-path/pFamily_48。

區分為 2 大類，分別是：

1.Java EE and Web Services 考試

Java EE 平台因為使用的技術層面多，以 Java EE 6 為例可以分成幾門考試：

1. Java EE 6 Web Component Developer Certified Expert，考試科目 1Z0-899。

2. Java EE 6 Enterprise JavaBeans Developer Certified Expert，考試科目 1Z0-895。

3. Java EE 6 JavaServer Faces Developer Certified Expert，考試科目 1Z0-896。

4. Java EE 6 Web Services Developer Certified Expert，考試科目 1Z0-897。

5. Java EE 6 Java Persistence API Developer Certified Expert，考試科目 1Z0-898。

在 2019/03/31 全部到期（expired）後，就合併為 1 科，以「Java EE 7 Application Developer」考試取代，考試科目是 1Z0-900，如下：

圖 1-4　Java EE 考試科目

2.Java SE 考試

Java SE 可以考試的科目比較多，如下：

圖 1-5　Java SE 考試科目①

圖 1-6　Java SE 考試科目②

1. 關於「Oracle Certified Professional: Java SE 17 Developer」，因為 Java SE 17 在 2021/ 09 剛釋出，對企業而言非常新，用的比例很低；其考試科目在本書撰稿時尚未推出。

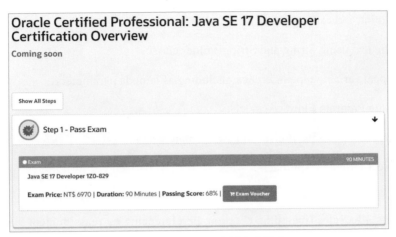

圖 1-7　Java SE 17 **考試尚未推出**

2. 考試「Oracle Certified Associate, Java SE 8 Programmer」比較舊，考試科目是 1Z0-808，可以參考個人著作《Java SE8 OCAJP 專業認證指南》。

3. 考試「Oracle Certified Professional, Java SE 8 Programmer」比較舊，考試科目是 1Z0-809，可以參考個人著作《Java SE8 OCPJP 進階認證指南》。

4. 考試「Oracle Certified Foundations Associate, Java」不分版本，內容是 Java 基本觀念，參考：(URL) https://education.oracle.com/java-foundations/pexam_1Z0-811。本書上冊《OCP：Java SE 11 Developer 認證指南（上）－ 物件導向設計篇》可涵蓋內容。

5. 考試「Oracle Certified Professional: Java SE 11 Developer」的科目是 1Z0-819，由本書上冊《OCP：Java SE 11 Developer 認證指南（上）－ 物件導向設計篇》與下冊《OCP：Java SE 11 Developer 認證指南（下）－API 剖析運用篇》可涵蓋考試範圍。

1.4.1　Java SE 11 Developer 認證考試介紹

Java SE 11 Developer 的認證考試科目是 1Z0-819，細節可以參考：(URL) https:// education.oracle.com/java-se-11-developer/pexam_1Z0-819。

考試卷販售金額為 NT$ 6970，考試時間 90 分鐘，正確率 68% 以上通過考試。

考試內容如下：

1. Working with Java data types

   - Use primitives and wrapper classes, including, operators, parentheses, type promotion and casting

   - Handle text using String and StringBuilder classes

   - Use local variable type inference, including as lambda parameters

2. Controlling Program Flow

   - Create and use loops, if/else, and switch statements

3. Java Object-Oriented Approach

   - Declare and instantiate Java objects including nested class objects, and explain objects' lifecycles (including creation, dereferencing by reassignment, and garbage collection)

   - Define and use fields and methods, including instance, static and overloaded methods

   - Initialize objects and their members using instance and static initialiser statements and constructors

   - Understand variable scopes, apply encapsulation and make objects immutable

   - Create and use subclasses and superclasses, including abstract classes

   - Utilize polymorphism and casting to call methods, differentiate object type versus reference type

   - Create and use interfaces, identify functional interfaces, and utilize private, static, and default methods

   - Create and use enumerations

4. Exception Handling

   - Handle exceptions using try/catch/finally clauses, try-with-resource, and multi-catch statements

   - Create and use custom exceptions

5. Working with Arrays and Collections

- Use generics, including wildcards

- Use a Java array and List, Set, Map and Deque collections, including convenience methods

- Sort collections and arrays using Comparator and Comparable interfaces

6. Working with Streams and Lambda expressions

- Implement functional interfaces using lambda expressions, including interfaces from the java.util.function package

- Use Java Streams to filter, transform and process data

- Perform decomposition and reduction, including grouping and partitioning on sequential and parallel streams

7. Java Platform Module System

- Deploy and execute modular applications, including automatic modules

- Declare, use, and expose modules, including the use of services

8. Concurrency

- Create worker threads using Runnable and Callable, and manage concurrency using an ExecutorService and java.util.concurrent API

- Develop thread-safe code, using different locking mechanisms and java.util.concurrent API

9. Java I/O API

- Read and write console and file data using I/O Streams

- Implement serialization and deserialization techniques on Java objects

- Handle file system objects using java.nio.file API

10. Secure Coding in Java SE Application

- Develop code that mitigates security threats such as denial of service, code injection, input validation and ensure data integrity

- Secure resource access including filesystems, manage policies and execute privileged code

11. Database Applications with JDBC

- Connect to and perform database SQL operations, process query results using JDBC API

12. Localization

- Implement Localization using Locale, resource bundles, and Java APIs to parse and format messages, dates, and numbers

13. Annotations

- Create, apply, and process annotations

1.4.2　報名考試與成績查詢

讀者想要報名認證考試若不清楚細節，可以透過考試中心 Pearson VUE 在台灣的合作夥伴如「巨匠電腦」等協助報名與了解考試規則，並預先參觀考場。

(01) 以筆者為例，透過「巨匠電腦桃園認證中心」報名考試後，會收到 3 封考試中心 Pearson VUE 的郵件通知，寄件者為「PearsonVUEConfirmation@pearson.com」，郵件主題分別是：

1. Appointment Confirmation for Oracle Certification Program。

2. Pearson VUE Confirmation of Payment。

3. Reminder of Pearson VUE Exam Appointment。

代表您已經付款並註冊考試成功，郵件內容將確認考試地點與預約的考試時間。

(02) 在考試完畢後，會收到由「ou-noreply@oracle.com」寄發主題為「Your Oracle Certification Exam Results are Available」的考試結果通知書。

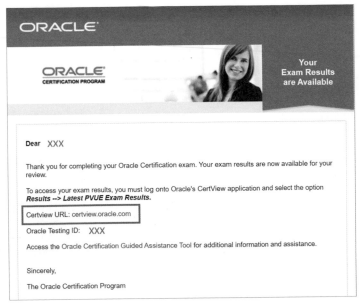

圖 1-8　考試結果通知

03 依指示點擊 Oracle 的 Certview 網站的超連結，就可以知道自己的考試結果。

圖 1-9　Oracle 的 Certview 網站首頁

04 點擊「登入」按鈕，會彈出登入表單。如果沒有帳號，必須先選擇「Create Account」註冊帳號後再登入。

圖 1-10　登入與建立帳號表單

05 登入後，分別點選左側功能列表的「Exam Results」與「Latest PVUE Exam Results」，就可以看到考試結果是否通過。

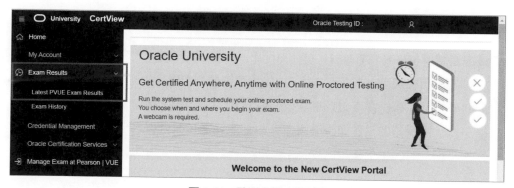

圖 1-11　點選左側功能列表

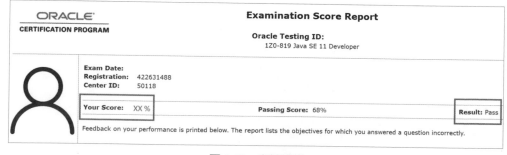

圖 1-12　考試結果

Java 程式語言簡介

章節提要

2.1　Java 程式語言的特色

2.2　Java 的跨平台運行

2.3　JDK、JRE、JVM 的區別

2.4　IDE 介紹

2.1　Java 程式語言的特色

Java 程式語言具備多種特色，所以能有廣大的使用者族群。主要有：

1. **跨平台**：Java 不只能在 Windows 上執行，還能在其他平台如 Linux、Solaris 等作業。

2. **簡單**：開發 Java 程式比 C++ 簡單。Java 移除了複雜的指標使用，用介面代替多重繼承，而記憶體也改為自動管理，不需人為操作。

3. **物件導向**：Java 是一個標準的物件導向程式，和 C++ 一樣擁有繼承、多型、封裝等 3 大特色。

4. **安全**：Java 具有可以調整的安全性設定，也可以簽署數位簽名，因為這樣的設計，才能在現在的網路世界中確保安全性。

5. **穩定：**

- Java 語言對型態的檢查十分嚴格，是一個強型別（strong type）的程式語言，可以使用如列舉型別（enum）、泛型（generic）等功能，在程式編譯時即檢查出型態問題，避免可能發生的錯誤。

- Java 語言不支援指標，可以避免因為記憶體控制不當所引起的問題，並提供記憶體回收的功能，因此扣除程式對物件的不當使用，較不會有 OutOfMemory 的狀況。

- Java 語言提供例外處理（exception handling），以防止程式因例外而異常終止。

6. **多執行緒：** Java 具備同時執行多項工作能力，例如可以同時下載影片和放映。對 Java 而言，多執行緒是自動控制的。

2.2　Java 的跨平台運行

程式的區別

這裡的「平台」，指的是作業系統或是電腦主機。Java 普及的原因之一，在於它可以跨平台運行，亦即 Java 程式可以在不同的作業系統執行，在瞭解它如何跨平台之前，必須先了解程式在電腦上運行的作法。

電腦包含了「硬體」，如 CPU、硬碟、記憶體等，與使用硬體的「軟體」（程式），程式大略又可分為「系統程式」與「應用程式」：

1. **系統程式：** 管理硬體資源，大多時候不是針對特定目的而撰寫，如 Windows、Mac、Linux 等。

2. **應用程式：** 針對某些特定目的而撰寫、大多時候運行在系統程式之上，如 Java 程式、Office、Firefox 等。

程式語言的區別

電腦所使用的語言是機器碼，程式是存在硬體上面的機器碼組合，將這些機器碼送到負責運算的硬體上後，負責運算的硬體會做出反應，進而達到程式所要達到的目的。由於人類很難直接以機器碼的方式撰寫程式，故人們以比較接近人類自然語言的方式創造了程式語言，來便利程式設計師撰寫程式，再轉換成電腦看得懂的機器碼。程式語言可分成幾大類：

1. **機器語言**：「機器語言」（Machine Language）是電腦可以直接執行的語言，它的語言指令是由一連串 0 與 1 所排列組合而成的。不同的機器有不同的機器語言，因此要使用機器語言必須對機器本身的架構相當熟悉，因為語言的內容都是 0 與 1，所以在撰寫及維護上都很困難。

2. **組合語言**：機器語言的指令是由 0 與 1 組成，對人類來講很難辨識，於是便將機器語言基本指令用符號來幫助人類記憶，這些符號就稱為「記憶符號」，所有的記憶符號就組成了「組合語言」（Assembly Language）。組合語言是一種以符號來代替機器語言的程式語言，因此也是最接近機器語言的程式語言，但是組合語言和機器語言一樣，設計師對機器的架構都必須相當熟悉。

3. **高階語言**：具有機器無關（independence）的特性。在某一種電腦上所撰寫的高階語言程式，如果設計結構良好，通常不需要太多的修改，就能挪到別種電腦上使用，這種特色又稱為「跨平台」（cross platform）或「可攜性」（portability）。

編譯器與直譯器

無論如何，電腦硬體真正可以看得懂的是機器碼，只有以機器碼撰寫的「執行檔」才可以被電腦執行，因此必須將程式設計師撰寫的程式碼透過一連串的流程轉變成執行檔，而這套過程在不同程式語言當中會有些許不同，大體上透過兩種方式進行：

1. **編譯器（compiler）**：編譯是先將程式全部翻譯成機器碼後，電腦再一口氣執行這些機器碼；以後再執行程式，只要執行機器碼，不需要再重新編譯。

2. **直譯器（interpreter）**：直譯則是每翻譯完一段程式，電腦就執行一段機器碼；接著再繼續翻譯下一段，電腦再執行下一段機器碼，直到結束為止。每次電腦重新執行程式，都要再經過直譯的過程。

Java 的跨平台特性

以 C 語言程式檔案編譯成為「*.exe」檔為例，若同一個程式碼要分別在 Windows 和 Linux 上執行，就必須仰賴位於 Windows 和 Linux 上的編譯器分別編譯，才能達成。

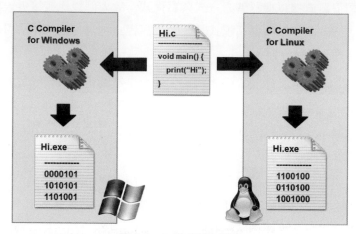

圖 2-1　C 程式語言編譯

Java 不同於一般的編譯語言和直譯語言，Java 原始碼（source code）檔案副檔名為「*.java」，編譯成位元組碼（byte code）後，將產出副檔名為「.class」的檔案，然後依賴各種不同平台上的「Java 虛擬機器」（Java virtual machine, JVM），來解讀並執行該「*.class」檔案，從而實現了「一次編寫，到處執行」（write once, run anywhere）的跨平台特性。

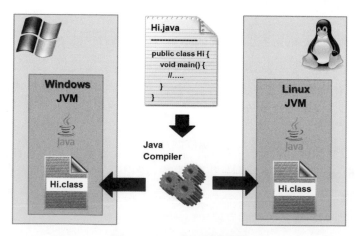

圖 2-2　Java 程式語言編譯

比較 C 語言和 Java 語言的差別

C 語言雖然必須在不同作業平台上進行編譯，但編譯完成的執行檔「*.exe」，就可以馬上在該作業平台上執行，亦即一般的作業系統就是 C 語言編譯後的執行檔的執行環境。

Java 編譯後的產出檔案是位元組碼（byte code），不是馬上就可以在作業系統執行的檔案；該「*.class」檔案只能在 Java 虛擬主機上執行。由主控台在 DOS 模式下分別執行 Java 和 C 兩種語言編譯後的檔案，將可清楚看出差別：

1. 執行 Java 的編譯產出檔 JavaHelloWorld.class，必須在檔名前加上「java」，也就是作業系統必須先啓動 Java 的虛擬主機 JVM，才能讓程式執行。

2. 執行 C 語言的編譯產出檔 cHelloWorld.exe，則只要輸入檔名再按 Enter 鍵即可執行。

圖 2-3　Java 和 C 語言的執行比較

在早期 JVM 中，這一定程度上降低了 Java 程式的執行效率；但在 J2SE 1.4 釋出後，Java 的執行速度有了大幅提升。

🎙️ **小祕訣**　假如您想要到某個國家旅行，一般來說，都會需要該國的語言訓練，所以會需要進到一個補習班，學好語言再進入該國家。這可類比於 C 語言執行的 3 個環節：

1. 只會中文的您，對比 C 語言的原始碼。

2. 某種語言的補習，對比 C 語言在某平台的編譯器。

3. 進修後學會某種語言的您，對比編譯後的 C 執行檔。

但若進到一個陌生國家卻不用熟悉當地語言，最有可能就是您到了當地的唐人街或華語圈，所以可以直接以中文通行無阻。這可對比 Java 執行的 2 個環節：

1. 只會中文的您，對比 Java 的原始碼。

2. 經過特殊安排，進入異國的華語圈，對比 Java 在某平台的 JVM。

如此，只要每次都去不同國家的唐人街或華語圈（亦即 JVM），就不需經過不同補習班的語言訓練（亦即不需要讓不同平台的編譯器編譯），這就是 Java 可以「一次編寫，到處執行」的跨平台比喻。

2.3　JDK、JRE、JVM 的區別

2.3.1　Java SE 8 的 JDK、JRE、JVM

我們在前面小節已經知道 JVM 對執行 Java 程式的重要。要啟動 JVM，前提是主機上必須有安裝 JDK 或是 JRE 才行，這就是接下來要介紹的部分。

在瞭解 JDK 之前，先認識一個程式開發人員經常會看到的單字「SDK」，它是「Software Development Kit」的簡寫，中文解釋是「軟體開發工具包」，用於幫助開發人員提高工作效率。各種不同類型的軟體開發都可以有自己的 SDK，如 Windows 有 Windows SDK，開發 .NET 使用 Microsoft .NET Framework SDK，而 Java 也有自己的 Java SDK，此為我們要介紹的 JDK。

單字「JDK」是「Java（Software）Development Kit」的簡寫，代表 Java 開發工具包，用於構建在 Java 平台上執行的應用程式。

在 Java SE 8 的時候，安裝 JDK 可以選擇是否再安裝一個 JRE；如果 2 個都安裝，就可以看到以下結果。

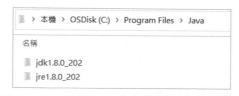

圖 2-4　Java SE 8 時可以同時安裝 JDK 與 JRE

檢視 Java SE 8 的 JDK 安裝目錄：

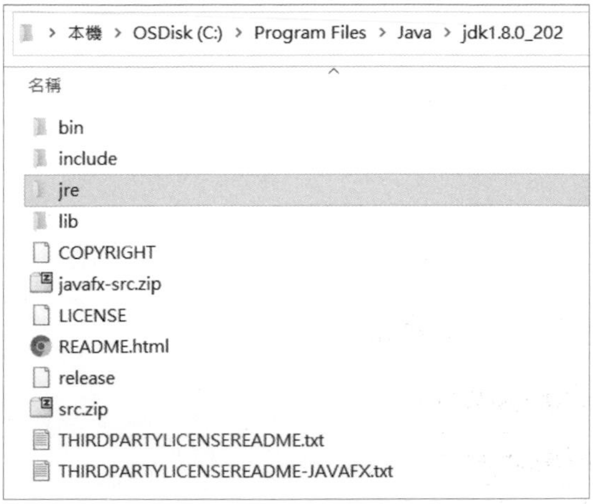

圖 2-5　Java SE 8 的 JDK 安裝目錄

單字「JRE」是「Java Runtime Environment」的簡寫，代表 Java 執行環境，也就是 Java 平台。所有的 Java 程式都要在 JRE 下才能執行，簡單來說，開發 Java 程式的人 才需要 JDK，如果只是要執行 Java 的程式或遊戲，那只要裝 JRE 就可以了，不用安 裝 JDK，所以 JRE 安裝後產生的目錄相較 JDK 會比較簡單。

圖 2-6　Java SE 8 可以獨立安裝 JRE

不過，JDK 的工具也是 Java 程式，因此也需要 JRE 才能執行；為了保持 JDK 的獨立 性和完整性，在 JDK 的安裝過程中，JRE 也是安裝的一部分，所以在 JDK 的安裝目 錄下有一個名為「jre」的目錄，用於存放 JRE 相關檔案。

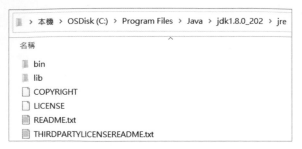

圖 2-7　Java SE 8 時附屬在 JDK 裡的 JRE

這樣看來，其實 JDK、JRE、JVM 的關係就很明確了。

表 2-1　JDK、JRE 與 JVM 關係表

	程式語言主體（Java Language）		
JDK	開發工具（Tools & Tool APIs）		
	JRE	部署技術（Deployment）	
		Java SE API	
		JVM	

原廠對 Java SE 平台的 JDK、JRE、JVM 的架構說明，可以參考⒰ https://www.oracle.com/java/technologies/platform-glance.html。

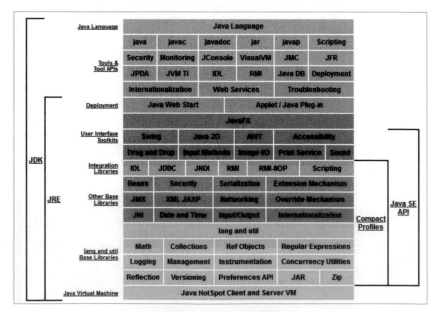

圖 2-8　Java SE 架構

不過，比較獨立安裝的 JRE 與附屬在 JDK 裡的 JRE，兩者幾乎是相同的。

2.3.2 Java SE 11 的 JDK 與 JVM

到了 Java SE 11 時，JRE 併入 JDK，就看不到 JRE 了。讀者可以到 Oracle 官網上，選擇適合的作業系統下載 JDK 11，網址是：⒰ℝℒ https://www.oracle.com/java/technologies/downloads/#java11-windows。本書撰稿時最新的版本是 11.0.14，選擇「jdk-11.0.14_windows-x64_bin.exe」，進行下載並安裝。

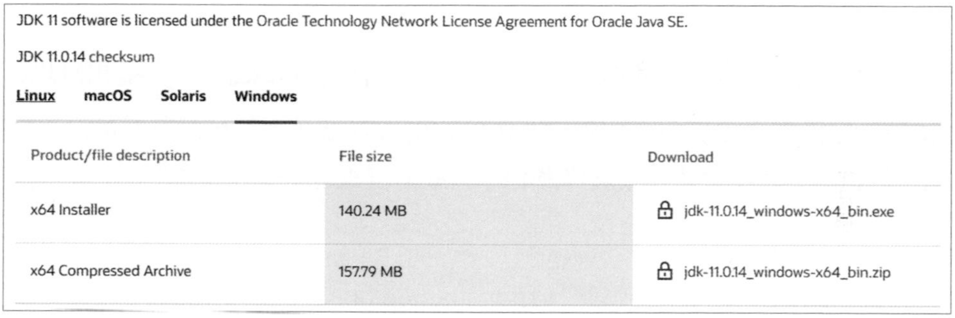

JDK 11 software is licensed under the Oracle Technology Network License Agreement for Oracle Java SE.

JDK 11.0.14 checksum

Linux　**macOS**　**Solaris**　**Windows**

Product/file description	File size	Download
x64 Installer	140.24 MB	🔒 jdk-11.0.14_windows-x64_bin.exe
x64 Compressed Archive	157.79 MB	🔒 jdk-11.0.14_windows-x64_bin.zip

圖 2-9　下載 JDK 11

下載時，Oracle 會要求輸入帳號密碼，並同意授權合約。

安裝 Java SE 11 的 JDK 時，不會出現 JRE 的安裝選項，且安裝完成後的目錄如圖 2-10 所示。

名稱 ^	修改日期	類型	大小
📁 bin	2022/4/9 下午 08:32	檔案資料夾	
📁 conf	2022/4/9 下午 08:32	檔案資料夾	
📁 include	2022/4/9 下午 08:32	檔案資料夾	
📁 jmods	2022/4/9 下午 08:32	檔案資料夾	
📁 legal	2022/4/9 下午 08:32	檔案資料夾	
📁 lib	2022/4/9 下午 08:32	檔案資料夾	
📄 COPYRIGHT	2021/12/7 下午 10:09	檔案	4 KB
◉ README.html	2022/4/9 下午 08:32	Chrome HTML Document	1 KB
📄 release	2022/4/9 下午 08:32	檔案	2 KB

本機 > Windows (C:) > Program Files > Java > jdk-11.0.14

圖 2-10　JDK 11 安裝目錄

比較 Java SE 11 與 Java SE 8 的 JDK 安裝目錄差異：

表 2-2　Java SE 11 與 Java SE 8 的 JDK 安裝目錄差異

Java SE 8	Java SE 11	說明
jre	N/A	JDK 11 已合併 JRE。
N/A	jmods legal	JDK 11 新增資料夾和模組化應用有關。
N/A	conf	JDK 8 安裝目錄的 jre\lib 部分設定檔被轉移到 JDK 11 的 conf 資料夾內，包含資訊安全如 java.policy 的設定。

根據原廠文件說明，如果使用者仍需 JRE，可使用指令「jlink.exe」建立客製化的 JRE。

JDK 是 Java 的開發工具包，裡面具備許多的指令可以在主控台使用，包含前述的 jlink.exe 指令。進入 JDK 11 安裝目錄下的「bin」目錄，如圖 2-11 所示。

圖 2-11　JDK 11 的 bin 目錄

和本書上冊比較有關的 3 個執行檔與說明：

表 2-3　指令 javac、java、jar 的說明

指令	說明
javac.exe	負責 java 程式檔案的編譯，字母 c 就是編譯器（compiler）的意思。
java.exe	負責編譯後產出的 *.class 檔案的執行。
jar.exe	有些 *.class 檔必須合併存在才有意義，使用 jar 指令可以打包同專案內的 *.class 檔案。

後續章節會再示範使用方式。

2.4　IDE 介紹

先前介紹要開發 Java 程式，必須安裝 JDK。安裝完成後，使用純文字檔案，搭配簡單的 javac（編譯）、java（執行）指令，的確可以編譯、執行簡單程式。但若遇到較複雜的程式，建議使用「IDE」開發工具會更有效率，IDE 是「integrated development environment」的縮寫，即「整合開發環境」。比較常見的開發工具有：

1. Oracle 公司 NetBeans IDE，後來捐獻給 Apache 基金會。

2. Oracle 公司的 JDeveloper。

3. IBM 公司的 Eclipse，後來捐獻給 Eclipse 基金會。

本書使用 Eclipse 作為開發工具，後續將示範如何使用 Eclipse 建立簡單的 Java 專案，並執行程式。

2.4.1　下載 Eclipse 作為開發工具

下載 Eclipse 的網址：⊞ https://www.eclipse.org/downloads/packages/，進入網頁後，可以選擇下載安裝檔。

圖 2-12　下載 Eclipse 安裝檔

或是下載程式包，解壓縮後即可使用。

圖 2-13　下載 Eclipse 程式包

本書選擇下載 Eclipse 程式包，解壓縮後即可使用（考量到有些公司或工作環境不允許使用者自行安裝軟體）。

接下來，選擇要下載「Eclipse IDE for Java Developers」版或是「Eclipse IDE for Enterprise Java and Web Developers」版的 IDE，後者支援 Java EE 規格，所以可以開發如網站等的 Java 程式；壞處是比較占空間。本書選擇下載「Eclipse IDE for Enterprise Java and Web Developers」版的 IDE，下載網址：⒰ https://www.eclipse.org/downloads/download.php?file=/technology/epp/downloads/release/2021-12/R/eclipse-jee-2021-12-R-win32-x86_64.zip。

事實上，每版的 Eclipse 都有搭配的 JDK 版本，我們下載的這一版必須搭配 JDK 11 以上，若讀者有相容舊版 JDK 的需要，可以下載稍早的 Eclipse 版本，請參照：⒰ https://wiki.eclipse.org/Eclipse/Installation 的說明。

2.4.2　執行 Eclipse

下載完成後，將 zip 檔案解壓縮，可以看到以下的目錄。Eclipse 的程式包不用安裝，直接點擊 eclipse.exe 即可開始使用。

圖 2-14　Eclipse IDE 解壓後檔案

2.4.3　建立 Eclipse 專案，並開發、執行 Java 程式

依以下步驟來使用 Eclipse 開發 Java 程式：

01 輸入工作空間（workspace）。顧名思義，接下來所有在 Eclipse 裡產生的專案
或是程式檔案，都會放置在該路徑下。

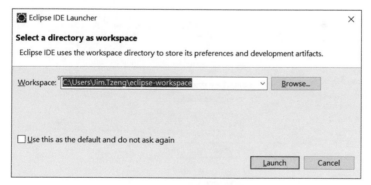

圖 2-15　Eclipse 開啟畫面

02 首次使用會出現歡迎（Welcome）畫面，點選左上角「X」按鈕，關閉該畫面。

圖 2-16　Eclipse 歡迎頁面

03 在左側的「Project Explorer」頁籤下方，點擊「Create a project…」。在彈出的
New Project 視窗中，選擇「Java Project」，然後點擊「Next」。

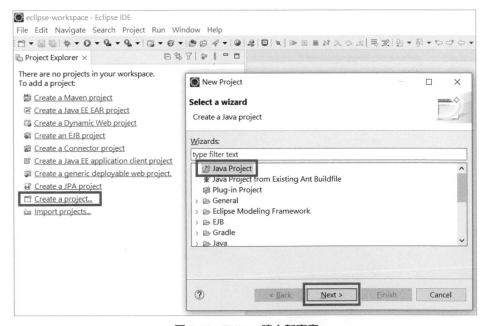

圖 2-17　Eclipse 建立新專案

04 輸入專案名稱「demo」，選擇「JavaSE-11」的 JRE 版本。

先取消「Create module-info.java file」的勾選，然後點擊「Finish」。

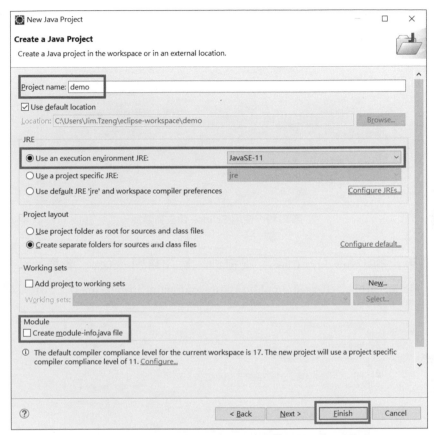

圖 2-18　Eclipse 命名新專案

05 專案建立完成後，左側的「Package Explorer」下方將出現剛剛建立的專案「demo」。點選該專案，選擇滑鼠右鍵，選擇「New」，再選擇「Class」。

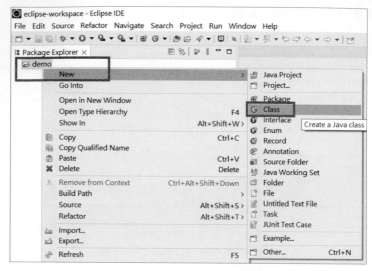

圖 2-19　使用 Eclipse 建立新類別

⑥ 在彈出的「New Java Class」視窗裡，輸入類別（class）名稱，這裡是用「HelloWorld」，再勾選「public static void main(String[] args)」核取方塊。

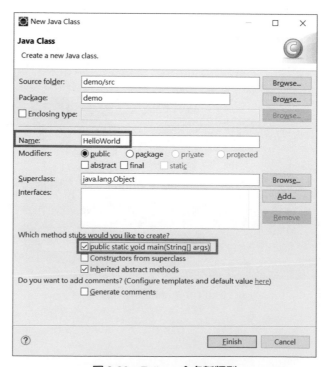

圖 2-20　Eclipse 命名新類別

07 點選「Finish」後,即可看到在「demo」專案裡,產生了一個 Java 類別程式「HelloWorld.java」,右側視窗則可進一步編輯程式碼。

圖 2-21　Eclipse 建立類別完成

08 在右側程式碼編輯視窗的第 6 行加上「System.out.println("Hi!!");」,再使用快速鍵 Ctrl + S 來儲存編輯結果。這段程式碼可以印出「Hi!!」的字樣。

圖 2-22　Eclipse 撰寫方法內容

09 點選上方工具列的圖示來執行程式。

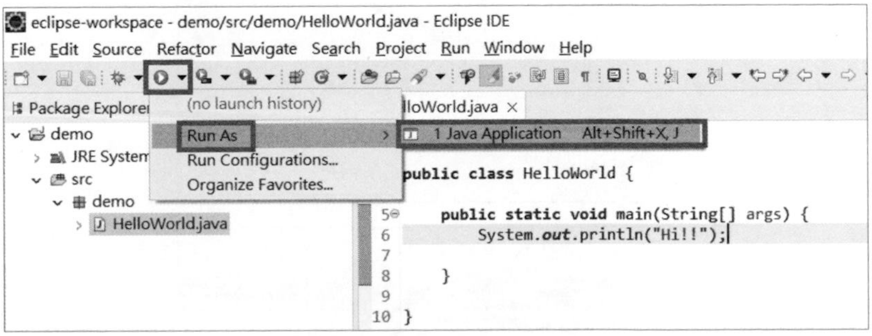

圖 2-23　Eclipse 執行程式

⑩ 下方 Console 視窗出現執行結果，印出「Hi!!」，程式執行結束。

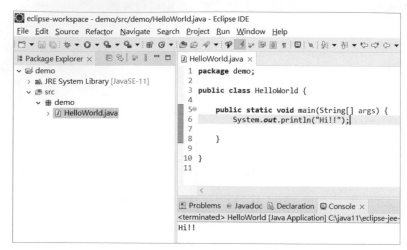

圖 2-24　Eclipse 程式執行結果

第一支 Java 程式就用 Eclipse 輕鬆完成了。

專案在硬碟的存放位置

完成的專案會存在開啟 Eclipse 時指定的「工作空間」（workspace）中，我們可以藉由以下步驟理解：

① 點選該專案，選擇滑鼠右鍵，選擇「Properties」。

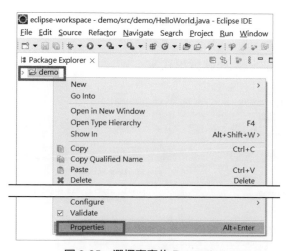

圖 2-25　選擇專案的 Properties

(02) 彈出專案的 Properties 視窗，可以看到專案位置（Location）屬性值。點擊右側
的按鈕，將彈出專案位置的檔案總管。

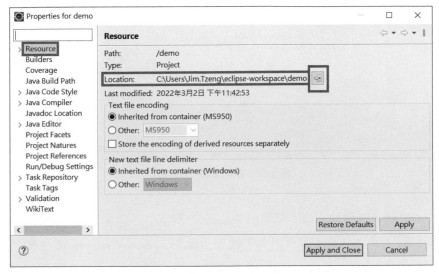

圖 2-26　看到專案在硬碟中的位置

(03) 專案位置的檔案總管視窗。

圖 2-27　專案在硬碟中的位置

2.4.4　匯入 Eclipse 專案

刪除 Eclipse 專案

(01) 若要刪除 Eclipse 專案，可以點選該專案，選擇滑鼠右鍵，選擇「Delete」。

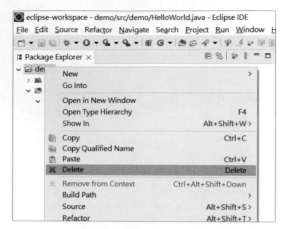

圖 2-28　刪除 Eclipse 專案

02 若未勾選下圖核取方塊，只是由 Eclipse 的視窗中移除專案；若勾選，將由硬碟中徹底刪除專案。本例因爲後續要示範匯入專案功能，因此勾選「Delete project contents on disk (cannot be undone)」；但在刪除之前，先把 demo 專案複製一份到硬碟其他地方，後續內容將示範如何再匯入 demo 專案。

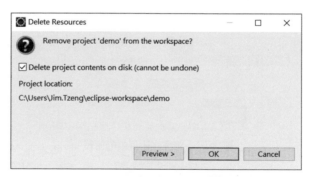

圖 2-29　決定是否自硬碟中徹底刪除專案

匯入 Eclipse 專案

01 在左側的「Package Explorer」頁籤下方，點擊「Import projects…」。在彈出的「Import」視窗中，展開「General」節點，選擇「Existing Projects into Workspace」，完成後點擊「Next」。

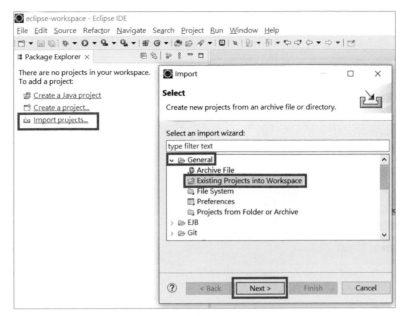

圖 2-30　準備匯入專案

02 點擊「Browse」按鈕，選擇 Eclipse 專案位置。完成後，在 Projects 顯示框中，會看到被選中的專案，點擊「Finish」來完成匯入。

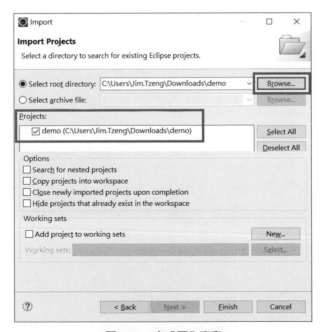

圖 2-31　完成匯入專案

物件導向的程式設計思維　03

3.1　以物件導向的思考方式分析程式需求

3.1.1　購物網站建構需求

現在電子商務正流行，客戶趕搭商機，也希望我們協助建立一個線上購衣網站，大致需求為：

1. 提供線上型錄（Catalog），每 3 個月更新內容一次。

2. 型錄上有各式襯衫（Shirt），並提供以下資訊：identifier（ID）、color、size、description 和 price。

3. 客戶（Customer）可以直接在網站下訂單（Order）購買，或是打電話請客服代表（Customer Service Representative, CSR）下單，付款（Payment）可使用信用卡。

3.1.2　甚麼是物件？

在開始「物件導向分析」（Object-Oriented Analysis, OOA）之前，必須先瞭解這個思維裡對「物件」（object）的定義方式，「物件」其實和我們日常生活對話中常見的「東西」意思雷同。比方說，「某甲：這個空塑膠袋裡裝了甚麼東西？某乙：塑膠袋裡面的東西是空氣」，又或者「某甲：今天公司的氣氛不太好。某乙：氣氛是甚麼東西啊？你能不能解釋一下？」，當口語中使用「東西」這個詞彙時，幾乎無所不指，萬物皆可以使用這個名詞帶過，不管是抽象或是實體的。

物件導向分析裡的物件，就是類似的概念：

1. 物件可以是實體或是抽象的，如「提款機」是實體的，「付款」則比較抽象。

2. 物件具備「屬性」（attributes）／「特性」（characteristics）：

   ● 通常是名詞，像大小（size）、名字（name）、形狀（shape）、價錢（price）等。

   ● 「屬性／特性」有內容，稱爲「值」（value），代表物件當時的狀態（state），是可以隨著時間不同而改變。比方說剛出廠的新款襯衫（Shirt），它的其中一個屬性 price = 1000。但過了一陣子，因爲款式相對變舊了，所以 price = 500，開始對折出清。

3. 物件具備「行爲」（operations）／「方法」（methods）：

   ● 通常是動詞，指該物件可以做的事，像是車子可以「跑」（run），襯衫可以「設定價錢」（set price）或是「顯示價錢」（get price）等。

   ● 行爲的發動，可能改變某些屬性的狀態。如剛剛所說的襯衫，因爲退流行而價錢改變，就是透過使用襯衫的「設定價錢」（set price）方法。

3.1.3　找出關鍵物件的種類

以剛剛對物件的定義（具備屬性和行爲）及購衣網站的建構內容，可以找出 6「種」關鍵物件。

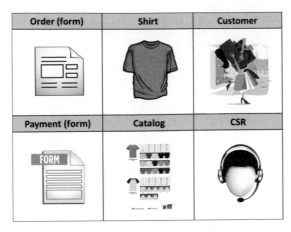

圖 3-1　購衣網站關鍵物件

3.1.4　分析物件的屬性和行為

在物件導向的世界裡，習慣用「class」這個關鍵字，表示物件的「種類」或「分類」，也稱之為物件的「類別」。

以下針對先前提出的6種類別，進行分析後如下。類別的屬性若有關聯其他類別，則在屬性名稱前加上星號（＊）。

表 3-1　關鍵物件定義表

Class（類別）	Attributes（屬性）	Operations（行為）
Order	1. order ID 2. date 3. *Shirt(s) 4. total price 5. *Form of payment 6. *CSR 7. status	1. calculate the total price 2. add shirt to order 3. remove shirt from order 4. submit the order
Shirt	1. shirt ID 2. price 3. description 4. size 5. color code	1. display information

Class （類別）	Attributes （屬性）	Operations （行為）
Customer	1. customer ID 2. name 3. address 4. phone number 5. email address 6. *Order	1. assign a customer ID
Payment	1. Payment ID 2. name 3. address 4. phone number 5. email address 6. *Order	1. verify credit card number 2. verify check payment
Catalog	1. *Shirt(s)	1. add a shirt 2. remove a shirt
CSR	1. name 2. extension	1. process order

3.2　塑模與 UML

由工廠生產角度來看，要大量製作出同一種類的物品（object），則最有效率的作法就是先打造一個「模型 / 原型」（model），再利用這個模型以標準化流程快速複製出物品。整個過程中，「塑造模型」（簡稱塑模）的流程會最久，因為它需要精密的分析和設計，而一旦完成，由模型製作物品就相對快很多。

在物件導向的程式世界裡，有著和工廠的模型相似的概念，就是「類別」（class）。一個類別不僅代表一個種類的物件（a kind of objects），也代表製造該種類的物件的模型（model）。因此：

1. 在工廠世界裡，模型用來製造物品。

2. 在物件導向裡，類別用來產出物件。

所以「設計類別」的過程，我們也對比成「塑模」。

3.2.1 統一塑模語言 UML

我們可以使用「統一塑模語言」（Unified Modeling Language, UML）來協助進行「塑模」的流程。UML 在物件導向的世界裡的主要用途，在於將一個原本只在自己腦袋裡的抽象設計概念，透過眾多種類的圖表（diagram）來表現在文件上，讓大家看得到，而且可以溝通討論，所以可以依循作為建構系統的依據。很多時候，這些 UML 圖表甚至比口語或文字更能清楚描述設計理念，這對團隊裡的合作很有助益。由維基百科（⑩ https://zh.wikipedia.org/wiki/）對 UML 的圖表架構描述：

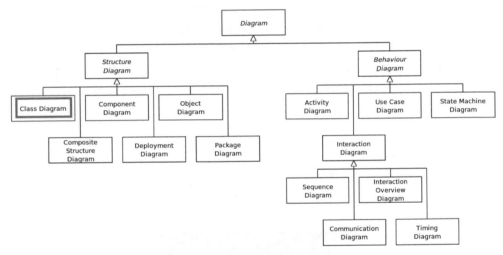

圖 3-2　UML 的圖表架構分類

可以了解在 UML 的世界裡主要有兩大類圖表：

1. 左側分支是表達結構關係的圖表，稱為「Structure Diagram」。

2. 右側分支是表達行為關係的圖表，稱為「Behavior Diagram」。

而本節要介紹的是在結構圖分支的「類別圖」（Class Diagram），類別圖可以呈現單一類別的結構，繪製要領為：

1. 上層放類別名稱。

2. 中層放類別的屬性。

3. 底層則是類別的行為。

如下：

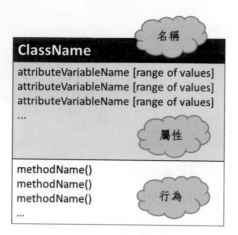

圖 3-3　UML 類別圖基本資訊

無論是類別、屬性或是行為的名稱，都使用「駝峰命名法則」。亦即若名稱由數個單字連結一起，除了第一個單字外，餘後每一個單字的第一個字母皆用大寫；而第一個單字的第一個字母：

1. 若是**類別**名稱則**大寫**。

2. 若是**屬性**或**行為**名稱則**小寫**。

以 Shirt 類別為例，完成後如下：

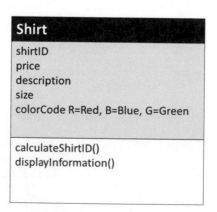

圖 3-4　Shirt 類別圖

多個類別聚在一起時，類別圖可以使用「線條的樣式」來表達類別之間的關聯性，分成「Has-A」和「Is-A」兩大類，「Has-A」再依兩個類別間關係的強度而有分別。

表 3-2　Has-A 的關聯

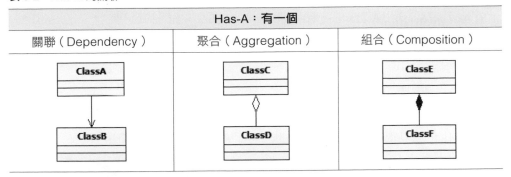

Has-A：有一個		
關聯（Dependency）	聚合（Aggregation）	組合（Composition）

1. **關聯（Dependency）**：兩者關係一般，有功能上的連結。

2. **聚合（Aggregation）**：兩者關係較強，ClassD 可能是 ClassC 的一部分。

3. **組合（Composition）**：和聚合類似，但關係更強。一旦 ClassE 消失，ClassF 也消失，兩者生命週期一致。

由字面上來看，「聚合」比較像是因為某種關係結合在一起，像沙子集中一處，但也可以再另外集結；而「組合」則經過一些安排，如組合拼圖，組合屋等，依存關係的強弱不難判斷。再者，「聚合」使用「空心菱形」，「組合」則是「實心菱形」，象徵較密實的關係，這也是 UML 表現強度時的一種方法。

至於「Is-A」的兩種關係都來自繼承，但依繼承對象是「實體 class」或是「抽象 interface」而再區分，兩者線條結尾都是空心三角形，但對於抽象 interface，則使用虛線表達。

表 3-3　Is-A 的關聯

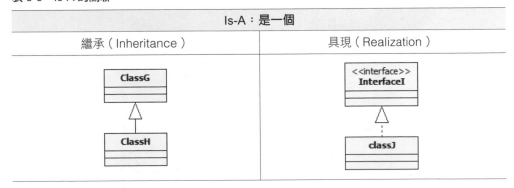

Is-A：是一個	
繼承（Inheritance）	具現（Realization）

1. **繼承（Inheritance）**：箭頭方向指向父類別，使用實線。

2. **具現（Realization）**：箭頭方向指向介面，使用虛線。

這兩種關聯方式和物件導向語言的「繼承」特質有關，後續章節會有介紹。

3.2.2　使用工具繪製 UML

繪製 UML 的工具很多，本書使用 umlet，可以在 Eclipse 擴充後使用。

01 點擊 Eclipse 的「Help」頁籤，選擇「Eclipse Marketplace」。

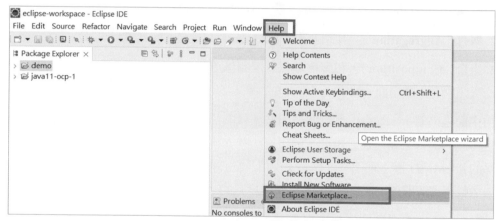

圖 3-5　開啟 Eclipse Marketplace

02 鍵入「umlet」，點擊「Go」按鈕。找出解決方案後，點擊「Install」按鈕。

圖 3-6　搜尋「Umlet」並安裝

03 同意授權合約（license agreement）後，開始安裝。

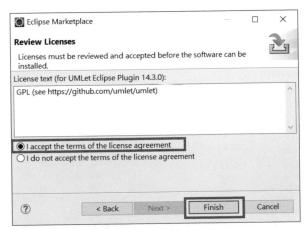

圖 3-7　**同意授權合約**

04 在 Eclipse 右下角可以看到安裝進度。

圖 3-8　**檢視安裝進度**

05 重新啟動 Eclipse 後，完成 Umlet 的安裝。

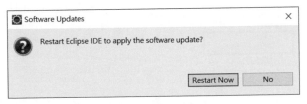

圖 3-9　**重啟 Eclipse**

06 點擊 Eclipse 的「File」頁籤，選擇「New」，再選擇「Other」。

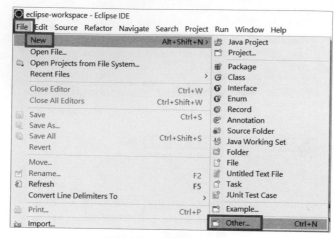

圖 3-10　準備開啟 Umlet

07 點擊 Other 節點，再點擊「Umlet diagram」。

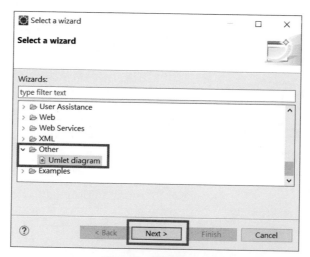

圖 3-11　開啟 Umlet

(08) 點擊「Browse」按鈕，提供 Umlet diagram 的預期儲存位置。

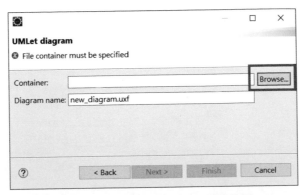

圖 3-12　**提供** Umlet diagram **儲存位置**

(09) 點擊要儲存的專案，本例為「java11-ocp-1」，再點選要儲存 Umlet diagram 檔案的資料夾目錄。

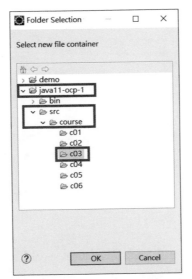

圖 3-13　**決定** Umlet diagram **儲存位置**

(10) 輸入 Umlet diagram 檔案名稱，本例為「shopping.uxf」，再點擊「Finish」按鈕。完成後，可以開啟 Umlet diagram 檔案，並開始編輯。

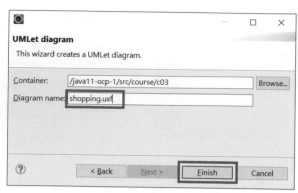

圖 3-14　輸入 Umlet diagram 檔案名稱

(11) 開始編輯 Umlet diagram。可以雙擊左上角的「shopping.uxf」頁籤，將編輯區域擴張到最大。

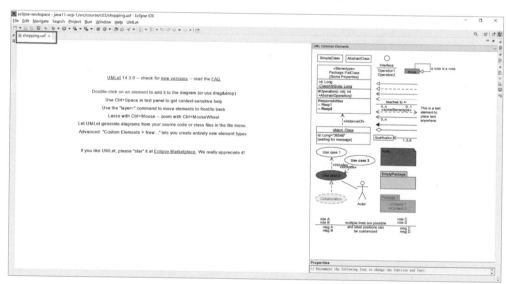

圖 3-15　輸入 Umlet diagram 檔案名稱

(12) 開始編輯 Umlet。編輯方式是：

1. 在右側的 UML Common Elements 窗格裡，雙點擊要建立 UML 元件。

2. 在左側的編輯窗格，發現先前在右側點擊的元件已經複製一份過來。

3. 利用右下方的 Properties 窗格，即可編輯類別圖內容。

如下圖所示。

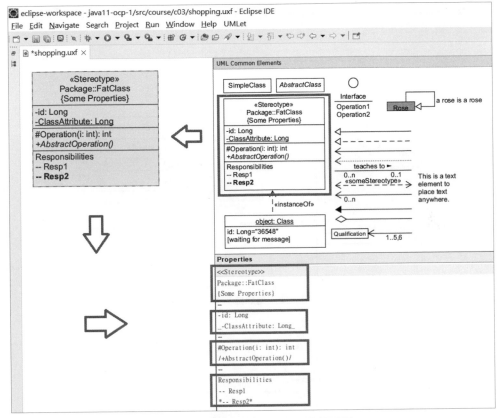

圖 3-16　編輯 Umlet diagram 的類別圖

(13) 建立 ClassA 的類別圖，依次再建立 ClassB。

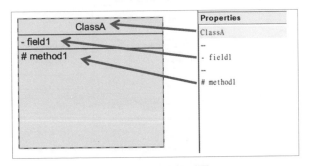

圖 3-17　建立類別圖

⑭ 在右上方的「UML Common Elements」窗格裡，雙點擊要建立的線條。

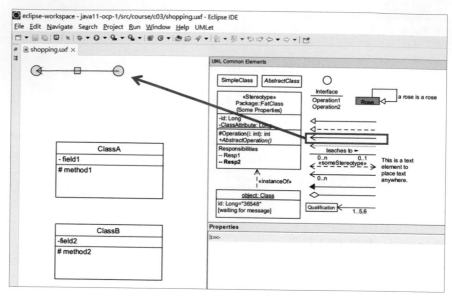

圖 3-18　使用直線建立類別間關聯

⑮ 將線條調整至定位，即可完成。

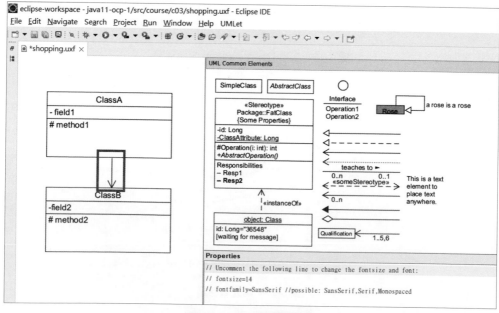

圖 3-19　建立類別間關聯

(16) 以鍵盤快速鍵 Ctrl + S 儲存檔案，或點擊 Eclipse 的「File」頁籤，再點擊「Save」
按鈕，可以將檔案儲存在硬碟空間。

在 3.1.4 小節時，曾經對購衣網站的 6 種類別做分析，只要類別的屬性和其他類別有
關聯，就在屬性名稱前加上星號（＊）。我們再做一次彙整，可以得到以下類別間的
關聯性：

1. Customer 類別有關聯 Order 類別。

2. Order 類別有關聯 Shirt 類別。

3. Order 類別有關聯 Payment 類別。

4. Order 類別有關聯 CSR 類別。

5. Catalog 類別有關聯 Shirt 類別。

再使用 Umlet，可繪製線上購衣網站的類別關聯圖。

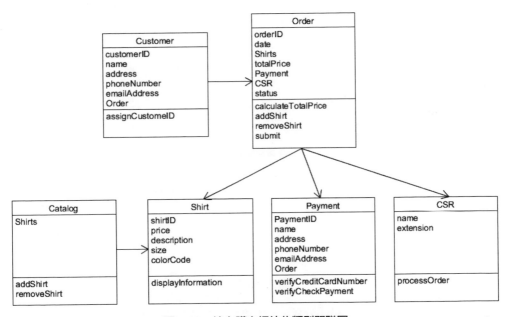

圖 3-20　**線上購衣網站的類別關聯圖**

檔案位置在「/java11-ocp-1/src/course/c03/courseSolution.uxf」。

🎙️**小祕訣** 由本章開始，書籍內的「範例」只要有註記檔案來源，都可以在附錄的範例專案「java11-ocp-1」內找到。本書共分上、下兩冊，專案範例也分「java11-ocp-1」與「java11-ocp-2」，讀者可以由博碩出版社的網站裡下載，下載網址在書本封面的夾頁中。

下載之後，可以參照章節「2.4.4　匯入 Eclipse 專案」的說明，將範例專案匯入 Eclipse 即可使用，部分程式碼編譯失敗是範例設計，屬正常現象。

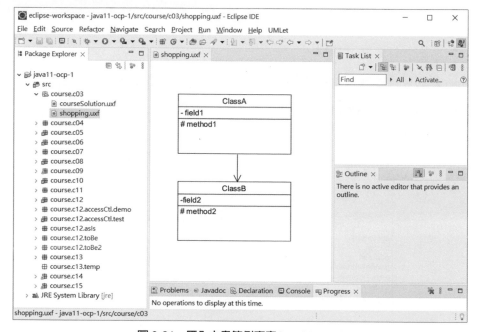

圖 3-21　匯入本書範例專案 java11-ocp-1

3.2.3　設計類別的原則

整理設計類別的原則如下：

1. 每一個「物件」（object），基本上都是不同的。

2. 雖然都是不同，但可以予以「分類」，所以有各種不同的「類別」（class）。

3. 類別像是「藍圖」，或是工廠裡的「模型」，是製作物件的「原型」（prototype）。製作出來的物件，可以具備不同的屬性。如襯衫的 color 有些是 red，有些是 blue；而每件襯衫也會給不同的 id，以作為識別。

4. 類別的同義詞有「種類」（category）、「模板」（template）、「藍圖」（blueprint）等。

5. 開發物件導向程式時，我們撰寫類別，和工廠製作模具一樣，這是最花時間的部分，而由類別產生物件，通常只需要一行程式碼。

6. 程式執行時，每一個產生的物件都會在記憶體裡占據一塊空間，具有獨立記憶體位址，我們稱爲「實例」（instance），所以我們也可以說每一個物件（object）都是類別（class）的獨立實例（instance）。

7. 由 Shirt class 產生 Shirt object / instance 的過程，就像工廠產線製作成品一樣，如下示意圖。

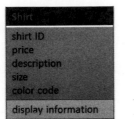

圖 3-22　工廠產線製作成品示意圖

認識 Java 語法與建立類別 04

4.1 定義類別及其成員

4.1.1 宣告類別

使用「class」關鍵字宣告類別：

💻 **語法**

```
[modifiers] class class_identifier {
    class_code_block
}
```

以下用最簡單的方式宣告類別 Shirt：

🚀 **範例：Shirt.java**

```
1    class Shirt {
2    }
```

可以發現，一個最簡單的類別只要關鍵字「class」，加上類別名稱，最後加上大括號 {} 符號，就可以通過編譯，其他內容其實都非必要。

4.1.2　宣告欄位

類別內可以宣告欄位（fields），非必要：

1. 來自類別的「屬性」。

2. 屬性具備值（value）或狀態（state），建立欄位時必須宣告「型別」（type）。

3. 宣告欄位時可以一併給值。

如：

🚀 **範例：Shirt.java**

```
1    class Shirt {
2        int size;
3        double price = 100.5;
4    }
```

💬 **說明**

| 2 | 欄位 size 是類別的屬性，型別為整數（int）。 |
| 3 | 欄位 price 是類別的屬性，型別為雙精度浮點數（double）。 |

「型別」的使用是入門 Java 程式語言的重點之一，在第五章會有更多介紹。

4.1.3　宣告方法

類別內可以宣告方法（methods），非必要：

1. 來自類別的「行為」，需描述其「內容」。

2. 執行後，結果可分成 2 種：

- 有結果回傳（return），此時方法的宣告型別與回傳結果的型別相同。

- 沒有結果回傳，此時方法的宣告型別爲「void」。

方法的宣告語法爲：

🖥 **語法**

```
[modifiers] return_type method_identifier([arguments]) {
    method_code_block
}
```

我們把先前介紹的欄位也一起考慮進來，建立以下比較完整的例子：

🚀 **範例：Shirt.java**

```
1    class Shirt {
2        int size;
3        double price = 100.5;
4        double getPrice() {
5            return price;
6        }
7        void display() {
8            System.out.println("size = " + size);
9            System.out.println("price = " + price);
10       }
11   }
```

💬 **說明**

4-6	第 5 行回傳的型別是雙精度浮點數（double），因此方法 getPrice() 也宣告相同型別。
7-10	方法 display()，沒有回傳，因此宣告爲 void。

4.1.4　使用註解

類別內可以使用註解（comments），非必要。主要用來說明程式內容，讓其他程式設計人員可以了解程式內容或注意事項，程式執行時會自動略過。

🚀 **範例：Shirt.java**

```
1    /* this is a class
2     * to show you what a class is.
3     */
4    class Shirt {
5        // this is a field
6        int size;
7        double price = 100.5;
8        // this is a method
9        double getPrice() {
10           return price;
11       }
12       void display() {
13           System.out.println("size = " + size);
14           System.out.println("price = " + price);
15       }
16   }
```

💬 **說明**

1-3	以「/*」開頭和「*/」結尾的文字段落，都是註解，可以跨行。
5, 8	以「//」開頭後，餘下到行尾都是註解，屬單行註解，無法跨行。

4.1.5　程式裡的特殊符號

類別內常見的特殊符號意義如下：

表 4-1　類別內常用特殊符號列表

符號	名稱	用途
{}	大括號	表示一段程式碼的開頭與結尾。
( )	小括號	用於方法名稱之後，可放參數。

符號	名稱	用途
;	分號	表示一個敘述的結束。
,	逗號	用於分離變數和值。
' '	單引號	用於字元。
" "	雙引號	用於字串。
//	雙斜線符號	用於註解。

4.2 認識 Java 關鍵字

「關鍵字」（keyword）在程式中已被編譯器賦予特殊意義，等同「保留字」，不可用在類別、欄位或方法的命名，否則編譯無法成功。

表 4-2　Java 保留字列表

abstract	continue	for	new	switch
assert	default	**goto**	package	synchronized
boolean	do	if	private	this
break	double	implements	protected	throw
byte	else	import	public	throws
case	enum	instanceof	return	transient
catch	extends	int	short	try
char	final	interface	static	void
class	finally	long	strictfp	volatile
const	float	native	super	while

詳細內容可以參考：⒰ℝℒ https://docs.oracle.com/javase/tutorial/java/nutsandbolts/_keywords.html，其中的 const 與 goto 在新版的 Java 已經不再使用。

> 🎤 **小祕訣**　關鍵字都是以小寫開頭，但不用特別去記憶，隨著對 Java 程式語言的了解，自然就會認識。

4.3　認識 main 方法

「main」方法是 Java 內的特殊方法，用來發動 Java SE 的程式，這個特殊方法的宣告必須滿足以下條件：

1. 名稱必須是「main」，而且都是小寫。

2. 必須是「void」。

3. 必須宣告為「public」。

4. 必須宣告為「static」，所以不屬於物件的行為。將在後續章節介紹 static 宣告。

5. 方法參數必須是「字串陣列」。

宣告方式是：

🖥 語法

```
public static void main (String[] args) {
    method_code_block
}
```

如以下範例行 2：

🚀 範例：ShirtTest.java

```
1    class ShirtTest {
2        public static void main (String[] args) {
3            /*
4             * what you want to execute
5             */
6        }
7    }
```

4.4 使用 javac、java、jar 指令建立並執行程式

4.4.1 建立可執行的程式

比較範例 Shirt 和 ShirtTest 類別，Shirt 類別只有物件的欄位和方法，因此無法執行。ShirtTest 類別有 main 方法，因此可以執行。

ShirtTest 類別再加上執行內容的程式碼：

1. 由 Shirt 類別產生 Shirt 物件（或稱實例），如以下範例行 3。

2. 執行 Shirt 物件（或稱實例）的 display() 方法，如以下範例行 4。

完整程式碼如下：

🚀 **範例：ShirtTest.java**

```
1    class ShirtTest {
2        public static void main(String[] args) {
3            new Shirt();
4            new Shirt().display();
5        }
6    }
```

類別 Shirt 和 ShirtTest 已經建立完成，通過編譯後就可以執行。

4.4.2 使用 javac 指令編譯程式

完成程式碼開發後，可以使用 Java 的編譯器，亦即執行檔 javac.exe 進行編譯。該執行檔位於 Java 安裝目錄的 bin 資料夾內，編譯 *.java 檔案後，將產出 *.class 檔案。

💻 **語法**

```
javac 程式檔 .java
```

如：

```
1    javac ShirtTest.java
```

因為 ShirtTest.java 關聯 Shirt.java，編譯後同時產出 ShirtTest.class 與 Shirt.class 檔案。

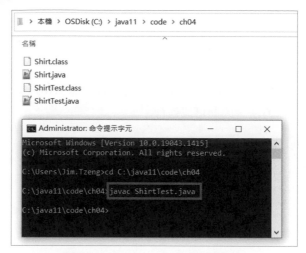

圖 4-1　使用 javac 指令產出編譯檔

4.4.3　使用 java 指令執行程式

完成程式碼編譯後，繼續使用 Java 的執行檔，亦即 java.exe 執行程式編譯檔。該檔案位於 Java 安裝目錄的 bin 資料夾內，要執行的類別必須有 main 方法作為程式進入點，否則會出錯。

語法

```
java 程式編譯檔（不能加 class 的副檔名）
```

如：

```
1    java ShirtTest
```

執行後，將輸出結果。

圖 4-2　使用 java 指令執行編譯檔

必須注意的是，Java 的程式檔案名稱和檔案內定義的 class 有若干關係：

1. 程式碼檔案副檔名必須是「.java」，否則編譯器將拒絕編譯。

2. 程式碼檔案內可以定義多個「非 public」的 class，檔案名稱不一定要和這些 class 名稱相同。編譯時，檔案內宣告的每一個 class 都會各自產生副檔名為「.class」的編譯檔。

3. 程式碼檔案內若有 public 的 class，此時一個程式碼檔案內只允許有一個 public class，且檔名必須和該 public class 的名稱相同。

4.4.4　使用 jar 指令打包程式後再執行

以先前的 ShirtTest.java 與 Shirt.java 為例，2 個類別具有關聯性，因此編譯時必須一起存在，執行時也必須一起存在。試想，如果我們撰寫的程式愈來愈龐大，有數十個、甚至上百個類別，程式裡還有其他設定檔、圖檔、資料夾等時，要攜帶這樣的一個程式包是一件多麼麻煩的事，畢竟少了一個都不行。

這時候，只要把所有類別和執行時期需要的相關檔案一起打包起來存成 JAR 檔案，就可以解決這個問題。JAR 是 Java ARchive 的縮寫，它是一個 ZIP 的壓縮檔，可以使用檔案壓縮工具如 7-Zip 來瀏覽內容，事實上我們也可以使用 7-Zip 製作 JAR 檔案，但還是使用 Java 的內建指令「jar.exe」比較有效率，它和 javac.exe、java.exe 一樣都放在 Java 安裝目錄的 bin 資料夾內，指令語法分成 5 段。

🖥 語法

| jar | -cfe | JAR 檔案 | 具備 main() 方法的類別 | 程式編譯檔 |

1. 第一部分是 jar 指令。

2. 第二部分是指令選項，jar 指令有很多選項可以使用，這裡使用 cfe 分別代表：

   ● 指令選項 c 指 create，表示指令要建立新 JAR 檔案。

   ● 指令選項 f 指 file，選項後要提供 JAR 檔案名稱。

   ● 指令選項 e 指 entry point，表示程式進入點，要指定具備 main 方法的類別名稱。

3. 第三部分是要產生的 JAR 檔案名稱。

4. 第四部分是具備 main() 方法的類別名稱。

5. 第五部分是程式編譯檔，就是 *.class。所以在使用 jar 指令前，要先完成編譯。

假如我們要把 ShirtTest.class 和 Shirt.class 打包成 shirt.jar 檔案，可以使用以下指令：

```
1    jar -cfe shirt.jar ShirtTest *.class
```

或是清楚指定 *.class 包含哪些檔案：

```
1    jar -cfe shirt.jar ShirtTest Shirt.class ShirtTest.class
```

打包完成後，可以使用以下指令執行 shirt.jar 檔案：

```
1    java -jar shirt.jar
```

會得到與

```
1    java ShirtTest
```

一樣的結果。

圖 4-3　使用 jar 指令打包編譯檔並執行

JAR 檔用來執行 Java SE 程式時，因為可執行（executable）的特性，被稱為
「Executable JAR」，還有一種不是用來執行，只是單純作為函式庫的，就是一般
JAR 檔。Java 是開源（open source）的程式語言，擁有很多社群（community）釋出
函式庫，使用它們可以節省許多開發時間。

4.5　使用 Eclipse 匯入範例專案並執行程式

我們在第二章示範使用 Eclipse 建立 Java 程式並執行，也說明了如何匯入 Eclipse 專
案，接下來就匯入本書上冊的完整範例專案「java11-ocp-1」，並執行前述的 ShirtTest
類別。

│ 4.5.1 使用套件（package）

關鍵字「package」代表的意義是對類別進行「分類」，會和類別所在的檔案目錄有關。本書的範例類別眾多，需要依照不同章節分類，所以在簡單的範例中就使用了 package 宣告。參考以下步驟來了解 package 的使用目的：

01 參照章節「2.4.4 匯入 Eclipse 專案」匯入本書範例專案 java11-ocp-1 後，依下圖展開 Shirt.java 類別，並點擊右上角的放大鏡圖示。

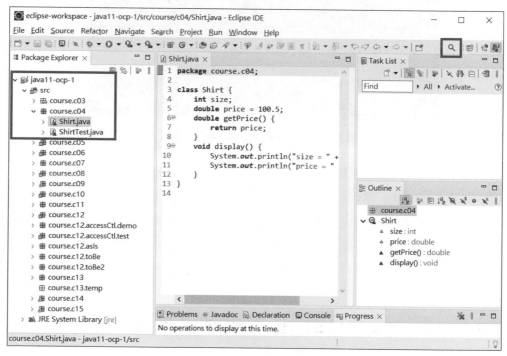

圖 4-4　匯入本書範例專案

02 在彈出視窗中輸入「navigator」，點擊搜尋結果。

圖 4-5　搜尋 navigator 並開啟

03 彈出「Navigator」視窗。

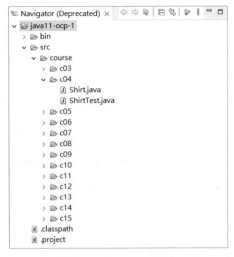

圖 4-6　Navigator 視窗

04 關注預設的 Package Explorer 視窗。

圖 4-7　Package Explorer 視窗

比較 Navigator 視窗與 Package Explorer 視窗的差異：

1. Navigator 視窗以檔案系統的「樹狀結構」呈現，類似檔案總管；每個類別就是 *.java 的檔案，位在特定的目錄中。檔案目錄「src」是專案的根目錄，所有 Java 類別檔都必須放在該目錄下才能編譯，如 Shirt.java 位於「src/cource/c04」的目錄中。

2. Package Explorer 視窗是以 Java 的套件（package）呈現專案，沒有樹狀結構。以 Shirt.java 為例，其位於「cource.c04」套件下。

3. Package Explorer 視窗可以顯示編譯失敗的類別。Navigator 視窗因為是以檔案總管的角度呈現類別目錄，將不顯示編譯結果。Eclipse 匯入專案後，**預設會自動編譯**，將發現部分類別編譯失敗，這是課程設計的需要，屬正常現象。

因為加入套件的關係，類別 Shirt 與 ShirtTest 的行 1 都多了「package course.c04;」敘述：

🚀 範例：**/java11-ocp-1/src/course/c04/Shirt.java**

```
1    package course.c04;
2
3    /* this is a class
4     * to show you what a class is.
5     */
6    class Shirt {
7        // this is a field
8        int size;
9        double price = 100.5;
10
11       // this is a method
12       double getPrice() {
13           return price;
14       }
15       void display() {
16           System.out.println("size = " + size);
17           System.out.println("price = " + price);
18       }
19   }
```

🚀 範例：**/java11-ocp-1/src/course/c04/ShirtTest.java**

```
1    package course.c04;
2
```

```
3   class ShirtTest {
4       public static void main(String[] args) {
5           new Shirt().display();
6       }
7   }
```

4.5.2 使用 Eclipse 執行類別的 main 方法

選擇具備 main 方法的類別 ShirtTest，點選工具列的程式執行按鈕，選擇「Run As」，再選擇「Java Application」，就可以執行程式，結束後在下方 Console 視窗可以看到執行結果。

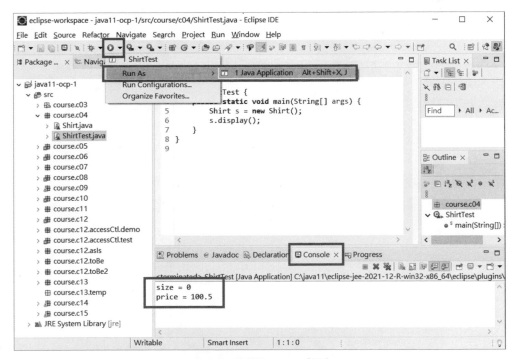

圖 4-8　執行 ShirtTest 類別

和使用指令 javac、java、jar 的執行結果相同。

認識變數與 Java 基本型別 05

5.1 認識 Java 的基本型別、變數和常數

在第三章的時候,本書以物件導向的概念為出發點,引領讀者進入 Java 程式設計的領域;但 Java 本身還是一個計算機語言,因此本章介紹一些基礎的數值運用與計算。

5.1.1 何謂變數

在學習數學時,大家一定都聽過「變數」。老師教學時,在黑板上寫下題目:「X 是一個變數,要同學們藉由『=』左右兩邊相等的條件,計算出 X 的數值。」

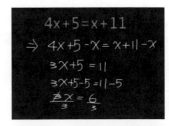

圖 5-1　數學求解變數 x

在程式語言裡，X 還是變數，但不用思考 X 是多少，通常都是我們直接給 X 某個數值，請電腦做一些運算。

人腦比較聰明，計算數學時，不需要事先告知變數的「型別」（type）屬於整數（integer）或是浮點數（floating），但是使用 Java 進行運算時，因為不同型別的變數在電腦中將使用不同大小的記憶體空間，所以必須先在程式碼中透過「宣告」（declaration）的方式，明確告知電腦關於變數的型別，這樣電腦才能有效率分配合適的記憶體空間進行計算。

變數宣告型別後，可以再改變其數值，故名「變數」。如以下範例行 3 與行 6：

```
1    public class MyMath {
2        public static void main(String[] args) {
3            int x = 1;
4            System.out.println(x + 2);
5            System.out.println(x * 4);
6            x = 6;
7            System.out.println(x / 3);
8        }
9    }
```

上一章節使用整數和浮點數作為 Shirt 類別欄位的型別，這只是其中的 2 種。在 Java 程式語言裡，型別分 2 大類：

1. **基本型別**（**primitive type**）：其變數主要用於數學基礎運算、邏輯判斷、字元處理等，將在本章介紹。

2. **參考型別**（**reference type**）：其變數主要用於物件導向程式設計裡的物件（object）的參考，將在下一章做介紹。

5.1.2　Java 的基本型別

Java 的基本型別分為 4 種類型，共 8 個型別，如下：

表 5-1　Java **基本型別分類**

類型	型別	位元組（bytes）	位元數（bits）	最小值	最大值
整數 Integral	byte	1	8	-128	127
	short	2	16	-2^{15}	$2^{15}-1$
	int	4	32	-2^{31}	$2^{31}-1$
	long	8	64	-2^{63}	$2^{63}-1$
浮點數 Floating point	float	單精確度，32-bit 浮點數		依 IEEE 754 標準	
	double	雙精確度，64-bit 浮點數		依 IEEE 754 標準	
字元 Textual	char	2	16	'\u0000' - '\uffff'	
布林值 Logical	boolean	1	8	true, false	

5.1.3　字面常量

如果在程式碼中直接寫下「1、1.0、3.14159、'T'」這樣的數值或文字，且未經過變數的宣告與初始化，這類數值或文字就稱之為「字面常量 / 常數」（literal constant），可以是：

1. 字元。

2. 字串。

3. 整數：預設 int，若背後緊接 l 或 L，表示 long 型別。

4. 浮點數：預設 double，若背後緊接 f 或 F，表示 float 型別。

5. 符號。

6. true/false。

以下示範字面常量的使用方式。字面常量和變數一樣，都會使用記憶體空間，不同的是，藉由變數的存在，記憶體位址裡的數值或文字還可以反覆使用；而字面常量一旦執行且生成，因為無法重複使用，就只能等待被回收，如：

🚀 **範例：/java11-ocp-1/src/course/c05/LiteralConstantDemo.java**

```
 1   public class LiteralConstantDemo {
 2       public static void main(String[] args) {
 3           System.out.println('J');
 4           System.out.println("Java");
 5           System.out.println(10);
 6           System.out.println(10.10);
 7           System.out.println("+");
 8           System.out.println(true);
 9       }
10   }
```

5.1.4 使用變數的目的

我們用實際的例子來示範使用變數的好處。

先寫一支程式來計算圓周長和圓面積，但不使用變數：

🚀 **範例：/java11-ocp-1/src/course/c05/WithoutVariable.java**

```
 1   public class WithoutVariable {
 2       public static void main(String[] args) {
 3           // 給一個半徑 (r=5)，計算其 圓周 => PI * 2r
 4           System.out.println("圓周 = " + 3.14159 * 2 * 5);
 5           // 給一個半徑 (r=5)，計算其 面積 => PI * r * r
 6           System.out.println("面積 = " + 3.14159 * 5 * 5);
 7           // 半徑變2倍，計算其 圓周
 8           System.out.println("圓周 = " + 3.14159 * 2 * (2 * 5));
 9           // 半徑變2倍，計算其 面積
10           System.out.println("面積 = " + 3.14159 * (2 * 5) * (2 * 5));
11       }
12   }
```

可以發現一些問題：

1. 程式裡有很多「字面常量」反覆出現。

2. PI = 3.14159，多打幾次很容易打錯。

3. 半徑增加2倍，就程式架構看不太出來（如果沒有註解的話）。

4. 以後若要改半徑，要改很多地方，漏改、錯改都會造成 bug。

再把範例改為使用變數：

🚀 **範例：/java11-ocp-1/src/course/c05/WithVariable.java**

```
1   public class WithVariable {
2     public static void main(String[] args) {
3         final double PI = 3.14159;
4         int r = 5;
5         // 給一個半徑 (r=5)，計算其 圓周 => PI * 2r
6         System.out.println("圓周 = " + PI * 2 * r);
7         // 給一個半徑 (r=5)，計算其 面積 => PI * r * r
8         System.out.println("面積 = " + PI * r * r);
9         r = 10;
10        // 半徑變 2 倍，計算其 圓周
11        System.out.println("圓周 = " + PI * 2 * r);
12        // 半徑變 2 倍，計算其 面積
13        System.out.println("面積 = " + PI * r * r);
14     }
15  }
```

比較兩者，可以發現結果相同，但程式邏輯卻清楚很多，這是「變數宣告」在「程式邏輯」上的意義之一。雖然程式目的達成，但也要讓別人看得懂，也要考慮未來維護的成本：

1. 字面常量改宣告為變數，放在計算式前面。當 r 變成 2 * r，邏輯清楚。

2. PI 被宣告成常數，可以直接拿來使用，更不用擔心被修改。

3. 計算式由原本的一堆數字的加減乘除，變成公式，程式邏輯清楚。

4. 日後改變半徑 r 時，輕鬆簡單。

甚至可以再進階，讓程式碼變得更簡潔：

🚀 **範例：/java11-ocp-1/src/course/c05/WithVariable2.java**

```
1   public class WithVariable2 {
2     public static void main(String[] args) {
3         int r = 5;
4         showResult(r);
5         r = 10;
```

```
 6            showResult(r);
 7        }
 8    private static void showResult(int r) {
 9        final double PI = 3.14159;
10        System.out.println("圓周 = " + PI * 2 * r);
11        System.out.println("面積 = " + PI * r * r);
12    }
13  }
```

宣告變數除了程式邏輯上的意義外，也有其物理意義。

用程式碼做資料運算時，因為 CPU 沒有記憶的功能，因此剛處理完的資料馬上便消失，為了能取出剛才的運算結果來繼續計算，我們需要記錄這些資料在記憶體中的位址。

因為這個位址是電腦自己決定，位址本身不容易讓人們記住，所以我們給它一個名稱，讓這個名稱代表這個位址，這就是「變數」。由於記憶體的容量是有限的，所以每一個資料所占用的空間必須定義清楚，因此 Java 定義了基本變數型別，不同型別占用大小不等的空間。

> 🎙️ **小祕訣** 記憶體的容量有限，就好比我們寸土寸金的都會地區。如果申請了土地要蓋房子，房子大小必須搭配土地大小（像是不同型別有不同大小），才能充分利用土地。而房子在地球上，可以用「經緯度」來定位，就像「記憶體位址」可以幫我們找到記憶體裡的特定地方。
>
> 但我們通常不會拿著經緯度找房屋，會以「房屋地址」來尋找建物位置，這是我們熟知的方式，也就是「變數」的概念。「房屋地址」相對於「經緯度」，就像「變數」相對於「記憶體位址」。

5.1.5 使用變數及常數

「字面常量」不需經過「宣告」，即可在程式中使用，但無法追蹤及繼續使用。

「變數」因為會隨程式執行而變動，為了追蹤及繼續使用，需要經過「宣告」程序：

1. 定義一個英文名稱代表該變數，以小寫開頭。若是使用複合字，為了清楚區隔每一個單字，第二個以後的單字都大寫開頭，就是「駝峰命名原則」。

2. 定義其資料型別。

3. 若變數是類別的欄位，可以再加上修飾詞（modifiers）。

```
1    int intNum;              // 宣告一個整數變數
2    double dblNum;           // 宣告一個倍精度浮點數變數
3    float x = 10, y = 20;    // 同時宣告多個變數屬同一型別，型別不重複
```

經過「宣告」後，系統就會配置一塊記憶體空間供其使用。

> 🎙 **小祕訣** 對於周遭不在意的人，常常很難記住他／她的名字，就像路人甲、路人乙，但若在意某個人，需要追蹤了解他／她的行蹤及改變，就會記得這個人的「名字」，這就是「變數名稱」對於變數的意義。

若不允許再改變數值，則可以在宣告變數時使用「final」關鍵字來限定。如果程式中有其他程式碼試圖改變這個變數，將無法通過編譯：

```
1    final double PI = 3.14;
2    PI = 3.14159;    // compile error!!
```

使用 final 來限定變數值，目的是不希望其他的程式碼來變動它的值，例如：圓周率 PI 的指定。

5.1.6 變數的有效範圍

Java 的變數有 2 種：

1. 實例變數（instance variable），亦即類別屬性或欄位（field）：

- 有效範圍在整個物件實例（instance）內，故名。

- 宣告的型態前可以有修飾詞，如 public 等。

- 使用前若未給值或未初始化，依不同型態變數，Java 將給不同預設（default）值：

表 5-2　各基本型別預設值

型別分類	基本型別	預設值
整數	byte、short、int、long	0
浮點數	float、double	0.0
字元	char	空字元，或以 Unicode 表達為 '\u0000'
邏輯	boolean	false

2. 區域變數（local variable）：

- 有效範圍在宣告的方法或特定程式碼區塊 { } 內。若變數名稱和外圍變數的名稱相同，將由區域變數覆蓋實例變數。
- 宣告的型態前不能再有修飾詞等。
- 使用前若未給值，亦即未初始化，將編譯失敗。

如以下範例：

範例：Shirt.java

```
1   public class Shirt {
2       public int size;
3       public double price = 100.5;
4       public void display() {
5           int size = 5;
6           System.out.println(size);
7           System.out.println(price);
8       /*  if (5 > 2) {
9               int size = 9; // compile error!
10              System.out.println(size);
11          }   */
12      }
13      public static void main(String[] args) {
14          new Shirt().display();
15      }
16  }
```

結果

```
1   5
2   100.5
```

說明

2	宣告實例變數 int size。因為宣告時沒有一併初始化，將由 Java 給整數的預設值 0。
3	宣告實例變數 double price = 100.5; 。
5	宣告區域變數 int size = 5。

6	因為區域變數名稱 size 和實例變數名稱相同，因此將覆蓋外圍的實例變數，故輸出數值 5。
7	輸出實例變數 price 的數值 100.5。
9	在方法的程式區塊範圍內，Java 不允許因為變數同名導致覆蓋的情況。

> 🎙 **小祕訣** 可以這樣記憶。Java 的變數在「使用前」，無論實例或區域變數都「必須有值」，差別在於：
>
> 1. **實例變數**：若沒先給值，Java 會給預設值，可以通過編譯。
>
> 2. **區域變數**：若沒先給值，就是沒值，無法通過編譯。

5.1.7 字元型別

猜猜這樣的程式碼可以編譯，甚至執行嗎？

🚀 **範例**：**/java11-ocp-1/src/course/c05/CharTest.java**

```
1   public class CharTest {
2       public static void main(String[] args) {
3           char c1 = 'A';
4           System.out.println(c1);
5           char c2 = 65;
6           System.out.println(c2);
7           int i = 65;
8           System.out.println(i);
9       }
10  }
```

結論是可以的，而且得到結果：

🧩 **結果**

```
1   A
2   A
3   65
```

對 Java 而言，字元型別裡的每一個「字元」（char）都是一種「圖形」。Java 在儲存 char 時，並非直接儲存圖形 'A'，而是轉成位元碼儲存。

許多程式語言使用 ASCII（American Standard Code for Information Interchange）將英文字元定義為 8-bit 的位元碼（即為 1 bytes，在 byte 型別的儲存範圍內，範圍 0-127）。ASCII 對照表如下：

Decimal	Binary	Octal	Hex	ASCII	Decimal	Binary	Octal	Hex	ASCII	Decimal	Binary	Octal	Hex	ASCII	Decimal	Binary	Octal	Hex	ASCII
0	00000000	000	00	NUL	32	00100000	040	20	SP	64	01000000	100	40	@	96	01100000	140	60	`
1	00000001	001	01	SOH	33	00100001	041	21	!	65	01000001	101	41	A	97	01100001	141	61	a
2	00000010	002	02	STX	34	00100010	042	22	"	66	01000010	102	42	B	98	01100010	142	62	b
3	00000011	003	03	ETX	35	00100011	043	23	#	67	01000011	103	43	C	99	01100011	143	63	c
4	00000100	004	04	EOT	36	00100100	044	24	$	68	01000100	104	44	D	100	01100100	144	64	d
5	00000101	005	05	ENQ	37	00100101	045	25	%	69	01000101	105	45	E	101	01100101	145	65	e
6	00000110	006	06	ACK	38	00100110	046	26	&	70	01000110	106	46	F	102	01100110	146	66	f
7	00000111	007	07	BEL	39	00100111	047	27	'	71	01000111	107	47	G	103	01100111	147	67	g
8	00001000	010	08	BS	40	00101000	050	28	(	72	01001000	110	48	H	104	01101000	150	68	h
9	00001001	011	09	HT	41	00101001	051	29	)	73	01001001	111	49	I	105	01101001	151	69	i
10	00001010	012	0A	LF	42	00101010	052	2A	*	74	01001010	112	4A	J	106	01101010	152	6A	j
11	00001011	013	0B	VT	43	00101011	053	2B	+	75	01001011	113	4B	K	107	01101011	153	6B	k
12	00001100	014	0C	FF	44	00101100	054	2C	,	76	01001100	114	4C	L	108	01101100	154	6C	l
13	00001101	015	0D	CR	45	00101101	055	2D	-	77	01001101	115	4D	M	109	01101101	155	6D	m
14	00001110	016	0E	SO	46	00101110	056	2E	.	78	01001110	116	4E	N	110	01101110	156	6E	n
15	00001111	017	0F	SI	47	00101111	057	2F	/	79	01001111	117	4F	O	111	01101111	157	6F	o
16	00010000	020	10	DLE	48	00110000	060	30	0	80	01010000	120	50	P	112	01110000	160	70	p
17	00010001	021	11	DC1	49	00110001	061	31	1	81	01010001	121	51	Q	113	01110001	161	71	q
18	00010010	022	12	DC2	50	00110010	062	32	2	82	01010010	122	52	R	114	01110010	162	72	r
19	00010011	023	13	DC3	51	00110011	063	33	3	83	01010011	123	53	S	115	01110011	163	73	s
20	00010100	024	14	DC4	52	00110100	064	34	4	84	01010100	124	54	T	116	01110100	164	74	t
21	00010101	025	15	NAK	53	00110101	065	35	5	85	01010101	125	55	U	117	01110101	165	75	u
22	00010110	026	16	SYN	54	00110110	066	36	6	86	01010110	126	56	V	118	01110110	166	76	v
23	00010111	027	17	ETB	55	00110111	067	37	7	87	01010111	127	57	W	119	01110111	167	77	w
24	00011000	030	18	CAN	56	00111000	070	38	8	88	01011000	130	58	X	120	01111000	170	78	x
25	00011001	031	19	EM	57	00111001	071	39	9	89	01011001	131	59	Y	121	01111001	171	79	y
26	00011010	032	1A	SUB	58	00111010	072	3A	:	90	01011010	132	5A	Z	122	01111010	172	7A	z
27	00011011	033	1B	ESC	59	00111011	073	3B	;	91	01011011	133	5B	[	123	01111011	173	7B	{
28	00011100	034	1C	FS	60	00111100	074	3C	<	92	01011100	134	5C	\	124	01111100	174	7C	|
29	00011101	035	1D	GS	61	00111101	075	3D	=	93	01011101	135	5D	]	125	01111101	175	7D	}
30	00011110	036	1E	RS	62	00111110	076	3E	>	94	01011110	136	5E	^	126	01111110	176	7E	~
31	00011111	037	1F	US	63	00111111	077	3F	?	95	01011111	137	5F	_	127	01111111	177	7F	DEL

圖 5-2 ASCII 對照表

該表顯示了 ASCII 字元和十進位（Decimal）、十六進位（Hexadecimal）與八進位（Octal）數字的對應關係。十進位的 32-127，是一般鍵盤上的按鍵可以顯示的範圍；而範例中的英文字母大寫 A，就對應到 65。

因此當我們宣告及初始化變數 c1 後：

```
char c1 = 'A';
```

Java 將圖形「A」根據 ASCII 的對照關係以 65 的數值儲存。

若是直接把整數 65 直接指定給 char 型別的變數 c2：

```
char c2 = 65;
```

更幫 Java 減少了尋找對應關係的工作。

兩者列印輸出時，因爲都是 char 的宣告型態，故都印出字元，不會印出數字。

對程式語言而言，文字等同於圖形，最終都是以 0 或 1 的形式儲存。因爲全球化的關係，非英語系國家的文字也需要記錄，ASCII 只支援 128 種字元必然不足，因此 Java 使用 16 bits 的位元碼（2 bytes，在型別 short 的儲存範圍內）來儲存所有字元，稱爲「Unicode」；因爲可以包含各國文字圖形，又稱爲「萬國碼」。Unicode 的範圍包含 ASCII，因此 ASCII 是 Unicode 的子集合或次集合。

5.1.8　使用二進位的字面常量的方式顯示整數

若數值以「0b/0B」開頭，表示將以二進位的書寫方式表現數字，如：

🚀 **範例**：**/java11-ocp-1/src/course/c05/BinaryLiteralsDemo.java**

```
1   public class BinaryLiteralsDemo {
2       public static void main(String[] args) {
3           byte b1 = 2;
4           byte b2 = 0b10;
5           // = 2*1 + 1*0 = 2
6           byte b3 = 0b101011;
7           // = 32*1 + 16*0 + 8*1 + 4*0 + 2*1 + 1*1 = 43
8           System.out.println(b1 + ", " + b2 + ", " + b3);
9       }
10  }
```

5.1.9　使用底線提高數字常量的可讀性

以「_」區隔數字，增加數字常量（numeric literals）的可讀性。如：

🚀 **範例**：**/java11-ocp-1/src/course/c05/NumericLiteralsDemo.java**

```
1   public class NumericLiteralsDemo {
2       public static void main(String[] args) {
3           int i1 = 1234567;
4           int i2 = 1_234_567;
5           System.out.println(i1 == i2);
6           double d1 = 1234567.1234567;
```

```
7          double d2 = 1_234_567.123_456_7;
8          System.out.println(d1 == d2);
9     }
10   }
```

5.2 使用運算子

5.2.1 常用的運算子

使用「算術」運算子：

表 5-3　算術運算子與範例

運算子	運算子意義	int a = 9, b = 4	運算結果
+	加法	a + b	13
-	減法	a - b	5
*	乘法	a * b	36
/	除法	a / b	2
%	取餘數	a % b	1

使用「簡潔」運算子：

表 5-4　簡潔運算子與範例

運算子	原式	簡潔運算式
+=	a = a + b	a += b
-+	a = a -b	a -= b
*=	a = a * b	a *= b
/=	a = a / b	a /= b
%=	a = a % b	a %= b

變數使用「遞增」運算子可以讓值加 1，使用「遞減」運算子可以讓值減 1：

表 5-5　遞增 / 遞減運算子與範例

int i = 3; int a = 0;	i 的計算結果	a 的計算結果
i ++	4	0
i --	2	0
a = i ++	4	3
a = ++ i	4	4
a = i --	2	3
a = -- i	2	2

🎙 **小祕訣**　「遞增 / 遞減」運算子是 OCA 的考試重點之一。以遞增運算子為例：

1. i ++：先執行整個敘述後，再將 i 的值加 1。

2. ++ i：先將 i 的值加 1，再執行整個敘述。

可以記憶為：

1. 「遞增 / 遞減」運算子「在前面」，「遞增 / 遞減」運算子「**先處理**」。

2. 「遞增 / 遞減」運算子「在後面」，「遞增 / 遞減」運算子「**後處理**」。

5.2.2　運算子的處理順序

Java 運算子種類很多，常見的需求是比較運算子處理的先後順序。掌握以下原則，大部分問題處理都不困難。處理順序是：

1. 括號 () 內先處理。這和小時候學的數學一樣。

2. 遞增 / 遞減運算子「在前面」，就「先處理」。

3. 算術運算子（先乘除，後加減。注意字串相連使用的 + 號，也在這個範圍內）。

4. 關係運算子（本書第七章介紹：<、>、<=、>=、==、!=）。

5. 條件運算子（本書第七章介紹：&&、||、!）。

6. 三元運算子（?:）。

7. 指派運算子（=、+=、-=、*=、/=、%=）。

8. 遞增 / 遞減運算子「在後面」，就「後處理」。

其中項次1、2、3、4、8在認證考試中比較常見，建議記住。以下範例讓您牛刀小試：

🚀 **範例：/java11-ocp-1/src/course/c05/OperatorsTest.java**

```
1    public class OperatorsTest {
2        public static void main(String[] args) {
3            int count = 20;
4            int a, b, c, d;
5            a = count++;
6            b = count;
7            c = ++count;
8            d = count + 1;
9            System.out.println(a + b + c + d);
10           System.out.println("Result=" + a + b + c + d);
11           System.out.println(a + b + "Result=" + c + d);
12           System.out.println("Result=" + a + (b + c) + d);
13       }
14   }
```

🧩 **結果**

```
86
Result=20212223
41Result=2223
Result=204323
```

5.3　使用升等和轉型

使用加減乘除等運算子不難，甚至學數學的時候都已經滾瓜爛熟，但程式語言有型別的宣告，就要注意「型別轉換」的問題，否則常常會有跌破眼鏡的結果。

比如說，這樣的程式執行結果會是3：

```
int number = 10;
System.out.println(number / 3);
```

如果想要 3.3333333333…的結果，應該要這樣宣告：

```
double number = 10;
System.out.println(number / 3);
```

5.3.1　型別的升等

當 Java 遇到運算式有不對等或不一致的情境時，會做型別的自動升等（automatic promotion）。主要為：

1. 運算式內成員型別不一致時，小型別變數將自動提升其型別，將和大型別變數的型別一致，以正確保留運算結果。

2. 將較小型別的值指定給較大型別的變數時，小型別的值將自動提升其型別，將和大型別變數的型別一致，以滿足大型別宣告的要求。

3. 將整數型態（byte / short / int / long）指定給浮點數型態（float / double）時，整數型態會自動提升為浮點數型態，以保留小數點後的位數。這也是前項情境的個案應用之一。

以下示範前述情境 1 與情境 2：

🚀 **範例：/java11-ocp-1/src/course/c05/PromotionTest.java**

```
1    public class PromotionTest {
2        public static void main(String[] args) {
3            int n1 = 10;
4            System.out.println(n1 / 3);
5            double n2 = n1;
6            System.out.println(n2 / 3);
7        }
8    }
```

🧩 **結果**

```
1    3
2    3.3333333333333335
```

說明

4	因為字面常量 3 被當成 int，變數 n1 也是 int，故結果也必須是 int，所以印出數值 3。
5	變數 n1 是 int，變數 n2 宣告為 double，將較小型態指定給較大型態時，n1 將被提升和 n2 一致皆為 double，以滿足宣告型態。
6	因為字面常量 3 是 int，變數 n2 是 double，運算式內成員型別出現不一致的情況。所以字面常量 3 會被提升至 double 使其和 n2 一致，結果就會是 double，所以印出數值 3.3333333333333335。

以下示範前述情境 3：

🚀 **範例：/java11-ocp-1/src/course/c05/AutoPromotion.java**

```
1   public class AutoPromotion {
2       public static void main(String[] args) {
3           /* Automatic Promotion for assign small to large*/
4           byte x1 = 10;
5           short x2 = x1;
6           int y1 = 10;
7           long y2 = y1;
8
9           float z1 = 10.0f;
10          double z2 = z1;
11
12          /* Automatic Promotion for assign integer to floating */
13          float e = 2;
14          double f = 2;
15          float g = 2L;
16          double h = 2L;
17
18          /* Can not assign floating to integer!!
19             will cause the lost of decimal point!! */
20          int a = 2.34f;      // 編譯失敗
21          long b = 2.34f;     // 編譯失敗
22          int c = 2.34;       // 編譯失敗
23          long d = 2.34;      // 編譯失敗
24      }
25  }
```

說明

13-16	浮點數型態的 double、float，實際長度大於整數型態的 long、int、short、byte，順序為 double > float > long > int > short > byte，所以可以把 long 型態的整數指定給 float。
20-23	同前說明。因為浮點型態長度大於整數，且小數點無法處理，故均無法通過編譯。

5.3.2 型別的轉型

Java 轉型（casting）顧名思義是將原先型別轉換成新的型別。語法是數值前加一個「()」，裡面決定要轉型的目標：

🖥 **語法**

```
(target_type) value
```

通常用於將「大」型別轉成「小」型別。就基本型別而言，轉小型別可以減少記憶體的使用，但必須注意轉型後的數值是否和先前相同。

Java 在使用指派運算子「=」時，將因運算式內的型別不一致而發動自動升等，讓小型別轉大型別。有需要時也可以自己利用轉型語法發動，如以下範例讓「小」型別轉型為「大」型別：

```
int number = 10;
System.out.println((double)number / 3);
```

這樣也可以得到預期的浮點數結果：3.3333333333333335。

轉型的使用範例如下：

🚀 **範例：/java11-ocp-1/src/course/c05/CastingTest1.java**

```
1    public class CastingTest1 {
2        public static void main(String[] args) {
3            int i1 = 53;
4            int i2 = 47;
5            byte b3;
6            b3 = i1 + i2;    // 編譯失敗
```

```
 7              b3 = (byte) (i1 + i2);
 8              System.out.println(b3);
 9          }
10      }
```

🗨 **說明**

| 6 | i1 + i2 將得到 int 型別，長度為 4 bytes，無法指定給 byte 型別（長度為 1 byte），故編譯失敗。必須使用第 7 行的轉型語法。 |

🎙 **小祕訣**　宣告型別就像指定杯子大小，注水就像變數給值：

圖 5-3　變數宣告與給值

把小型別轉型為大型別就像小杯子換大杯子，裡面的水不會溢出來，是安全的，必要時 Java 會自動讓其發生。

把大型別轉型為小型別就像大杯子換小杯子，裡面的水可能溢出來，是有風險的；只有開發者自己知道水的深淺（類比為變數值大小），必須自己指定轉型。

5.3.3　暫存空間對算術運算的影響

Java 在算術運算時，會先將指派運算子「=」右側的「運算過程及結果」放在「暫存空間」後，才會丟給指派運算子左側的「變數」。該空間：

1. 最小為 int 型別的大小（4 bytes）。

2. 最大為參與計算者中最大的資料型別。

以下展示「暫存空間」對程式結果的影響：

範例：/java11-ocp-1/src/course/c05/TempSpaceDemo.java

```
1   public class TempSpaceDemo {
2       public static void main(String[] args) {
3
4           int x = 3 * 4;
5           System.out.println(x); // =12
6
7           int a = 55555 * 66666;
8           System.out.println(a);
9           // 55555 * 66666 = 3703629630
10
11          long b = 55555 * 66666;
12          System.out.println(b);
13
14          long c = (long) (55555 * 66666);
15          System.out.println(c);
16
17          long d = ((long) 55555) * 66666;
18          System.out.println(d);
19
20      }
21  }
```

結果

```
12
-591337666
-591337666
-591337666
3703629630
```

說明

5	3*4 使用的暫存空間為 int 型別的大小（4 bytes），宣告型別 int 承接計算結果，過程正確，輸出結果 12 符合預期。
8	55555 * 66666 使用的暫存空間為 int 型別的大小（4 bytes），但計算結果為 3703629630，長度超出 4 bytes，故發生溢位（overflow），所以輸出結果為 -591337666。

12	雖然宣告改為 long，但問題是存放 55555 * 66666 暫存結果的空間不足而發生溢位，因此只是將溢位的結果指定給 long 型別的變數 b，輸出結果依然是 -591337666。
15	類似 12，將溢位的結果轉型成 long，不影響輸出結果。
18	因為計算前先將其中的一個 int 轉型為 long，所以暫存空間被加大為 long 型別的大小（8 bytes），因此計算過程不會發生溢位，故得到正確輸出結果 3703629630。

類似的情況如下：

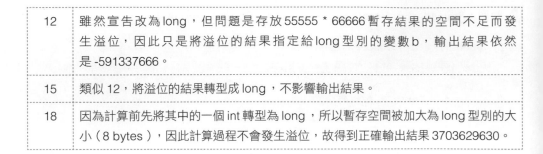 **範例：/java11-ocp-1/src/course/c05/TempSpaceDemo2.java**

```
1   public class TempSpaceDemo2 {
2       public static void main(String[] args) {
3
4           short a, b;
5           a = 1;
6           b = 2;
7
8           short c;
9
10          c = a + b; // Type mismatch: cannot convert from int to short
11
12          c = (short) (a + b);
13
14          int d;
15          d = a + b;
16
17      }
18  }
```

💬 **說明**

10	變數 a 和 b 雖然都是 short，但進行計算時，仍然使用 int 型別長度的暫存空間，故無法將計算結果指定給 short 的變數 c。編譯失敗訊息為：Type mismatch: cannot convert from int to short。
12	使用轉型將 int 的計算結果縮小為 short。
14	或將結果改用宣告為 int 的變數 d 承接。

使用參考型別操作物件與 var 宣告

06

6.1　使用物件參考

在第三章的時候，我們曾以物件導向的概念為出發點，帶領讀者進入 Java 程式設計的領域；現在，我們即將繼續深入這個部分，了解 Java 如何利用類別（class）建立，並使用物件（object）。

6.1.1　使用遙控器

要使用「物件」，必須使用該物件的「物件參考」（object reference）變數，或簡稱「物件參考」或「參考變數」。

概念上類似我們使用「遙控器」由遠端操控「電子產品」。本書在接下來的章節中，會以「遙控器」的概念串起整個物件導向的程式設計。

圖 6-1　以遙控器控制電視

6.1.2 由類別建構物件

建構物件有 3 個程序：

1. 宣告（declaration）

💻 **語法**

```
Classname reference(物件參考名稱);
```

如：

```
Shirt myShirt;          // Shirt 為類別名稱，myShirt 為物件參考變數
```

2. 實例化（instantiation）

💻 **語法**

```
new Classname();
```

如：

```
new Shirt();            // Shirt 為類別名稱，將使用該類別產生物件實例
```

3. 將實例指定給物件參考，完成初始化（initialization）

💻 **語法**

```
reference = new Classname();
```

如：

```
myShirt = new Shirt();
// 因無法直接碰觸記憶體裡的 Shirt 物件，故使用物件參考 myShirt 來控制
```

取得物件參考（object reference）後，等同取得「遙控器」，可以控制實例化時在記憶體產生的物件。下例使用「.」運算子存取物件欄位或呼叫物件方法：

```
int shirtId = myShirt.shirtId;
myShirt.display()
```

Java 是重視型別（strong-type）的程式語言，任何變數都需要宣告型別。下表比較基本型別和參考型別的變數宣告：

表 6-1　基本 / 參考型別對照表

	型別	變數	指派運算子	記憶體內的實例
基本型別範例	int	x	=	10
參考型別範例	Shirt	myShirt	=	new Shirt()

6.1.3　不同物件，使用不同物件參考

若不同種類物件，甚至同種但不同的物件，都該使用各自的物件參考 / 遙控器對物件進行控制：

```
1    Shirt myShirt1 = new Shirt();
2    myShirt1.display();
3
4    Shirt myShirt2 = new Shirt();
5    myShirt2.display();
6
7    Trousers myTrousers = new Trousers();
8    myTrousers.display();
```

💬 說明

2	使用 myShirt1 遙控器控制物件 Shirt。
5	使用 myShirt2 遙控器控制另一個物件 Shirt。
8	使用 myTrousers 遙控器控制物件 Trousers。

目前爲止，宣告的型別（如 Shirt）與所參照的物件型態（如 Shirt）都相同，但實際上並不需要相同。以遙控器的使用來比喻，目前一種遙控器只能控制一種裝置，但實務上有通 / 萬用型遙控器，經過若干設定後就能控制同種但不同品牌的電子產品。物件導向的程式語言也有類似的設計，就是爾後章節會談到的「多型」概念。

6.1.4　物件參考與 null

當物件參考變數沒有指向任何物件實例時，則該物件參考指向「null」；情形好比手上有一個遙控器，但該遙控器沒有指向任何電視。不過，當使用空的遙控器時，隨意點選按鍵不會有問題；但呼叫指向 null 的物件參考的方法，程式卻會出錯。如以下範例行 13：

🚀 **範例：/java11-ocp-1/src/course/c06/NullTest.java**

```
1    public class NullTest {
2        public static void main(String[] args) {
3            Shirt nullShirt = null;
4            System.out.println(nullShirt);
5
6            String s1 = null + "Hi";
7            System.out.println(s1);
8
9            String s2 = "Hi" + null;
10           System.out.println(s2);
11
12           System.out.println(nullShirt.price);    // will run failed!
13       }
14   }
```

🧩 **結果**

```
null
nullHi
Hinull
Exception in thread "main" java.lang.NullPointerException
    at course.c06.NullTest.main(NullTest.java:19)
```

💬 說明

3	指向 null 的物件參考變數。
4	輸出指向 null 的物件參考變數時，印出 null 字串。
6	與 null 字串相連。
9	與 null 字串相連。
12	呼叫指向 null 的物件參考的方法，程式會出錯。

6.1.5 JVM 的記憶體分類

Java 記憶體分三大區塊：

1. **Global**（**全域**）：保存 static 的類別成員變數。

2. **Stack**（**堆疊**）：

- 保存基本型別（primitive type）的變數和變數內容（value）的地方。

- 保存參考型別（reference type）的變數的地方。

3. **Heap**（**堆積**）：保存參考型別（reference type）的變數內容（instance）的地方。

示意如下：

圖 6-2　Java 記憶體分類示意圖

歸納後如下表。Global 因為只處理全域的變數比較單純，Stack 和 Heap 則是要注意的重點。

表 6-2　Java 記憶體分類

分類	變數 & 變數值	Stack（堆疊）	Heap（堆積）
基本型別	變數	★	
	值	★	

分類	變數 & 變數值	Stack（堆疊）	Heap（堆積）
參考型別	變數（物件參考）	★	
	值（物件實例）		★

我們以如下程式碼舉例，有 3 個變數完成初始化：

```
int counter = 10;
Shirt shirt1 = new Shirt();
Shirt shirt2 = new Shirt();
```

記憶體使用狀況，可以用下圖表示。

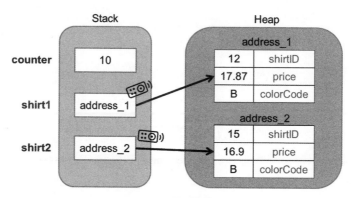

圖 6-3　變數初始化

其中：

1. 變數 counter 屬於基本型別，因此變數和其值都存在於 Stack 記憶體區塊中。

2. 變數 shirt1 和 shirt2 都是參考型別的變數，或本書另稱為遙控器，都存在 Stack 中。因為變數內容只記錄自己指向的物件的記憶體位址，因此占用的記憶體空間很小；被指向的物件則儲存於 Heap 記憶體區塊中，會使用比較大的記憶體空間，開發時要注意是否有記憶體不足的問題。

承前例，倘若程式碼調整如下：

```
shirt1 = shirt2;
```

這行程式碼可以解讀爲「將 shirt1 物件參考變數,改指向 shirt2 的物件實例」。可以將記憶體示意圖調整如下。

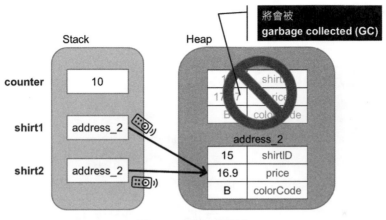

圖 6-4　變數改變指向

因爲 shirt1 和 shirt2 物件參考都改成指向 Heap 記憶體區塊中的 address_2,因此位於記憶體位址 address_1 的物件實例沒有被任何物件參考 / 遙控器指向,一段時間後將被 Java 自動「資源回收」(garbage collection, GC)。

又因爲 shirt1 和 shirt2 兩個物件參考都指向同一 Shirt 物件實例,此時就好比甲、乙兩個人拿著各自遙控器指向同一台電視,如果沒有事先協調,甲切換到 24 台,乙切換到 34 台,最終電視將顯示 34 台。

以下範例與結果可以顯示這個概念:

🚀 範例:/java11-ocp-1/src/course/c06/ReferenceTest.java

```
1   public class ReferenceTest {
2       public static void main(String[] args) {
3           Shirt shirt1 = new Shirt();
4           Shirt shirt2 = new Shirt();
5           shirt1 = shirt2;
6           shirt1.price = 1000;
7           shirt2.price = 500;
8           System.out.println("Shirt price: " + shirt1.price);
9       }
10  }
```

結果

```
Shirt price: 500.0
```

6.2　使用 String 類別

Java 擁有處理字元（char）的基本型別，但 char 只能使用單一字元，相對於我們日常生活的使用，諸如文章段落、句子、甚至單字等，都是動輒 2 個以上字元組成，有相當落差，因此 Java 又提供 String 類別以處理字串。

又因爲 String 類別實在太常被使用，Java 也設計了一些特殊方式，讓 String 類別使用更方便、效能更好，將在後續內容介紹。

6.2.1　String 類別支援非標準的語法

String 類別屬於參考型別，使用時會產生物件；爲避免產生太多相同 String 物件，而造成記憶體空間浪費，Java 將建立的 String 物件儲存於字串池（string pool）中，讓相同內容的字串可以在某些條件下直接由字串池中重複取用，且用畢歸還，避免內容相同的 String 物件一再產生。

String 物件可以不需要使用「new」關鍵字進行實例化，可以類似宣告和初始 char 變數的方式進行，這也是比較建議的方式。若以這樣的方式生成 String 物件，則 Java 可以直接將參考變數指向相同內容的字串，避免再生成新的 String 物件。如：

```
1    char c = 'J';
2    String s1 = "Java";
3    String s2 = "Java";
```

說明

1	宣告與初始化 char 型別的變數的程式碼。
2	行 2 雖然看起來只有宣告和初始化 String 參考變數 s1，但 Java 會實例化 String 物件，即便沒有「new」關鍵字。

3	行 3 在初始化 String 參考變數 s2 時，因為字串池中已經有 "Java" 字串物件的存在，會直接讓 s2 指向在行 2 時生成的 "Java" 字串，不再新產生，避免記憶體浪費。

String 物件也可以使用「new」進行實例化，但不建議，因為會建立新的 String 物件：

```
1    Sting s3 = new String("Java");
```

6.2.2　String 物件是不可改變的（immutable）

要將字串相連，是在使用字串時很常見的一個需求，常見兩種方式可以達成，如以下範例行 2 與行 3：

```
1    String name1 = "Jim"
2    String name2 = name1 + " is teaching";
3    String name3 = name1.concat(" is teaching");
```

💬 **說明**

1	使用字面常量（string literal）時，將自動生成 String 物件。
2	使用運算子「+」讓字串相連。
3	使用 Stirng 類別的內建方法 concat() 讓字串相連。

必須注意的是，因為字串具備「不可改變」（immutable）的特性，因此字串相連並非讓原 String 物件連接新字串，而是將原字串複製一份後再加上要相連的字串，然後產生新 String 物件，所以 name1、name2、name3 均參照到不同的記憶體位址。

String 類別一旦建立物件實例（instance），就無法變更其物件狀態的觀念非常重要，常變成認證考試的陷阱題。以下範例可以讓大家認知「immutable」對物件的影響：

🚀 **範例**：**/java11-ocp-1/src/course/c06/ImmutableDemo.java**

```
1    public class ImmutableDemo {
2        public static void main(String[] args) {
3            String name1 = "Jim";
4            name1 = name1.concat(" is teaching");
5            System.out.println(name1);
```

```
 6
 7          String name2 = "Jim";
 8          name2.concat(" is teaching");
 9          System.out.println(name2);
10      }
11  }
```

🧩 **結果**

```
Jim is teaching
Jim
```

程式碼行 3-5 和 7-9 差別在於是否讓原物件參考再指向呼叫 concat() 方法後的結果，如行 4 與行 8，這也是 immutable 物件的一個特點。

以下使用物件記憶體示意圖來表達改變 immutable 物件的過程。

宣告並建立字面常量 "Jim"：

```
String name1 = "Jim";
```

字面常量 "Jim" 在記憶體中實例化完成後，變數 name1 在初始化流程後取得其記憶體位址為 address_1。

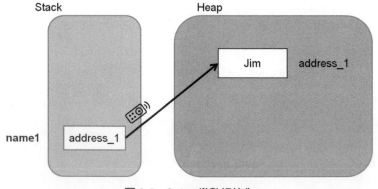

圖 6-5　String 變數初始化

當程式碼改為以下時：

```
 1    name1 = name1.concat(" is teaching");
```

因為字串生成後就無法改變，因此會將 addrsss_1 的內容複製到 addrsss_2，再將字串「" is teaching"」連接到 addrsss_2 的 String 物件實例。完成實例化後，將記憶體位址 addrsss_2 回傳，完成最後的初始化。

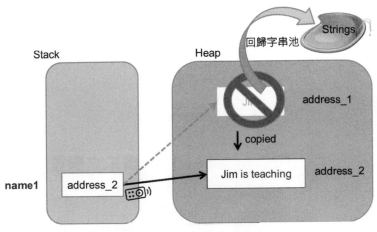

圖 6-6　String 變數改變指向

若字串使用「+」再連接其他字串：

```
1   name1 = name1 + "!";
```

因為字串生成後就無法改變，因此會將 addrsss_2 的內容複製到 addrsss_3，再將字串 "!" 連接到 addrsss_3 的 String 物件實例。完成實例化後，將記憶體位址 addrsss_3 回傳，完成最後的初始化。

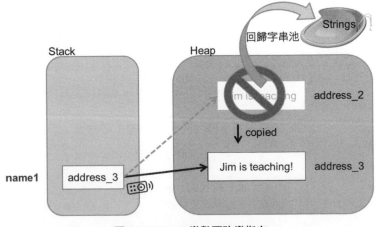

圖 6-7　String 變數再改變指向

所以，若改變完字串卻未將最新物件記憶體位址回傳遙控器，如下，將等同做白工。因爲遙控器／物件參考仍指向改變前的物件：

```
1    String name2 = "Jim";
2    name2.concat(" is teaching");
3    System.out.println(name2);
```

如圖示：

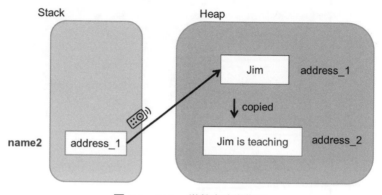

圖 6-8　String 變數未改變指向

6.2.3　String 類別的其他方法

因爲 String 類別經常被使用，我們必須知道其他常用的內建方法。除了可以使用運算子「+」和方法 concat() 讓字串相連外，還有：

1. 使用方法 length() 取得字串長度。

2. 使用方法 toUpperCase() 或 toLowerCase() 將字串內的字元轉換爲全部大寫或全部小寫。

3. 使用方法 trim() 去除字串前後空白。

4. 使用方法 substring() 由字串內取出部分字串。

5. 使用方法 endsWith() 判斷字串結尾。

範例如下：

🚀 **範例：/java11-ocp-1/src/course/c06/StringTest.java**

```
1   public class StringTest {
2       public static void main(String[] args) {
3           String name = "Jim Tzeng ";
4           int length = name.length();
5           System.out.println(length);
6           name = name.trim();
7           String lc = name + " TEACHES".toLowerCase();
8           lc = (name + " TEACHES").toLowerCase();
9           System.out.println(lc);
10          String lastName = name.substring(4);
11          System.out.println(lastName);
12          System.out.println(lc.substring(4, 12));
13          boolean end = name.endsWith("Tzeng");
14          System.out.println(end);
15      }
16  }
```

🧩 **結果**

```
10
jim tzeng teaches
Tzeng
tzeng te
true
```

💬 **說明**

6   可以將本行程式碼改為只有「`name.trim();`」，測試 immutable 的影響。

6.3 使用 StringBuilder 類別

前一小節介紹了 String 類別，也說明了其 immutable 的特性和影響。

不過，Java 也爲字串提供了另一個「可改變」（mutable）的選項，就是使用 StringBuilder 類別。它有一些基本特性：

1. 大部分方法都回傳自己的參照，沒有實例化的成本。因爲 String 是 immutable，若方法有回傳字串，如 substring()、trim() 等，都是回傳一個新物件，因此增加了實例化的成本。使用 StringBuilder 類別則無此問題。

2. 必須使用「new」關鍵字進行物件實例化。

3. 提供字串存取的擴充方法如 append()、insert()、delete() 等。

4. 因爲 StringBuilder 類別可以透過 append() 方法一直增加長度。若程式開發時已經約略知道字串最大長度，建立物件時可以提供最佳化的「initial capacity」設定，一次預留足夠長度，可以避免字串增長時造成的效能損失。

即便 StringBuilder 類別有許多優異的特質，String 類別依然不可缺少，理由是：

1. 使用 immutable 物件比較安全。

2. String 類別在 Java 一推出時即存在，有眾多類別依然需要。

3. 擁有比 StringBuilder 類別更多的方法。

以程式碼搭配記憶體配置示意圖來說明 StringBuilder 類別產生物件實例的記憶體配置，比較 StringBuilder 類別的 mutable 特性與 String 類別的 immutable 特性的差異。

首先，以 StringBuilder 的物件參考 sb 指向 "Jim" 字串的 StringBuilder 物件：

```
1    StringBuilder sb = new StringBuilder("Jim");
```

圖示爲：

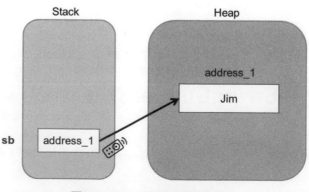

圖 6-9　StringBuilder 變數初始化

接下來，呼叫 StringBuilder 的內建方法 append()，將字串 " Tzeng" 連接到原字串後面：

```
1    sb.append(" Tzeng");
```

因為是 mutable，所以允許直接修改原字串內容，不會有新物件產生。如圖示：

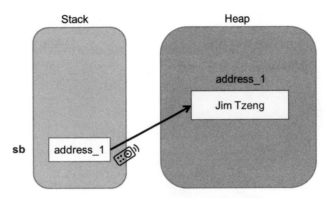

圖 6-10　StringBuilder 變數未改變指向

類別 StringBuilder 的其他方法使用範例如下：

🚀 **範例：/java11-ocp-1/src/course/c06/StringBuilderDemo.java**

```java
1    public class StringBuilderDemo {
2        public static void main(String[] args) {
3            StringBuilder sb1 = new StringBuilder(8);
4
5            sb1.append("jim");
6            sb1.append(" ");
7            sb1.append("tzeng");
8
9            System.out.println("sb1: " + sb1.toString());
10           System.out.println("sb1 object capacity: " + sb1.capacity());
11           System.out.println("sb1 sub string: " + sb1.substring(0, 5));
12    //     System.out.println("sb1 sub string: " + sb1.substring(0, 10));
13
14           StringBuilder sb2 = new StringBuilder();
15           sb2.append("123456789");
16           sb2.insert(3, "-");
17           sb2.insert(7, "-");
```

```
18          System.out.println("sb2: " + sb2.toString());
19
20          StringBuilder sb3 = new StringBuilder("12345678");
21          sb3.delete(3, 5);
22          System.out.println("sb3: " + sb3.toString());
23      }
24  }
```

其中行 12 執行時會出錯，可以先予註解。

🧩 結果

```
sb1: jim tzeng
sb1 object capacity: 18
sb1 sub string: jim t
sb2: 123-456-789
sb3: 123678
```

6.4　使用 Java API 文件

「API」是 Application Programming Interface 的縮寫，一般翻譯為「應用程式介面」。API 文件通常用於電腦作業系統或程式語言等，提供給應用程式開發人員的說明文件，程式開發人員可以由文件中了解程式碼如何使用與呼叫，無須了解其底層的原始碼為何、或理解其內部工作機制的細節。

不過，這樣的說明可能較抽象，尤其對剛踏入程式開發領域的新手而言。有一個類似的概念是「人機介面」，透過這樣的一個介面，我們不需要了解機器內部細節，只需要知道如何使用按鍵去呼叫機器內部機制，達成我們預期的功能，所以這個介面設計的好壞，會影響操作的效率。

Java API 文件目的就是為 Java 程式開發人員提供一個入門的介面，可以快速了解眾多類別的分類、定義、目的、屬性、方法等，進而流暢的使用。

01 Java SE11 的 API 文件網址：(URL) https://docs.oracle.com/en/java/javase/11/docs/api/
index.html，進入首頁可以看到以下畫面。因為 Java 9 推出模組化，要進入基
礎 API，必須再點擊 java.base 模組連結。

圖 6-11　進入 API 首頁，點擊 java.base 模組連結

02 進入基礎 API 模組的頁面如下，再點擊 java.lang 套件連結。

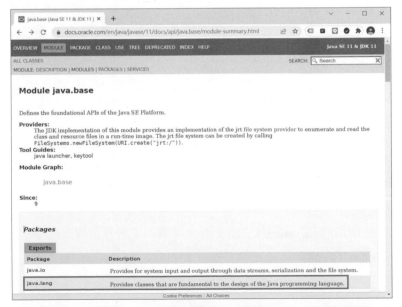

圖 6-12　進入 java.base 模組頁面後，再點擊 java.lang 套件連結

03 最後尋找 String 類別，可以看到以下頁面，並點擊連結。

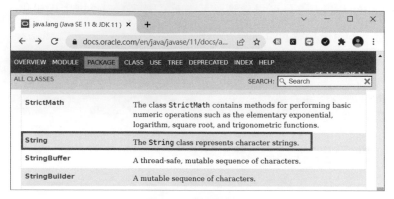

圖 6-13 類別 String

6.4.1 查詢 String 類別的 substring() 方法

01 在類別 String 的 API 頁面搜尋「substring」字串，可以看到 2 筆一樣名稱的 substring() 方法，不過方法參數不多，這樣的情況稱為「多載」（Overloading），我們在後續第十章中會介紹。現在只需要點擊第 2 個 substring(int beginIndex, int endIndex) 方法的連結即可。

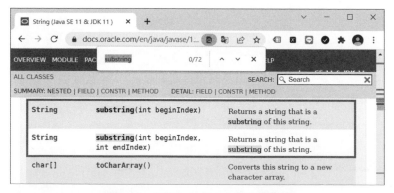

圖 6-14 方法 substring() 的 2 個連結

02 找出先前使用的 substring() 方法，再由說明中了解方法傳入的參數 beginIndex 和 endIndex 的定義。

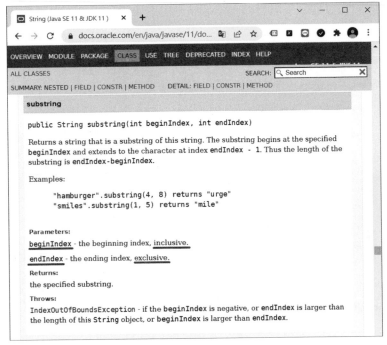

圖 6-15　String 類別的 substring() 方法

可以知道使用 substring() 方法擷取子字串時：

1. 第 1 個參數 beginIndex 表示要擷取的字串的開始位置，且包含（inclusive）該位置的字元。

2. 第 2 個參數 endIndex 表示要擷取的字串的結束位置，且不包含（exclusive）該位置的字元。

6.4.2　查詢 System.out.println() 方法

要由 Java API 文件了解 System.out.println() 方法的相關資訊，步驟和前一小節相似。

01 進入 java.base 模組（module）。

02 進入 java.lang 套件（package）。

03 進入 System 類別（class）。

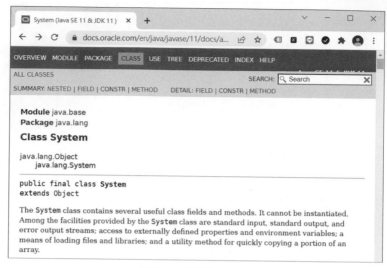

圖 6-16　類別 System

04 找出 out 欄位（field），然後連結到 PrintStream 類別。

Field Summary

Fields

Modifier and Type	Field	Description
static PrintStream	err	The "standard" error output stream.
static InputStream	in	The "standard" input stream.
static PrintStream	out	The "standard" output stream.

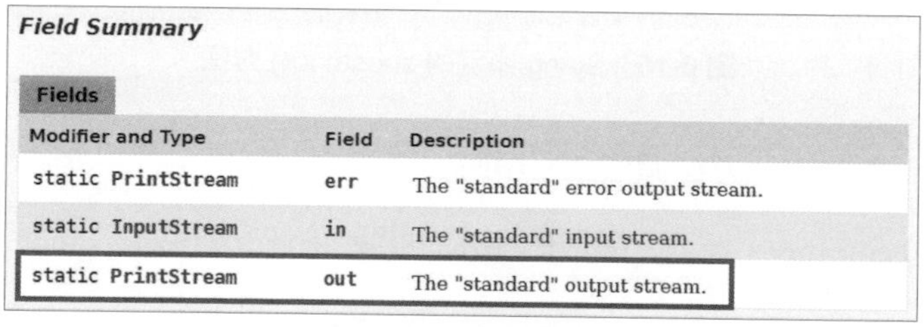

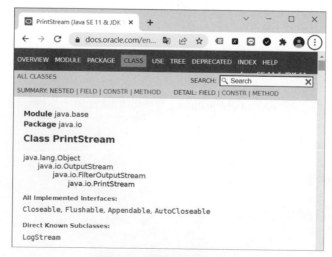

圖 6-17　欄位 out

圖 6-18　類別 PrintStream

05 找出 println() 與 println() 方法。

print

```
public void print(Object obj)
```

Prints an object. The string produced by the `String.valueOf(Object)` method is translated into bytes according to the platform's default character encoding, and these bytes are written in exactly the manner of the `write(int)` method.

Parameters:

`obj` - The `Object` to be printed

See Also:

`Object.toString()`

println

```
public void println()
```

Terminates the current line by writing the line separator string. The line separator string is defined by the system property `line.separator`, and is not necessarily a single newline character (`'\n'`).

圖 6-19　方法 print() 與 println()

必須注意的是，println() 方法並不直接屬於 System 類別，而是屬於 PrintStream 類別。當使用 System.out 時，其實是使用 PrintStream 的實例。

除了 println() 方法外，還有類似的 print() 方法。兩者字面上相差「ln」，即是「line」，表示「換行」的意思。呼叫 println() 方法，和呼叫 print() 時在字串後方加上換行符號「\n」有相同效果。如：

🚀 **範例：/java11-ocp-1/src/course/c06/PrintLineDemo.java**

```
1    public class PrintLineDemo {
2        public static void main(String[] args) {
3            System.out.print("helloWord\n");
4            System.out.println("helloWord");
5        }
6    }
```

🧩 **結果**

```
helloWord
helloWord
```

6.5　基本型別的包覆類別

6.5.1　包覆類別的由來與使用

分別介紹過基本型別和參考型別後，可以發現參考型別的優勢在於生成物件後，可以擁有物件的屬性和方法，可以從事很多方便的處理。而基本型別功能在於單純的計算機運算。

Java 是物件導向的程式語言，以參考型別爲主。爲了讓參考型別也可以進行計算機運算，於是在 java.lang 的套件下，建立一套和 8 種基本型別對應的 8 個參考型別，提供了基本型別常見的加減乘除四則運算、比較等操作的替代方案。因爲特色在於將各自對應的基本型別視爲核心，將之以物件型態「包覆」，也稱爲基本型別的「包覆類別」（wrapper class）。對應關係如下：

表 6-3　基本型別和包覆類別的對照關係

基本型別	包覆類別
byte	Byte
short	Short
int	**Integer**
long	Long
float	Float
double	Double
char	**Character**
boolean	Boolean

可以發現命名規則除了類別 Integer 和 Character 比較特別外，其餘都是將基本型別的名稱，改第 1 個字元爲大寫，就成爲包覆類別的名稱。

以下示範包覆類別的建立與使用方式：

範例：/java11-ocp-1/src/course/c06/WrapperClassDemo.java

```java
1   public class WrapperClassDemo {
2     public static void main(String[] args) {
3       Byte b = Byte.valueOf((byte) 1);
4       Short s = Short.valueOf((short) 2);
5       Integer i = Integer.parseInt("3");
6       Long l = Long.valueOf(4);
7       Float f = Float.valueOf("2.01");
8       Double d = Double.valueOf(3.01);
9       Character c = Character.valueOf('a');
10      Boolean bTrue = Boolean.valueOf(true);
11      Boolean bFalse1 = Boolean.valueOf(false);
12      Boolean bFalse2 = Boolean.valueOf(null);
13      System.out.println("Short: " + Short.MAX_VALUE + "~" + Short.MIN_
                                                            VALUE);
14      System.out.println(i.compareTo(5));
15      System.out.println(l.compareTo(i.longValue()));
16      System.out.println(Long.sum(2, 5));
17      System.out.println("null value of Boolean is: " + bFalse2);
18    }
19  }
```

說明

3-12	以基本型別為值，分別用不同方式建立包覆類別的物件。
5	將 String 物件轉換為 Integer 物件。
12, 17	包覆 null，將得到 False。

6.6 使用 var 宣告變數

6.6.1 使用 var 宣告的時機

從 Java 10 開始，開發者可以選擇在某些條件下使用關鍵字「var」取代區域變數的型別宣告。要使用此功能，開發者只需鍵入 var 而不是基本型別或參考型別：

🚀 **範例：/java11-ocp-1/src/course/c06/var/TestVar.java**

```
1   public void whatIsTheType() {
2       var name = "Hello";
3       var size = 7;
4   }
```

這個功能的正式名稱是「區域變數型別推斷」（local variable type inference），顧名思義就是只能套用在區域變數（local variable），因此無法使用在實例變數；並由等號右側的變數值推斷（inference）變數型別（type）。

它可使用在 lambda 表示式、迴圈區塊、try-with-resources 程式區塊等，在本書後續章節會一一說明，也都符合區域變數的應用範圍。

6.6.2 var 的型別推斷

現在我們將關注焦點由區域變數部分轉移到型別的推斷。當開發者使用 var 宣告時，已經在指示編譯器為開發者確定型別；此時編譯器將查看變數初始化的程式碼，並依據它來推斷型別。看看這個例子：

🚀 **範例：/java11-ocp-1/src/course/c06/var/TestVar.java**

```
1   public void reassignment() {
2       var number = 7;
3       number = 4;
4       number = "5";   // 編譯失敗
5   }
```

💬 **說明**

2	編譯器推斷變數 number 的型別是 int。
3	把變數指向另一個 int。
4	嘗試把已經推斷型別完成的變數指向到一個新的字串，編譯將會失敗！

以 var 宣告的變數在「升等和轉型」的運用上，和以非 var 宣告的變數是一致的。對於 short 型別的轉型測試範例：

🚀 **範例**：/java11-ocp-1/src/course/c06/var/TestVar.java

```
1   public void showNonVarCasting() {
2       short s = (short) 10;
3       s = (byte) 5;
4       s = 1_000_000; // 編譯失敗
5   }
```

和改用 var 宣告的結果相同：

🚀 **範例**：/java11-ocp-1/src/course/c06/var/TestVar.java

```
1   public void showVarCasting() {
2       var s = (short) 10;
3       s = (byte) 5;
4       s = 1_000_000; // 編譯失敗
5   }
```

> 🎓 **小知識** 如果讀者熟悉 JavaScript 之類的語言，可能會預期以 var 宣告的變數表示在執行時可以自動轉換成任何型別的變數，但在 Java 中仍然是編譯時定義的特定型別，它不會在執行時更改型別。

以 var 宣告但無法推斷型別時將編譯失敗

是否以 var 宣告的變數還是有些不同，如以下範例的行 2 和行 4 將編譯失敗：

🚀 **範例**：/java11-ocp-1/src/course/c06/var/TestVar.java

```
1    public void doesThisCompile(boolean check) {
2        var question;    // 編譯失敗
3        question = 1;
4        var answer;    // 編譯失敗
5        if (check) {
6            answer = 2;
7        } else { 8            answer = 3;
9        }
10       System.out.println(answer);
11   }
```

Java 是強型別（strong type）的語言，這部分是沒有改變的。使用 var 宣告時將採用「區域變數型別推斷」，雖然沒有直接宣告，但還是必須由推斷取得變數型別。行 2 和行 4 在宣告時沒有初始化給值，因此無法推斷型別，所以最終編譯失敗。

類似的情境也出現在物件參考變數指向 null 的情況：

🚀 **範例：/java11-ocp-1/src/course/c06/var/TestVar.java**

```
1    public void varAsNull() {
2        var n = null;    // 編譯失敗
3    }
```

編譯失敗的提示訊息為「Cannot infer type for local variable initialized to 'null'」，亦即無法藉由 null 值推斷型別。

複合宣告（compound declaration）不適用於 var 變數

複合宣告的情境是同時有多個變數進行宣告：

1. 程式行開頭宣告型別，行間不能再出現型別宣告；使用「,」區隔變數，敘述最終依然是「;」結尾。

2. 個別變數可以自行決定是否初始化給值。

示範如下：

🚀 **範例：/java11-ocp-1/src/course/c06/var/TestVar.java**

```
1    public void compoundDeclarationWithNonVar() {
2        int a, b = 3;
3        int c = 2, d = 3;
4        int e, f;
5        int g = 2, h;
6        int i, int j;      // 編譯失敗，非複合宣告
7        int k, double l;      // 編譯失敗，非複合宣告
8    }
```

以 var 宣告時 Java 需要推斷型別，只能一個一個來，無法應用於複合宣告上，因此以下無法編譯：

🚀 **範例**：**/java11-ocp-1/src/course/c06/var/TestVar.java**

```
1    public void compoundDeclarationWithVar() {
2        var a, b = 3;      // 編譯失敗
3        var c = 2, d = 3;      // 編譯失敗
4        int e, var f = 3;      // 編譯失敗，非複合宣告
5    }
```

行 2、3 編譯失敗的提示訊息為「'var' is not allowed in a compound declaration」。

以下情形不是複合宣告，因為以分號取代逗號；可以通過編譯，經常用來魚目混珠：

🚀 **範例**：**/java11-ocp-1/src/course/c06/var/TestVar.java**

```
1    public void notCompoundDeclaration1() {
2        int a; int b = 3;
3        int c; var d = 3;
4    }
```

把程式碼格式化後，可以得到一個比較清楚的結果：

🚀 **範例**：**/java11-ocp-1/src/course/c06/var/TestVar.java**

```
1    public void notCompoundDeclaration2() {
2        int a;
3        int b = 3;
4        int c;
5        var d = 3;
6    }
```

所以當使用「;」區隔變數時，就不再是複合宣告，即便寫在同一行。

var 和 null

雖然 var 不能以 null 值推斷型別，但可以在宣告成功後再改指向到 null 值，如以下範例：

🚀 **範例**：**/java11-ocp-1/src/course/c06/var/TestVar.java**

```
1    public void testVarAndNull() {
2        var n = "myData";
```

```
3        n = null;
4        var m = 4;
5        m = null;      // 編譯失敗
6        var o = (String) null;
7    }
```

行 3 編譯沒有問題，因為 n 已經由編譯器推斷變數型別是 String，它是一個物件型態；另一方面，行 5 則編譯失敗，因為 m 的型別推斷是基本型別 int，不能再指向 null。

行 6 的情況比較特別，但的確滿足了讓編譯器推斷型別的前提，因此通過編譯。

再看一個編譯失敗的範例：

🚀 **範例**：**/java11-ocp-1/src/course/c06/var/TestVar.java**

```
1    public int addition(var a, var b) {      // 編譯失敗
2        return a + b;
3    }
```

在這個例子中，a 和 b 是**方法參數**，並非區域變數，因此編譯失敗的提示訊息是「'var' is not allowed here」。

注意 var 宣告若出現在**建構子的傳入參數**、類別**實例變數**，也都是一樣的編譯失敗訊息。變數使用 var 宣告，就只能用於區域變數。

再看一個有點詭異的範例，這樣可以通過編譯嗎？

🚀 **範例**：**/java11-ocp-1/src/course/c06/var/IsVarKeyWord.java**

```
1    package var;
2
3    public class Var {
4        public void var() {
5            var var = "var";
6        }
7
8        public void Var() {
9            var var = new Var();
10       }
11   }
```

答案是肯定的，這段程式碼的確可以編譯。在開始討論細節之前，要先理解 var 並非 Java 定義的關鍵字。可以想像過去的 Java 程式應該有很多以 var 命名的變數，若是在新版的 Java 10 中把 var 定義為關鍵字，將導致過去程式升級 JDK 的困難。

但是 var 字串若用於命名，相較一般字串還是有一些不同。

💬 **說明**

1	套件名稱使用 var 合法。
3	Java 是區分大小寫的，因此以「Var」作為類別名稱沒有問題；但若改為「var」則無法通過編譯。
	把類別名稱以小寫字母開頭不是 Java 的好習慣，因此 Java 預期不會有程式如此；所以雖然 var 非關鍵字，Java 也不允許以 var 作為類別名稱。
4	方法名稱使用 var 合法。
5	變數名稱使用 var 合法。

即便如此，不建議使用 var 作為方法或變數名稱。

實務上變數以 var 宣告的時機

使用 var 的時機很多，如以下情況若改用 var 宣告變數，將可以使程式碼看起來比較精簡：

```
1    SomeClassWithVeryVeryVeryVeryLongName x = new
                                SomeClassWithVeryVeryVeryVeryLongName();
```

使用 var 簡化程式碼：

```
1    var x = new SomeClassWithVeryVeryVeryVeryLongName();
```

使用選擇結構和相關運算子 07

7.1 選擇結構簡介

7.1.1 自己設計一個電梯類別

學習了物件導向的概念後，我們來嘗試分析設計電梯程式。

首先定義電梯的「屬性」：

1. 最高樓層，使用 int 常數 MAX_FLOOR，值為 10。

2. 最低樓層，使用 int 常數 MIN_FLOOR，值為 1。

3. 電梯門是否開啟，使用 boolean 變數 open，初始值為 false。

4. 目前停靠樓層，使用 int 變數 currentFloor，初始值為 1 樓。

再設計電梯的「行為」，共有 4 個：

1. 開門 open()。開門時必須同步更新 open 屬性為 true。

2. 關門 close()。關門時必須同步更新 open 屬性為 false。

3. 上樓 up()。上樓時必須同步更新 currentFloor 屬性為加 1。

4. 下樓 down()。下樓時必須同步更新 currentFloor 屬性為減 1。

電梯類別設計如下，這是初版程式。

🚀 **範例：/java11-ocp-1/src/course/c07/MyElevator0.java**

```
1    public class MyElevator0 {
2        public final int MAX_FLOOR = 10;
3        public final int MIN_FLOOR = 1;
4        public boolean open = false;
5        public int currentFloor = MIN_FLOOR;
6        // 電梯開門
7        public void open() {
8            System.out.println("Try to open door,");
9            open = true;
10           System.out.println("Door is open now.");
11       }
12       // 電梯關門
13       public void close() {
14           System.out.println("Try to close door,");
15           open = false;
16           System.out.println("Door is closed now.");
17       }
18       // 電梯上樓
19       public void up() {
20           System.out.println("Elevator up...");
21           currentFloor++;
22           System.out.println("Now " + currentFloor + ".");
23       }
24       // 電梯下樓
25       public void down() {
26           System.out.println("Elevator down...");
27           currentFloor--;
28           System.out.println("Now " + currentFloor + ".");
29       }
30   }
```

接下來，撰寫一個電梯測試程式如下。除了正常的使用方式外，也刻意做一些違規操作，看看結果如何。

🚀 範例：**/java11-ocp-1/src/course/c07/MyElevator0Test.java**

```java
 1   public class MyElevator0Test {
 2       public static void main(String args[]) {
 3           MyElevator0 test0 = new MyElevator0();
 4           test0.open();   // 開門
 5           test0.close();  // 關門
 6           test0.down();   // 下樓。咦，現在已經是最底層？!
 7           test0.up();     // 上樓
 8           test0.up();     // 上樓
 9           test0.up();     // 上樓
10           test0.open();   // 開門
11           test0.close();  // 關門
12           test0.down();   // 下樓
13           test0.open();   // 開門
14           test0.down();   // 下樓。咦，好像忘了先關門？!
15           test0.open();   // 開門。咦，還沒關門，又要開門？!
16       }
17   }
```

🧩 結果

```
 1   Try to open door,
 2   Door is open now.
 3   Try to close door,
 4   Door is closed now.
 5   Elevator down...
 6   Now 0.
 7   Elevator up...
 8   Now 1.
 9   Elevator up...
10   Now 2.
11   Elevator up...
12   Now 3.
13   Try to open door,
14   Door is open now.
15   Try to close door,
16   Door is closed now.
17   Elevator down...
18   Now 2.
19   Try to open door,
```

```
20    Door is open now.
21    Elevator down...
22    Now 1.
23    Try to open door,
24    Door is open now.
```

程式執行結果和我們預料一樣：

1. 行 5 結果顯示不該允許電梯下樓，因為電梯最低樓層是 1 樓。

2. 行 21 結果顯示電梯未關門就下樓。

這版的電梯程式少了一些「防呆措施」，因此無法在某些不合理的操作時，提醒使用者錯誤的操作方式。

這種「在某些情境下，做出某些反映」的程式架構設計方式，就是我們章節的標題「選擇結構」，也是接下來要介紹的重點。

7.2　使用關係、條件運算子

7.2.1　關係運算子

Java 使用的關係（relational）運算子及範例如下：

表 7-1　關係運算子與範例

運算子	情境	範例（int x=1;）
==	是否 相等	System.out.print(x == 1);
!=	是否 不相等	System.out.print (x != 1);
<	是否 小於	System.out.print (x < 1);
<=	是否 小於 等於	System.out.print (x <= 1);
>	是否 大於	System.out.print (x > 1);
>=	是否 大於 等於	System.out.print (x >= 1);

7.2.2 條件運算子

Java 使用的條件（conditional）運算子及範例如下：

表 7-2 條件運算子與範例

運算子	情境	範例（int x = 5, y = 9;）
&&	且（and）	System.out.print((x < 6) && (y > 7));
||	或（or）	System.out.print((x < 6) || (y > 7));
!	非（not）	System.out.print(!(x < 6));

7.2.3 字串比較

比較兩個變數是否相同時，使用 2 種方式：

1. 使用「==」比較字串是否「指向相同記憶體位址」。

2. 使用「equals()」比較字串是否「相同內容」。

如以下範例：

🚀 **範例：/java11-ocp-1/src/course/c07/StringCompare.java**

```
1   public class StringCompare {
2       public static void main(String[] args) {
3           String s1 = "jim";
4           String s2 = "jim";
5           String s3 = new String ("jim");
6
7           System.out.println(s1 == s2);
8           System.out.println(s1 == s3);
9
10          System.out.println(s1.equals(s2));
11          System.out.println(s1.equals(s3));
12      }
13  }
```

結果

```
true
false
true
true
```

說明

5	Java 產生新的字串物件 "jim"，s1 將指向該物件。
7	字串物件都在字串池內，因為不可更改且可以重複使用，所以 s1 與 s2 指向同一物件實例。
8	因為使用「new」關鍵字，Java 強制在字串池內生成新的字串物件 "jim"，s3 將指向該新生物件，所以和 s1、s2 不同：s1 == s2 != s3。
10-11	變數 s1、s2、s3 指向的字串物件內容都相同，都是 "jim"。

7.3 使用 if 選擇結構

7.3.1 選擇結構的種類

選擇結構 if 有 3 種：

1. 單純使用 if 關鍵字。

語法

```
if ( boolean_expression) {
    code_block;
}
```

2. 使用 if 關鍵字 + else 關鍵字。

💻 語法

```
if ( boolean_expression) {
    code_block;
} else {
    code_block;
}
```

3. 使用 if 關鍵字 + else 關鍵字 + else if 關鍵字。

💻 語法

```
if ( boolean_expression) {
    code_block;
} else if ( boolean_expression) {
    code_block;
} else {
    code_block;
}
```

7.3.2 使用選擇結構

現在，我們可以使用選擇結構，來解決先前設計的電梯類別的不合理地方。

🚀 範例：/java11-ocp-1/src/course/c07/MyElevator1.java

```
1    public class MyElevator1 {
2      public final int MAX_FLOOR = 10;
3      public final int MIN_FLOOR = 1;
4      public boolean open = false;
5      public int currentFloor = MIN_FLOOR;
6      // 電梯 開門
7      public void open() {
8        if (open) {
9          System.out.println("Door is opened and can't open again!!");
10       } else {
11         System.out.println("Try to open door,");
12         open = true;
13         System.out.println("Door is open now.");
```

```
14        }
15    }
16    // 電梯 關門
17    public void close() {
18      if (!open) {
19        System.out.println("Door is closed and can't close again!!");
20      } else {
21        System.out.println("Try to close door,");
22        open = false;
23        System.out.println("Door is closed now.");
24      }
25    }
26    // 電梯 上樓
27    public void up() {
28      if (currentFloor >= MAX_FLOOR) {
29        System.out.println("This is " + currentFloor + " and can't go
                                                            up!!");
30      } else {
31        if (open) {
32          System.out.println("Door is opened and must close before go
                                                            up!!");
33        } else {
34          System.out.println("Elevator up...");
35          currentFloor++;
36          System.out.println("Now " + currentFloor);
37        }
38      }
39    }
40    // 電梯 下樓
41    public void down() {
42      if (currentFloor <= MIN_FLOOR) {
43        System.out.println("This is " + currentFloor + " and can't go
                                                            down!!");
44      } else {
45        if (open) {
46          System.out.println("Door is opened and must close before go
                                                            down!!");
47        } else {
48          System.out.println("Elevator down...");
49          currentFloor--;
50          System.out.println("Now " + currentFloor);
51        }
```

```
52        }
53      }
54    }
```

🧩 結果

```
1    Try to open door,
2    Door is open now.
3    Try to close door,
4    Door is closed now.
5    This is 1 and can't go down!!
6    Elevator up...
7    Now 2
8    Elevator up...
9    Now 3
10   Elevator up...
11   Now 4
12   Try to open door,
13   Door is open now.
14   Try to close door,
15   Door is closed now.
16   Elevator down...
17   Now 3
18   Try to open door,
19   Door is open now.
20   Door is opened and must close before go down!!
21   Door is opened and can't open again!!
```

如結果行 5、20、21 的顯示，程式碼因為使用選擇結構，所以原先不合理的操作有了警告措施。

7.3.3 使用三元運算子

三元（ternary）運算子使用「？」和「：」等 2 個運算子，將運算式切割為 3 個運算元，提供了使用 if 選擇結構之外的另一個選項，讓程式碼更為簡潔。宣告方式如下：

💻 語法

```
(boolean_expression) ? value if true : value if false
```

以下示範三元運算子的使用方式，和「if … else」的結構是互通的。

🚀 範例：**/java11-ocp-1/src/course/c07/TernaryOperatorDemo.java**

```
1   public class TernaryOperatorDemo {
2       public static void main(String[] args) {
3           int a, b;
4           a = 10;
5
6           b = (a == 1) ? 20 : 30;
7           System.out.println("Value of b is : " + b);
8
9           if (a == 1) {
10              b = 20;
11          } else {
12              b = 30;
13          }
14          System.out.println("Value of b is : " + b);
15      }
16  }
```

🧩 結果

```
Value of b is : 30
Value of b is : 30
```

7.4 使用 switch 選擇結構

選擇結構除了使用 if 之外，switch 敘述也是一個不錯的選擇。相較於 if 選擇結構，switch 選擇結構的程式碼較為工整。

7.4.1 語法

💻 語法

```
switch (variable) {
    case literal_value:
        <code_block>
        [break;]
    case another_literal_value:
        <code_block>
        [break;]
    [default:]
        <code_block>
}
```

其中：

1. **variable**：準備要測試的變數。變數型態可以是 byte、short、char、int、String，其中 String 是在 Java 7 中新增的擴充。

2. **literal_value**：變數可能的值（字面常量）。

3. **default**：當 case 列舉的變數值都不滿足時，則進入本程式區塊。將當於 if 結構裡的 else。

4. **break**：非必要。將離開該 case 程式區塊。

程式執行的方式是：

1. 輸入 variable 後，逐一比對每一個 case 區塊的 literal_value。若相同，程式碼進入該 literal_value 所屬的 case 區塊。

2. case 區塊內工作完成後，若遇到 break 敘述，則程式碼跳出該 case 區塊。若沒有 break 敘述，程式碼會往下開始逐行執行所有 case 區塊的程式碼，直到遇到 break 敘述，或是 switch 結構結束。

7.4.2 比較 switch 和 if 兩種選擇結構

以下程式輸入月份後，可以輸出該月份天數，分別以 switch 和 if 兩種選擇結構示範。

🚀 **範例：/java11-ocp-1/src/course/c07/SwitchDemo.java**

```java
1   public class SwitchDemo {
2     public static void SumMonthDaysBySwitch(int month) {
3         switch (month) {
4         case 1:
5         case 3:
6         case 5:
7         case 7:
8         case 8:
9         case 10:
10        case 12:
11            System.out.println("31 days");
12            break;
13        case 2:
14            System.out.println("28 days");
15            break;
16        case 4:
17        case 6:
18        case 9:
19        case 11:
20            System.out.println("30 days");
21            break;
22        default:
23            System.out.println("Invalid month");
24            break;
25        }
26      }
27      public static void SumMonthDaysByIf(int month) {
28          if (month == 1 || month == 3 || month == 5 || month == 7 ||
                      month == 8 || month == 10 || month == 12) {
29              System.out.println("31 days");
30          } else if (month == 2) {
31              System.out.println("28 days");
32          } else if (month == 4 || month == 6 || month == 9 || month ==
                                                                      11) {
33              System.out.println("30 days");
34          } else {
35              System.out.println("Invalid month");
36          }
37      }
```

```
38        public static void main(String[] args) {
39            SumMonthDaysByIf(2);
40            SumMonthDaysBySwitch(2);
41        }
42    }
```

🧩 結果

```
28 days
28 days
```

為了顯示 Java 在執行 switch 結構時的特別之處，我們將前例做了一些調整，讓程式碼在每一個 case 區塊，走過後都能留下足跡。您可以藉由 Eclipse 的 debug 模式逐步執行程式，藉此更了解 switch 結構的執行方式。

🚀 範例：/java11-ocp-1/src/course/c07/SwitchDemo2.java

```
1    public class SwitchDemo2 {
2        public static void SumMonthDaysBySwitch2(int month) {
3            switch (month) {
4            case 1:
5                System.out.println("--1");
6            case 3:
7                System.out.println("--3");
8            case 5:
9                System.out.println("--5");
10           case 7:
11               System.out.println("--7");
12           case 8:
13               System.out.println("--8");
14           case 10:
15               System.out.println("--10");
16           case 12:
17               System.out.println("31 days");
18               break;
19           case 2:
20               System.out.println("28 days");
21               break;
22           case 4:
23               System.out.println("--4");
```

```
24              case 6:
25                  System.out.println("--6");
26              case 9:
27                  System.out.println("--9");
28              case 11:
29                  System.out.println("30 days");
30                  break;
31              default:
32                  System.out.println("Invalid month");
33                  break;
34          }
35      }
36      public static void main(String[] args) {
37          SumMonthDaysBySwitch2(3);
38      }
39  }
```

結果

```
--3
--5
--7
--8
--10
31 days
```

對這樣的結果是否感到意外？ case 區塊執行結束後，若未遇到 break 敘述，就會一路執行到底，即便進入不同 case 區塊，這樣的特性有時也會刻意用來程式設計，因此 break 敘述並非強制。

陣列

08

8.1 一維陣列與二維陣列

8.1.1 陣列簡介

使用陣列之前，必須先知道陣列的基本定義：

1. 陣列（array）是一種「容器物件」（container object），可以裝載「多個」且「單一型態」的「基本型別 / 參考型別」。

2. 陣列裡的內容物，稱為「成員」（element）。

3. 建立陣列時，必須指定「長度」，亦即「成員數量」；一旦建立，長度就不能改變。

4. 陣列的成員，使用數字化的「索引」（index）存取；第 1 個成員的 index 為 0，其餘類推。

根據陣列的定義，可以知道陣列用於處理多個同種物件或基本型別變數。

假設班上有 5 位同學，或許可以宣告 5 個 int 變數記錄各自年齡，如：

```
1   int age1 = 30;
2   int age2 = 31;
3   int age3 = 30;
4   int age4 = 31;
5   int age5 = 30;
```

但若有 500 個呢？甚至更多個時該如何處理？太多的變數將造成程式不易閱讀，這時候就是使用陣列的最佳時機。

8.1.2 認識並建立一維陣列

Java 提供陣列將「相同型態」的「物件或基本型別」的變數集中一起管理，如：

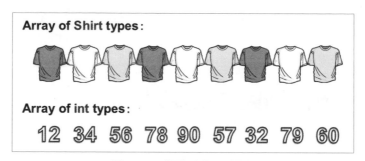

圖 8-1 一維陣列成員示意圖

陣列建立時，要指定長度（length），一旦建立後就不能改變。建立完成後，使用 index 存取陣列成員。例如：若建立陣列 numbers，就可以藉由 index 找到成員。

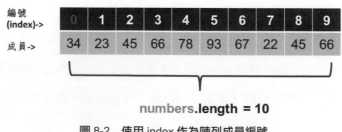

圖 8-2 使用 index 作為陣列成員編號

陣列也是物件，因此建立陣列的完整程序也分成三部分：

1. 宣告（Declaring）

💻 **語法**

type [ ] array_identifier;
1. type：陣列的成員型別
2. [ ]：表示宣告陣列
3. array_identifier：陣列名稱

如宣告成員為**基本型別**的陣列：

```
1    char [ ] chars;
2    int [ ] ints;
```

或宣告成員為**參考型別**的陣列：

```
1    Shirt [ ] shirts;
2    String [ ] strings;
```

2. 建構實例（Instantiating）

💻 **語法**

array_identifier = new **type** [**length**];
1. array_identifier：陣列名稱
2. type：陣列的成員型別
3. length：陣列長度

如：

```
1    chars = new char [20];
2    ints = new int [5];
3    strings = new String [7];
4    shirts = new Shirt [3];
```

在第五章談到變數的有效範圍時，曾經說明 Java 物件建構時，若屬於物件成員的實例變數未給值，則 Java 將針對不同型別給予不同預設值：

1. **整數基本型別**（含 **byte**、**short**、**int**、**long**）：0。

2. **浮點數基本型別**（含 **float**、**double**）：0.0。

3. **字元基本型別**（為 **char**）：空字元。用「' '」顯示，或「'\u0000'」。

4. **邏輯基本型別**（為 **boolean**）：false。

5. **參考型別**：null。

陣列也是物件，「陣列的成員」和「物件的成員」有相似的情況，亦即若未對陣列成員初始化，Java 也會給予一致的預設值，如上。

3. 初始化（Initializing）

🖥 **語法**

```
array_identifier [index] = value;
1. array_identifier：陣列名稱
2. index：成員位置，由 0 開始，最大為長度 -1
```

如：

```
1    ints[0] = 13;
2    ints[1] = 23;
3    ints[2] = 33;
4    ints[3] = 43;
```

又如：

```
1    strings[0] = "Hi 0";
2    strings[1] = "Hi 1";
3    strings[2] = "Hi 2";
4    strings[3] = "Hi 3";
```

也可以將前述三個部分，即宣告、實例化、初始化，一起完成。

🖥 **語法**

```
type [ ] array_identifier = { 成員以 "," 區隔 };
```

如：

```
1    int [ ] ints = {13, 23, 33, 43};
2    String [ ] strings = {"Hi 0", "Hi 1", "Hi 2", "Hi 3" };
```

Java 允許讓陣列物件的宣告、實例化、初始化一氣呵成，但前提是程式碼不能分行。
以下為建立陣列的錯誤方式，將導致程式碼無法編譯：

```
1    int [ ] ints;
2    ints = {13, 23, 33, 43};
```

8.1.3　認識並建立二維陣列

多維陣列的概念，在於：

1. 第一層陣列裡的成員是第二層陣列（二維）。

2. 第二層陣列裡的成員是第三層陣列（三維）。

3. …

4. 第 N-1 層陣列裡的成員是第 N 層陣列（N 維）。

因此，簡單描述二維陣列（two dimension），就是陣列的成員是一維陣列（one
dimension）。可以用「表格」來描述成員關係，每一列都是一維陣列，如：

表 8-1　以表格的列、行關係呈現二維陣列成員

A	B	C	D	E
F	G	H	I	J
K	L	M	N	O

此時：

A 在第 0 列，第 0 行；屬於第 1 個成員陣列的第 1 個成員。

H 在第 1 列，第 2 行；屬於第 2 個成員陣列的第 3 個成員。

以下是建立二維陣列過程，和一維陣列一樣分為 3 部分：

1. 宣告二維陣列

🖥 語法

```
type [ ][ ] array_identifier;
1. array_identifier：陣列名稱
2. type：陣列的成員型別
```

和一維陣列的比較，關鍵在於使用 2 個 [ ]，如：

```
1  int [ ] [ ] rowColumns;
```

2. 實例化二維陣列

🖥 語法

```
array_identifier = new type [number_of_arrays] [length];
1. array_identifier：陣列名稱
2. type：陣列的成員型別
3. number_of_arrays：內含的一維成員陣列個數，不可為空
4. length：每個成員陣列的成員個數，可以為空
```

如：

```
1  rowColumns = new int [3][2];
```

實例化完成後，可用以下表格表示成員位置。但因為尚未完成初始化，因此沒有成員，可以使用下表表示。

表 8-2　以表格的列、行關係呈現二維陣列初始化前的成員狀況

	Column 0	Column 1
Row 0		
Row 1		
Row 2		

3. 初始化二維陣列

🖥 語法

```
array_identifier[index_1] [index_2] = value;
1. array_identifier：陣列名稱
2. index_1：指定成員陣列
3. index_2：指定成員陣列裡的成員位置
```

如：

```
1    rowColumns [0] [0] = 10;
2    rowColumns [1] [1] = 20;
3    rowColumns [2] [0] = 30;
```

若以表格觀點來看，為：

表 8-3　以表格的列、行關係呈現二維陣列初始化後的成員狀況

	Column 0	Column 1
Row 0	10	
Row 1		20
Row 2	30	

也可以將前述三個部分，即宣告、實例化、初始化，一起完成。

🖥 語法

```
type [ ] [ ] array_identifier
  = { { }, { }, … }; 成員陣列也以「,」區隔
```

如：

```
1    int [ ][ ] int2d = {{13, 23}, {33}, {4, 3}};
2    String [ ][ ] string2d = {{"Hi 0", "Hi 1"}, {"Hi 2"}, {"Hi 3"}};
```

8.1.4 比較多維陣列的建立

陣列的建立時必須了解各維陣列實例化的方式，如下：

🚀 **範例**：**/java11-ocp-1/src/course/c08/ArrayCreateTest.java**

```
1   public class ArrayCreateTest {
2       public static void main(String[] args) {
3           int[] a1 = new int[5];
4           int a2[] = new int[5];
5           // int a3[5] = new int[];
6           int[][] a4 = new int[5][];
7           int[] a5[] = new int[5][3];
8           int[][][] a6 = new int[5][][];
9           int a7[][][] = new int[5][3][2];
10      }
11  }
```

💬 **說明**

3	宣告陣列時，[ ] 可以在「型別」後方。
4	宣告陣列時，[ ] 也可以在「變數」後方。
5	宣告陣列時，「=」左側的 [ ] 裡面不能加上長度，只能在右側的 [ ] 內。
6	宣告二維陣列時，第一層陣列必須有長度宣告。
7	宣告二維陣列時，「=」左右兩側的 [ ] 個數必須各自加總後為 2。第二層的陣列長度非必要。
8	宣告三維陣列時，「=」左右兩側的 [ ] 個數必須各自加總後為 3。
9	用於宣告的 [ ] 可在變數前後，第一層陣列長度必填，其他層的陣列長度非必要。

🎙 **小祕訣**　關於「第一維陣列的長度為必要」：

1. 陣列是容器物件，建立陣列就好像蓋房子供人居住。

2. 建構房子的時候，幾個房間一定要事先確認，因為這和建物的主體結構有關，蓋好了就不能再改變。

3. 每個房間有一個房客，房間編號由 0 開始，拜訪房客必須指定房間編號。

若是二維陣列，就像房客在自己房間內又隔了幾個房間再出租，多維陣列由此類推。不管是幾維陣列，只有在蓋房子之初必須確定房間個數，因為關乎房子結構；所以第一層陣列的長度為必要，之後的隔間再出租，可以只是木造隔間，不需特別限制每個二房東要區隔的房間數，所以這樣的二維陣列是合法、合理的：

```
int [ ] [ ] ints = { { 0, 1 }, { 2 }, { 3, 4, 5 } };
```

也可以解釋為何二維陣列的第二層陣列長度並未強制要求：

```
int [ ] [ ] ints = new int [3] [ ];
```

8.2　存取陣列內容

8.2.1　陣列成員的基本讀寫

若要將資料寫入陣列，可以使用：

```
1    chars [0] = 'H';
2    ints [2] = 34;
3    strings [3] = "Hi";
```

若要將資料讀出陣列，可以使用：

```
1    char c = chars [0];
2    int I = ints [2];
3    String s = strings [3];
```

以上都是將陣列變數名稱搭配 index。

8.2.2　陣列成員為基本型別的記憶體配置

在第六章時，我們曾經說過參考型別的變數是指向 Heap 記憶體區塊裡真實物件的遙控器，只有透過遙控器才能控制物件。

陣列也是物件，有需要了解陣列物件在記憶體裡的配置狀況。若陣列成員為基本型別時：

```
1    char size = 'S'
2    char[] sizes = {'XL', 'M', 'L' };
```

基本型別 char 的變數 size 和值，都在 Stack 記憶體區塊裡。

陣列 char[] 的變數 sizes 在 Stack，值在 Heap 記憶體區塊內。

記憶體配置狀況示意圖如下：

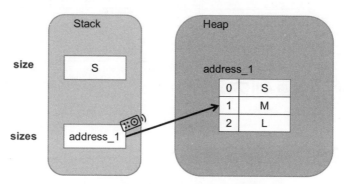

圖 8-3　陣列成員為基本型別時的記憶體配置

8.2.3　陣列成員為參考型別的記憶體配置

若陣列成員為參考型別時：

```
1    Shirt shirt = new Shirt();
2    Shirt[] shirts = { new Shirt(), new Shirt() };
```

參考型別的變數 shirt 在 Stack 記憶體，值在 Heap 記憶體裡。

陣列的變數 shirts 在 Stack 記憶體，值在 Heap 記憶體內。必須注意的是，在 Heap 記憶體裡的陣列只存放成員物件的記憶體位址。**陣列**和**陣列的成員們**是各自不同的實例，具有不同的記憶體位址。

記憶體配置狀況示意圖如下。陣列實例在 address_2，陣列成員實例則各自在 address_3 和 address_4。

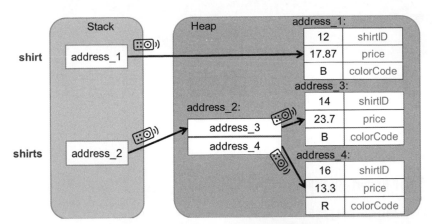

圖 8-4　陣列成員為參考型別時的記憶體配置

🎙 **小祕訣**　若以「陣列是房子，成員如同房客，分別住在不同房間」的比喻來思考。那：

1. 基本型別的成員住在陣列的房間裡。

2. 參考型別的成員只是掛個戶籍在房間裡，其實自己不住在裡面；但是可以先藉由尋訪成員的房間，再找到成員真正居住的位址。

瞭解上述概念後，試試以下範例：

🧑 **範例：/java11-ocp-1/src/course/c08/ReferencedTypeArrayTest.java**

```
1    public class ReferencedTypeArrayTest {
2        public static void main(String[] args) {
3            Shirt s1 = new Shirt();
4            Shirt s2 = new Shirt();
5            Shirt shirts[] = { s1, s2 };
6            // s1 和 shirts[0] 指向同一實例
7            shirts[0].price = 100;
8            System.out.println(s1.price);
9            System.out.println(s1 == shirts[0]);
10           // s2 和 shirts[1] 指向同一實例
11           s2.price = 200;
12           System.out.println(shirts[1].price);
13           System.out.println(s2 == shirts[1]);
14       }
15   }
```

結果

```
100.0
true
200.0
true
```

可以用以下記憶體配置示意圖來協助了解：

1. 遙控器 s1 和 shirts[0] 指向同一實例。

2. 遙控器 s2 和 shirts[1] 指向同一實例。

記憶體配置狀況示意圖如下：

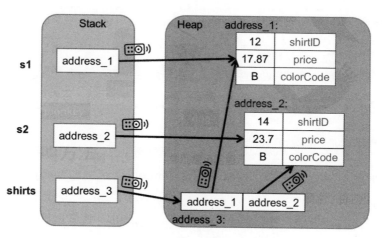

圖 8-5　成員為參考型別時的變數指向

8.3　使用指令列的 args 陣列參數

事實上，我們在一開始學習 Java 的時候就已經接觸並使用陣列，只是當時還不熟悉而已。重新檢視 main() 方法，它的定義是：

💻 語法

```
public static void main (String[] args) {
    method_code_block
}
```

其中，傳入的參數型別就是「字串的陣列」。

先前，我們利用 main() 方法執行 Java 程式時，都未傳入參數，因此沒有使用到這一部分。現在，我們來示範如何傳入字串陣列作為參數。

🚀 範例：/java11-ocp-1/src/course/c08/CommandArgsTest.java

```
1    package course.c08;
2    public class CommandArgsTest {
3        public static void main(String args[]) {
4            System.out.println("args[0] is " + args[0]);
5            System.out.println("args[1] is " + args[1]);
6        }
7    }
```

對於指令 javac 與 java 的使用，我們在章節 4.4 有過基本介紹，不過當時的範例比較單純，而這次的範例行 1 就是 package 宣告，作法會有些不同。

配合本書的範例專案 java11-ocp-1，使用 javac 編譯程式與 java 執行程式的步驟是：

1. 開啓「命令提示字元」視窗，進入專案所在路徑，本例是「C:\java11\code\java11-ocp-1」：

```
1    cd C:\java11\code\java11-ocp-1
```

2. 使用「javac」指令編譯程式碼：

```
1    javac -d bin src/course/c08/CommandArgsTest.java
```

選項「-d」指定編譯後產生 *.class 檔案的「目錄」（directory），本例為「bin」目錄，這也是使用 Eclipse 預設產生編譯檔的專案目錄。

其後的「src/course/c08/CommandArgsTest.java」，是要編譯的 *.java 檔案相對於專案根目錄的位置。

3. 使用「java」指令執行：

```
1   java -cp bin course.c08.CommandArgsTest Hi Jim
```

選項「-cp」指定存放 *.class 檔案的「類別路徑」（class path），本例爲「bin」目錄。

其後的「course.c08.CommandArgsTest」是合併套件的完整類別名稱。

執行過程中，Java 會將類別名稱後面的字串，以空白（space）區隔後，轉換成「字串陣列」傳入 main() 方法，所以可以得到結果：

🧩 結果

```
args[0] is Hi
args[1] is Jim
```

在命令提示字元視窗中，顯示過程和結果。

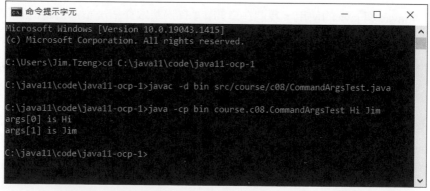

圖 8-6　**使用命令提示字元視窗的命令列傳入 main() 方法參數**

除了以命令提示字元指令執行外，也可以使用 Eclipse 執行。步驟爲：

01 使用滑鼠右鍵點擊類別檔案 CommandArgsTest.java 後，選擇「Run As」，選擇「Run Configurations…」。

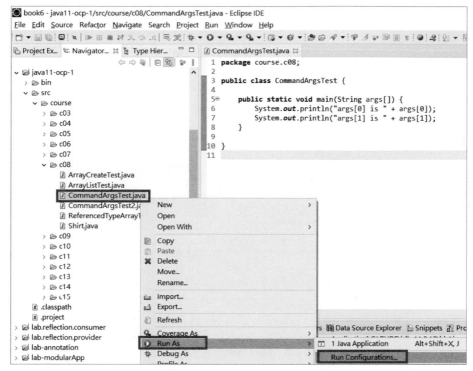

圖 8-7　點選 Eclipse 的執行前設定

02 彈出視窗後，確認要執行的類別是否正確。

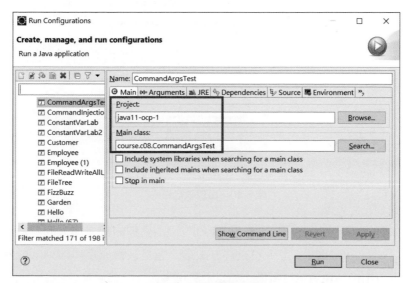

圖 8-8　確認執行類別

03 在第 2 個頁籤「Arguments」內，填入要傳入的參數，如「Hi Jim」，並點擊「Run」按鈕。

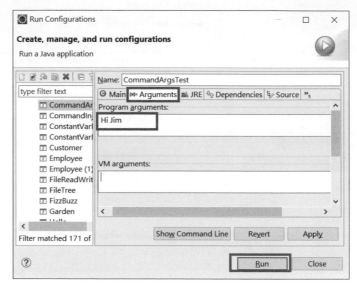

圖 8-9　輸入 main() 方法參數

04 得到結果。

```
package course.c08;

public class CommandArgsTest {

    public static void main(String args[]) {
        System.out.println("args[0] is " + args[0]);
        System.out.println("args[1] is " + args[1]);
    }

}
```

```
<terminated> CommandArgsTest [Java Application] C:\D\IDE\jdk-11.0.12\bin
args[0] is Hi
args[1] is Jim
```

圖 8-10　出現執行結果

必須注意的是，即便在命令提示字元視窗內的類別名稱的後方傳入的參數，是以數字的型態，如「100 200」，進入 main() 方法後，還是被轉成字串陣列的成員。必須以字串型別取出後，再做適度轉換，如以下範例：

🚀 **範例：/java11-ocp-1/src/course/c08/CommandArgsTest2.java**

```
1   public class CommandArgsTest2 {
2       public static void main(String[] args) {
3           System.out.println("String is: " + (args[0] + args[1]));   //
                                                                    字串連接
4           int i1 = Integer.parseInt(args[0]);    // 字串轉換為數字
5           int i2 = Integer.parseInt(args[1]);    // 字串轉換為數字
6           System.out.println("Summary is: " + (i1 + i2));  // 數字相加
7       }
8   }
```

🧩 **結果**

```
String is: 100200
Summary is: 300
```

💬 **說明**

3	因為是字串陣列取出的字串成員，相加等於字串相連。
4-5	使用 Integer 類別的 parseInt() 方法，將 String 轉換成 int。
6	字串轉換成 int 後，相加即為整數四則運算。

8.4 使用 ArrayList 類別

8.4.1 陣列的缺點

陣列（Array）無法因為持續加入成員而自動增加長度。若有需要，必須自己處理：

1. 記錄每個加入陣列的元素的索引。

2. 追蹤並記錄陣列長度。

3. 若長度不足，則建立一個足夠長度的新陣列，並將原陣列成員逐一複製過去，再捨棄原陣列。

8.4.2　ArrayList 類別簡介

陣列並非唯一可以儲存資料的容器物件，類別 ArrayList 也是選項之一：

1. ArrayList 類別只存放參考型別的物件，不接受基本型別。

2. ArrayList 類別有許多方法可以管理成員物件，如 add()、get()、remove()、indexOf() 等。

3. 在建構 ArrayList 物件時，不需要設定長度大小，當加入更多成員物件時，ArrayList 將自動成長。

4. 可以在建構 ArrayList 物件時設定「initial capacity」，但非必要。

> 🎓**小知識**　認證考試有些時候對「initial capacity」的概念相當重視，因此會出現在考題中。觀念是：
>
> 1. StringBuilder 和 ArrayList 類別在建構時都可以指定「initial capacity」，但非必要。
>
> 2. StringBuilder 類別可以隨意增加字串內容，ArrayList 類別可以隨意增加物件成員；看似相當方便，但其實這兩個類別用來裝載物件而使用的容器物件，最底層還是「陣列」。因為陣列的規定是長度不能改變，所以 StringBuilder 和 ArrayList 類別的作法是：
>
>   - 預先建立一定長度的陣列。
>
>   - 若持續加入字串或是物件導致超出預建陣列長度範圍，則 Java 將自動建立更長的陣列，並將原陣列成員都複製一份後轉移過去。
>
> 3. 因為反覆建立更長的陣列將大量使用 CPU 和記憶體資源，因此若事先可以預知長度，Java 建議在一開始建構 StringBuilder 和 ArrayList 物件時就指定適當的初始長度，亦即「initial capacity」。

8.4.3　使用 import 與 package 關鍵字

要使用 ArrayList 類別，必須先將該類別「匯入」（import）到程式碼中；在介紹匯入的敘述之前，另一個成對的關鍵字是「套件」（package）。

我們在第四章時曾經簡單說明過套件的用途在對類別做「分類」，我們的範例專案有章節的分類需求，因此規劃讓相關的範例類別在不同的章節套件裡。

在我們的日常生活中，各位讀者一定注意過某些相同名稱的道路常常會重複出現在不同的地方。比方說，中正路幾乎會出現在每一個縣市，如果大家住在同一個地方，如桃園市，那對中正路的位置的認知應該一致，談論時不需要特別加上桃園市；但如果一個住在台北市，一個住在桃園市，那兩個人所談論的中正路，可能就不是同一條路，必須在中正路的名稱之前加上台北市或桃園市，才能讓相關人清楚究竟是哪個中正路。

中正路就類似Java裡的「類別」（class）名稱，台北市或桃園市則對比到Java裡的「套件」（package）名稱。雖然我們先前論述的重點是中正路，但別忘記是先有縣市地方，才會有道路。

我們在建立類別時，為類別命名也會遇到類似的問題。相同的類別名稱，我們就用不同的套件名稱來區隔，所以套件加上類別名稱，才是完整的類別名稱。只是某些場合，像是同一套件內，就不需要特別提及套件名稱。更進一步來說，在設計類別之初，必須先建立套件；妥善的套件規劃，就能將類別做清楚分類。

以下用 Eclipse 來示範如何建立套件，以及在套件下建立類別。

01 建立專案「package-demo」。

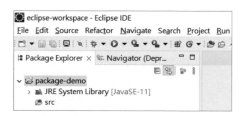

圖 8-11　建立測試用專案

02 在專案下，點擊「New」，再點擊「Package」，將彈出 package 新建視窗。

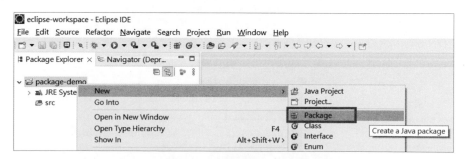

圖 8-12　選擇新建 package

03 在 New Java Package 的視窗裡的「Name」填入套件名稱「taiwan」，並點擊
「Finish」按鈕。

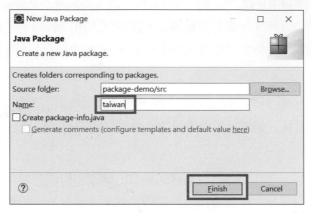

圖 8-13　輸入 package 名稱

04 左側 package explorer 的窗格裡，看見套件「taiwan」已經建立完成。

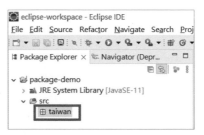

圖 8-14　完成 package「taiwan」建立

05 依前述步驟，分別建立出套件「taiwan.taipei」和套件「taiwan.taoyuan」。

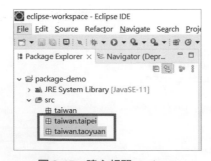

圖 8-15　建立相關 package

06 點選套件「taiwan.taipei」，點選滑鼠右鍵後，點擊「New」，再點擊「Class」，
將彈出新建類別視窗。

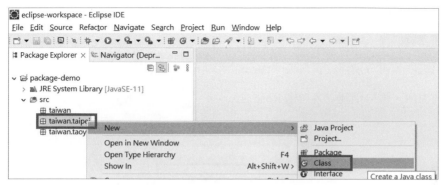

圖 8-16　**點選套件建立新類別**

07 建立 Road 類別在套件「taiwan.taipei」下。

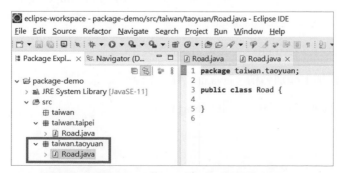

圖 8-17　**完成 class「Road」建立**

08 建立一樣名稱的 Road 類別在套件「taiwan.taoyuan」，驗證相同名稱的類別可
以存在不同套件下。

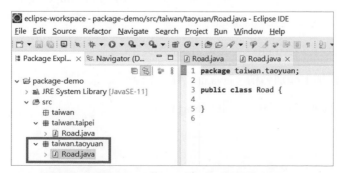

圖 8-18　**建立另一「Road」class 在不同 package**

(09) 換至「Navigator」視景。該瀏覽模式可以 Windows 檔案總管的方式瀏覽類別和套件的關係。可以發現先前建立的 3 個套件「taiwan」、「taiwan.taipei」和「taiwan.taoyuan」，其實就是：

1. 先建立資料夾「taiwan」。

2. 資料夾內，再分別建立資料夾「taipei」和「taoyuan」。

3. 資料夾內，再分別建立各自別 Road.java。

圖 8-19　以「Navigator」視景了解 package 的建置原理

了解套件的功能和建立方式後，可以歸納重點如下：

1. Java 提供的內建類別，根據功能屬性會分類到不同套件中。

2. 預設只有在同一個套件下的類別，才能互相使用單純的類別名稱；否則必須加上套件名稱，或是使用 import 敘述。

3. 屬於語言基礎的類別，都放在「java.lang」套件中，如 String、Math、System、Integer 等。這類屬於語言基礎的類別將由 Java 預設自動 import，所以可以直接使用，無須載明類別出自的 package。

ArrayList 出自套件「java.util」，要使用該類別必須以下方式二擇一：

1. **使用套件名稱加上類別名稱**：java.util.ArrayList。

2. **使用 import 敘述**：import java.util.ArrayList。

如：

```
1    import java.util.ArrayList;
2    public class Test {
3        public static void main(String args[]) {
4            java.util.ArrayList list;
5        }
6    }
```

行1或行4必須二擇一。

8.4.4　ArrayList 使用範例

🚀 **範例：/java11-ocp-1/src/course/c08/ArrayListTest.java**

```
1    public class ArrayListTest {
2        public static void main(String[] args) {
3            ArrayList myList;
4            myList = new ArrayList();
5            myList.add("S1");
6            myList.add("S2");
7            myList.add("S3");
8            myList.add("S4");
9            myList.remove(0);
10           myList.remove(myList.size()-1);
11           myList.remove("S3");
12           System.out.println(myList);
13       }
14   }
```

💬 **說明**

5-8	ArrayList 內依序加入 "S1"、"S2"、"S3"、"S4" 等 4 個成員。
9	指定位置移除第一個，也就是 "S1"。
10	指定位置移除最後一個，也就是 "S4"。
11	指定名稱，直接移除 "S3"。
12	最後剩下 "S2"。System.out.println() 可以印出 ArrayList 資料成員。

♣ 結果

```
[S2]
```

8.4.5　使用泛型指定 ArrayList 的成員型態

ArrayList 類別可以放入基本型別之外的任何物件。使用「泛型」（generic），則可以在宣告 ArrayList 的一開始，就限定成員型態。

泛型的符號為「<>」，在 Java 5 的時候導入。簡單範例為：

```
1   ArrayList<String> list = new ArrayList<String>();
```

Java 7 之後，認為不需要前後兩個「<>」都載明成員型別，因此移除後方「<>」內的型別，如下：

```
1   ArrayList<String> list = new ArrayList<>();
```

ArrayList 使用泛型後，若試圖放入非指定型態的物件，將無法通過編譯，如此可以增加 Java 程式的安全性，避免執行時期因為不一致的成員型態產生錯誤。

使用重複結構

09

9.1 迴圈架構簡介

程式碼裡的迴圈架構（loop constructs），指的就是「使用特定條件（expression），在滿足時即重複某些行為（code block）」，可以分成 3 種主要型態：

1. **while 迴圈**：若滿足 expression = true 時，將持續進行。

2. **do-while 迴圈**：執行一次後，若滿足 expression = true 時，將持續進行。

3. **for 迴圈**：重複特定次數。

所以，模擬小朋友在雨停前會反覆問著「雨停了嗎？」的情境，就可以用程式碼這樣表示：

```
1    while (!doesTheRainStop) {
2        walk back and forth;
3        ask " does the rain stop?";
4    }
```

```
5    Ya!;
6    Get out of door;
```

9.2　使用 while 迴圈

while 迴圈語法為：

📖 語法

```
while (boolean_expression) {
    code_block;
}   // 滿足 boolean_expression 時，會反覆執行 code_block
// 迴圈結束後，將繼續其他程式區段
```

使用迴圈強化電梯程式

在第七章的時候，我們曾經將電梯由單純的循序結構，改版加入選擇結構。現在，再新增一個直達某樓層的 toFloor(int) 方法，使用迴圈架構在達到目的樓層之前反覆呼叫上樓 up() 或下樓 down() 的方法，如範例程式碼行 54-62。

🚀 範例：/java11-ocp-1/src/course/c09/MyElevator2.java

```java
1    public class MyElevator2 {
2      public final int MAX_FLOOR = 10;
3      public final int MIN_FLOOR = 1;
4      public boolean open = false;
5      public int currentFloor = MIN_FLOOR;
6      // 電梯 開門
7      public void open() {
8        if (open) {
9          System.out.println("Door is opened and can't open again!!");
10       } else {
11         System.out.println("Try to open door,");
12         open = true;
```

```
13          System.out.println("Door is open now.");
14        }
15     }
16     // 電梯 關門
17     public void close() {
18        if (!open) {
19          System.out.println("Door is closed and can't close again!!");
20        } else {
21          System.out.println("Try to close door,");
22          open = false;
23          System.out.println("Door is closed now.");
24        }
25     }
26     // 電梯 上樓
27     public void up() {
28        if (currentFloor >= MAX_FLOOR) {
29          System.out.println("This is " + currentFloor + " and can't go
                                                                    up!!");
30        } else {
31          if (open) {
32            System.out.println("Door is opened and must close before go
                                                                    up!!");
33          } else {
34            System.out.println("Elevator up...");
35            currentFloor++;
36            System.out.println("Now " + currentFloor);
37          }
38        }
39     }
40     // 電梯 下樓
41     public void down() {
42        if (currentFloor <= MIN_FLOOR) {
43          System.out.println("This is " + currentFloor + " and can't go
                                                                    down!!");
44        } else {
45          if (open) {
46            System.out.println("Door is opened and must close before go
                                                                    down!!");
47          } else {
48            System.out.println("Elevator down...");
49            currentFloor--;
```

```
50              System.out.println("Now " + currentFloor);
51          }
52        }
53      }
54    public void toFloor(int targetFloor) {
55        while (currentFloor != targetFloor) {
56          if (currentFloor < targetFloor) {
57            up();
58          } else {
59            down();
60          }
61        }
62      }
63    }
```

進行電梯改版後測試：

🚀 **範例：/java11-ocp-1/src/course/c09/MyElevatorJumpTest.java**

```
1    public class MyElevatorJumpTest {
2      public static void main(String[] args) {
3        MyElevator2 test = new MyElevator2();
4        test.open();
5        test.close();
6        test.toFloor(5);
7      }
8    }
```

🧩 **結果**

```
Try to open door,
Door is open now.
Try to close door,
Door is closed now.
Elevator up...
Now 2
Elevator up...
Now 3
Elevator up...
Now 4
```

```
Elevator up...
Now 5
```

使用迴圈以二分逼近法求平方根

迴圈架構在日常生活中還有許多運用，如以前學習數學時使用的二分逼近法求平方根（square root）。

🚀 **範例：/java11-ocp-1/src/course/c09/TestLoop.java**

```
1   public static void getSquareRoot() {
2       float input = 10;
3       float squareRoot = input;
4       float accurate = 0.01f;
5       while (squareRoot * squareRoot - input > accurate) {
6           squareRoot = (squareRoot + input / squareRoot) / 2;
7           System.out.println("trying...  " + squareRoot);
8       }
9       System.out.println("The square root of " + input + " (accurate="
                                    + accurate + ") => " + squareRoot);
10  }
```

💬 **說明**

2	準備計算 10 的平方根。
3	計算之前必須先猜猜 10 的平方根是多少，並使用變數 squareRoot 作為答案，先假設就是 10（當然可以更精準些）。
4	定義計算值和真實值的可接受誤差範圍。
5	小於誤差後停止。
6	2 分逼近法公式。

🧩 **結果**

```
trying...   5.5
trying...   3.659091
trying...   3.196005
```

```
trying...   3.1624556
The square root of 10.0 (accurate=0.01) => 3.1624556
```

使用迴圈計算複利年息

或是複利年息計算求存款何時倍增。

🚀 範例：**/java11-ocp-1/src/course/c09/TestLoop.java**

```java
1    public static void doubleYourMoney() {
2        double money = 500;        // 本金
3        double interest = 0.18;        // 年息18%
4        int years = 0;
5        while (money <= 1000) {        // 2倍本金
6            money += money * interest;        // 複利計息
7            years++;
8            System.out.println("Year " + years + ": " + money);
9        }
10   }
```

🧩 結果

```
Year 1: 590.0
Year 2: 696.2
Year 3: 821.5160000000001
Year 4: 969.3888800000001
Year 5: 1143.8788784
```

使用迴圈製作註解區塊

或是輸出程式碼裡的註解（comment）區塊。

🚀 範例：**/java11-ocp-1/src/course/c09/TestLoop.java**

```java
1    public static void commentBlok() {
2        System.out.println(" /*");
3        int counter = 0;
4        while (counter < 4) {
5            System.out.println(" *");
```

```
6            counter++;
7        }
8        System.out.println(" */");
9    }
```

🧩 結果

```
/*
 *
 *
 *
 *
 */
```

9.3　使用 for 迴圈

for 迴圈語法如下,有清楚的「初始條件」、「滿足條件」、「變動條件」界定:

💻 語法

```
for (initialize[,initialize]; boolean_expression; update[,update]) {
    code_block;
}
Initialize: 初始條件
boolean_expression: 滿足條件
update: 變動條件
```

若以 while 迴圈來對比 for 迴圈,以下兩範例等值。

while 迴圈:

```
1    int i = 0; // 初始條件 ;
2    while (i < 7) { // 滿足條件 ;
3        System.out.println("$");
4        i++; // 變動條件 ;
5    }
```

for 迴圈：

```
1    for ( int i = 0 ; i < 7 ; i ++ ) {        // 初始條件；滿足條件；變動條件
2        System.out.println("$");
3    }
```

其中：

1. 合併多個**滿足條件**後，必要爲 true 才能發動。

2. **初始條件**和**變動條件**不必然只能一個，也可以多個，並以「,」區隔。如下：

```
1    public static void main(String[] args) {
2        for (String i = "$", t = "-"; i.length() < 5; i += "$", t += "-") {
3            System.out.println(i + t);
4        }
5    }
```

🧩 結果

```
$-
$$--
$$$---
$$$$----
```

9.4 使用巢狀迴圈

「巢狀迴圈」（nested loop），就是迴圈裡面還有迴圈。巢狀迴圈並沒有限制迴圈層
數，但這類型結構若迴圈次數過多，則效能和記憶體的使用都是必須關注的地方。

使用巢狀迴圈印出星狀三角形

以下範例方法使用巢狀 for 迴圈印出星狀三角形：

範例：/java11-ocp-1/src/course/c09/TestNestedLoop.java

```
1    private static void printTriangle() {
2        int num = 5;
3        for (int i = 0; i < num; i++) {
4            for (int j = 0; j <= i; j++) {
5                System.out.print( '*');
6            }
7            System.out.println();
8        }
9    }
```

結果

```
*
**
***
****
*****
```

使用巢狀迴圈隨機猜測英文單字

要隨機猜測英文單字，首先要知道如何做出隨機字元，畢竟單字由字元組成。Java 裡有數學函數可以隨機取得 0 和 1 之間的浮點數，但沒有取得隨機字元的函數，因此必須自己製作。首先，必須知道：

1. 原始隨機函數 Math.random()，可以取得的浮點數區間為：

```
1    0 <= Math.random() < 1
```

2. 在 ASCII 表格中，大寫英文字母 A-Z 是由 65-90 的整數表達。

所以，逐步擴充 Math.random() 的不等式。

表 9-1　由隨機浮點數轉換為隨機大寫字母步驟

擴充目標	擴充後的不等式				
原始隨機函數	0	<=	Math.random()	<	1
全部乘上 26	(0*26)	<=	Math.random()*26	<	(1*26)

擴充目標			擴充後的不等式		
全部加上 65	0+65	<=	Math.random()*26+65	<	26+65
轉換為隨機字元	A	<=	**(char)**(Math.random()*26+65)	<=	Z

改寫後，隨機函數可以隨機得到 65-90 間的整數，再轉型到 char 型別後，就是我們要的隨機產生大寫英文字母函數。範例方法如下：

🚀 範例：**/java11-ocp-1/src/course/c09/TestNestedLoop.java**

```
1   private static void guessWord() {
2       String word = "jim";
3       String guessWord = "";
4       int tryCounts = 0;
5       while (!guessWord.equals(word.toUpperCase())) {
6           guessWord = "";
7           while (guessWord.length() < word.length()) {
8               char c = (char) (Math.random() * 26 + 65);
9               guessWord = guessWord + c;
10          }
11          // System.out.println(guessWord);
12          tryCounts++;
13      }
14      System.out.println(word + " was found!!");
15      System.out.println("After " + tryCounts + " tries!!");
16  }
```

💬 說明

8	隨機產出大寫英文字母 A-Z。
7-10	由內迴圈製作出和原始單字一樣長度的新單字。
5-13	由外迴圈比對內迴圈製作的新單字是否和原始單字一樣（大小寫的差異不計）。若不同，持續比對到相同為止。

9.5 使用 for 迴圈存取陣列

9.5.1 設定陣列內容並顯示

使用一般型 for 迴圈設定,並讀取陣列內容。

🚀 **範例:/java11-ocp-1/src/course/c09/TestLoop.java**

```
1    public static void loopArray() {
2        long[] longArray = new long[9];
3        // 設定陣列內容
4        for (int i = 0; i < longArray.length; i++) {
5            longArray[i] = Math.round(Math.random() * 100);
6        }
7        // 讀取陣列內容
8        for (int i = 0; i < longArray.length; i++) {
9            System.out.println(i + ": " + longArray[i]);
10       }
11   }
```

9.5.2 使用 for 迴圈的進階型

for 迴圈的進階型(enhanced)可用於存取 Java 的集合物件(Collections)和陣列(Array),語法為:

🖥 **語法**

```
for(declaration : expression) {
    code_block;
}
declaration:宣告集合物件(Collection)或陣列(Array)的成員型態
expression:欲存取的集合物件(Collection)或陣列(Array)變數
```

相較於過去基本型 for 迴圈,好處是不用理會陣列或集合物件長度,也不需要 index,Java 會自動將「每個成員」依「程式碼區塊」(code block)的指示輪流處理。

以下分別示範如何使用進階型 for 迴圈，對陣列和 ArrayList 的成員進行存取。

使用進階型 for 迴圈對陣列成員進行存取

🚀 **範例**：**/java11-ocp-1/src/course/c09/TestEnhancedLoop.java**

```
1  public static void enhancedLoopArray() {
2      int[] intArray = { 12, 23, 45, 3, 67, 34, 87, 96, 89 };
3      for (int element : intArray) {
4          System.out.println(element);
5      }
6      System.out.println("-----");
7      String[] names = { "jim", "bill", "albert", "sue", "mary", "elsa" };
8      for (String name : names) {
9          System.out.println(name);
10     }
11 }
```

使用進階型 for 迴圈對 ArrayList 成員進行存取

🚀 **範例**：**/java11-ocp-1/src/course/c09/TestEnhancedLoop.java**

```
1  public static void enhancedLoopArrayList() {
2      ArrayList<String> names = new ArrayList<>();
3      names.add("jim");
4      names.add("bill");
5      names.add("albert");
6      names.add("sue");
7      names.add("mary");
8      names.add("elsa");
9      for (String name : names) {
10         System.out.println(name);
11     }
12 }
```

│ 9.5.3　使用 break 和 continue 敘述

break 和 continue 敘述經常搭配迴圈使用，目的在改變迴圈流程：

1. 使用 break 敘述結束迴圈，break 敘述以下將不執行。

2. 使用 continue 敘述，將導致流程回到迴圈內的起始點繼續執行，continue 敘述以下將不執行。

以下分別示範 break 敘述與 continue 敘述的使用方式和影響。

使用 break 敘述：

🚀 範例：**/java11-ocp-1/src/course/c09/TestBreakAndContinue.java**

```
1   public static void useBreak() {
2       int passScore = 60;
3       int[] scores = { 40, 36, 52, 58, 65, 34, 93 };
4       int passAt = 0;
5       for (int s : scores) {
6           passAt++;
7           if (s > passScore) {
8               break;
9           }
10      }
11      System.out.println("Finally pass at: " + passAt);
12  }
```

🧩 結果

```
Finally pass at: 5
```

使用 continue 敘述：

🚀 範例：**/java11-ocp-1/src/course/c09/TestBreakAndContinue.java**

```
1   public static void useContinue() {
2       int passScore = 60;
3       int[] scores = { 40, 36, 52, 58, 65, 34, 93 };
4       for (int s : scores) {
5           if (s > passScore)
6               continue;
7           System.out.println("the score: " + s + " is failed to pass.");
8       }
9   }
```

結果

```
the score: 40 is failed to pass.
the score: 36 is failed to pass.
the score: 52 is failed to pass.
the score: 58 is failed to pass.
the score: 34 is failed to pass.
```

9.6 使用 do-while 迴圈

do-while 迴圈語法為：

語法

```
do {
    code_block;
} while (boolean_expression) ;
※注意結尾加上「;」
```

do-while 迴圈和 while 迴圈不同：

1. while 迴圈要開始執行時，就必須滿足條件，又稱為「前測式迴圈」。

2. do-while 迴圈則是至少可以執行一次，第一次之後就需要檢查條件，等同於跑完之後才進行條件測試，又稱為「後測式迴圈」。

以下示範「前測\後測式迴圈」在執行上的不同：

範例：/java11-ocp-1/src/course/c09/TestDoWhileLoop.java

```
1    // 使用 do-while 迴圈
2    public static void testDoWhileLoop() {
3        int count = 0;
4        do {
5            System.out.println("do-while count is: " + count);
6        } while (count < 0);
7    }
```

```
8      // 使用while迴圈
9      public static void testWhileLoop() {
10         int count = 0;
11         while (count < 0) {
12             System.out.println("while count is: " + count);
13             count++;
14         }
15     }
```

do-while 迴圈可以執行一次。比較程式碼行6和行14，注意 do-while 迴圈結尾必須加上「;」，while 迴圈則沒有。

9.7 比較重複結構

比較三種迴圈，可以發現「執行次數」上的差別：

表 9-2　Java 迴圈比較表

迴圈種類	執行次數
while	執行 0 到多次。
do-while	執行 1 到多次。
for	執行事先定義的次數。

方法的設計與使用 10

10.1　使用方法

Java 類別裡的方法（method），過去我們已經有很多的使用經驗，在本章節中，我們要做更進一步的介紹。

10.1.1　宣告方法

方法的宣告語法：

🖥 **語法**

```
[modifiers] return_type method_identifier ( [arguments] ) {
    method_code_block
}
method_identifier：方法名稱，必要
```

return_type：回傳型別，必要

[modifiers]：修飾詞，非必要

[arguments]：輸入參數，非必要

如：

```
1   class Shirt {
2       public void display() {
3           //method_code_block
4       }
5   }
```

💬 **說明**

2-4	為方法區塊：
	方法名稱之後必須加 ()，是和屬性的區別。
	回傳型態使用 void，表示沒有回傳。
	() 之內沒有內容，表示該方法沒有輸入參數。

│10.1.2　呼叫方法

若要呼叫類別的方法，則必須建立該類別的物件，取得物件參考/遙控器後，使用「.」運算子，呼叫該方法。如以下範例行 3、4：

```
1   public class ShirtTest {
2       public static void main (String args[]) {
3           Shirt myShirt = new Shirt();
4           myShirt.display();
5       }
6   }
```

這種方法「呼叫者」和「被呼叫者」之間的關係，可以用下圖表示。把呼叫者方法稱爲「caller」；而被呼叫者，也就是實際工作的方法，稱爲「worker」。

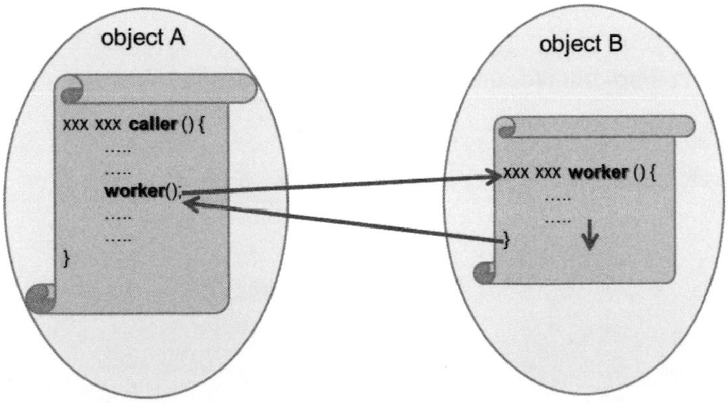

圖 10-1　方法呼叫示意圖

以下還有一個過去使用過方法呼叫的範例。

被呼叫者（worker）：

🚀 **範例：/java11-ocp-1/src/course/c10/MyElevator2.java**

```
1    public class MyElevator2 {
2        public boolean open = false;
3        // 其他程式碼
4        public void toFloor(int targetFloor) {
5            while ( currentFloor != targetFloor ){
6                if (currentFloor < targetFloor) {
7                    up();
8                } else {
9                    down();
10               }
11           }
12       }
13       public boolean isDoorOpen() {
14           return open;
15       }
16   }
```

💬 **說明**

4	方法宣告為必須輸入 int 型態的目標電梯樓層。
13	方法宣告回傳 boolean 型態。

呼叫者（caller）：

🚀 **範例**：**/java11-ocp-1/src/course/c10/MyElevatorJumpTest.java**

```
1    public class MyElevatorJumpTest {
2        public static void main(String[] args) {
3            MyElevator2 test = new MyElevator2();
4            test.toFloor(5);
5            boolean isOpen = test.isDoorOpen();
6        }
7    }
```

💬 **說明**

4	呼叫方法時傳入參數。
5	呼叫方法後取得回傳結果。

如果呼叫者和被呼叫者都是自家人，就不需要物件參考／遙控器；或是使用「this」關鍵字，就是自己的意思，想像為指向自己的另類遙控器，如以下範例行 5 與行 8。

```
1    public class MyElevator2 {
2        public boolean open = false;
3        // 其他程式碼
4        public boolean isDoorOpen() {
5            return this.open;
6        }
7        public void open() {
8            if (!this.isDoorOpen() ) {
9                //...
10           }
11       }
12   }
```

💬 **說明**

4	類別定義 isDoorOpen() 方法，將在第 8 行程式碼被另一個自家的 open() 方法呼叫。
8	使用 this 關鍵字呼叫自家類別的方法：this.isDoorOpen()。

10.1.3　使用方法的關注點與好處

使用方法的關注點與好處有以下幾個面向：

1. 方法是物件的行爲。設計類別時，需要實作方法讓物件可以表現自己的行爲。像上樓、下樓、開門、關門都是電梯物件的行爲，就必須在設計類別時撰寫這些方法的內容。

2. 方法應該具備獨立的功能或邏輯性，讓程式可讀性高，並易於維護。

3. 可以增加程式「可重複使用性」（reusability），減少重複的程式碼。比如說，我們在電梯類別裡先建立了上樓 up()、下樓 down() 的方法，在爾後建立直達某樓層：toFloor() 的方法時，就可以使用迴圈結構直接呼叫 up()、down() 方法，不需要在toFloor() 的方法裡再實作一次上樓 / 下樓的基本邏輯。

4. 透過呼叫者和被呼叫者之間的呼叫，讓不同物件互動。

10.2　宣告 static 方法和變數

Java是物件導向的程式語言，需要以類別產生物件後，才能使用物件的屬性和方法。

Java 裡的 static 關鍵字，就字面上翻譯是「靜態」，所以「靜態方法或變數」，就是指加上 static 修飾詞後的方法或變數。使用 static 修飾詞，在物件導向的程式開發裡是一個另類的作法，因爲在類別設計時若把屬性或方法加上 static 修飾詞，則該屬性或方法，使用上就不需要先產生物件，亦即直接使用類別，就能呼叫 static 方法和變數。

過去我們曾經用過 Math.PI、Math.random()、Math.round() 等屬性或方法，再次檢視這些相關範例時，您會發現我們未曾使用過 new Math() 這樣的語法產生 Math 物件，卻能直接呼叫 Math 類別的屬性和方法，這就是 static 修飾詞的作用之一。

接下來，將告訴您更多關於 static 的內容。

│10.2.1 沒有 static 時的情況

我們都知道圓面積的計算公式是「圓周率 × 半徑 × 半徑」，現在設計一個 Circle0 的圓類別初版來計算圓面積，如下：

🚀 **範例：/java11-ocp-1/src/course/c10/Circle0.java**

```
1    public class Circle0 {
2        private double radius;
3        final double PI = 3.1415926;
4        public void setRadius(double r) {
5            this.radius = r;
6        }
7        public double getArea() {
8            return this.radius * this.radius * PI;
9        }
10       public static void main(String[] args) {
11           // 建立一個 Circle:c1 物件，其半徑 =1，並取得其面積
12           Circle0 c1 = new Circle0();
13           c1.setRadius(1);
14           System.out.println(c1.getArea());
15           // 建立一個 Circle:c2 物件，其半徑 =10，並取得其面積
16           Circle0 c2 = new Circle0();
17           c2.setRadius(10);
18           System.out.println(c2.getArea());
19       }
20   }
```

🧩 **結果**

```
3.1415926
314.15926
```

回想一下，我們曾說過類別（class）是藍圖，用來製作出不同的物件（object）；每個物件都是記憶體裡獨立的存在，稱為「實例」（instance）。我們再利用物件參考（遙控器）進行方法呼叫，達成最後目的。這樣的過程和結果對於已經熟練物件導向概念的我們，一切都很自然，沒有意外。

但進一步思考，特別是想想在電腦記憶體裡面發生的事，可以發現 2 個問題：

1. 每一個被產生出來的 Circle 物件，都會有一個資料成員 PI，都會占據記憶體一個 double 型別的空間；就數學上 PI 是一個常數，若每個 Circle 物件都各有一份 PI，是不是有點浪費？不能只產生 1 份 PI，然後所有物件共享嗎？

2. 圓面積的計算是大家都知道的公式，為了計算一個數學公式，每次都必須用 new Circle() 產生物件嗎？是不是有點浪費記憶空間？可以不使用物件嗎？可以比照 Math.random() 或是 Math.round(double) 的方式，使用類似 Circle.getArea(double)，求得面積嗎？也回憶一下基本型別的使用情境。

以上 2 個問題推究根本原因，都和「物件的過度使用」有關，在 Java 裡可以將類別的屬性和方法的宣告加上 static 修飾詞來解決。

10.2.2　使用 static 來解決問題

針對上一節的問題，處理方式為：

1. 為了解決「PI 變數無法共享」的問題，使用 static 欄位。

2. 為了解決「需要使用物件計算面積」的問題，使用 static 方法。

將類別升級為 Circle1（第一版），如下：

🚀 **範例：/java11-ocp-1/src/course/c10/Circle1.java**

```
1    public class Circle1 {
2        private double radius;
3        static final double PI = 3.1415926;
4        public void setRadius(double r) {
5            this.radius = r;
6        }
7        public double getArea() {
8            return this.radius * this.radius * PI;
9        }
10       // 此為公式，結果只和輸入參數有關
11       static double areaFormula(double r) {
12           return r * r * PI;
13       }
14       public static void main(String[] args) {
15           System.out.println(Circle1.PI);
16           // 圓半徑為 1，求面積
```

```
17              System.out.println(Circle1.areaFormula(1));
18              // 圓半徑為 10，求面積
19              System.out.println(Circle1.areaFormula(10));
20          }
21    }
```

💬 說明

3	原屬性欄位可以直接加上 static 修飾詞。
7	原方法「不能」直接加上 static 修飾詞。因為方法加上 static 修飾詞後，若要在該方法內使用自己類別的其他欄位和方法，就必須同屬於 static；然目前方法內有 this.radius 不屬於 static。
10-12	另外建立 static 方法，藉由輸入參數來計算圓面積。
15 17,20	要使用 static 的欄位和方法，因為和物件無關，不需要使用物件參考 / 遙控器。可以直接使用「類別名稱」，加上「.」運算子。

10.2.3　static 宣告的意義

在先前範例裡，加上 static 宣告後，該欄位或方法在記憶體裡只會有一份，讓所有物件共享。但這一份究竟存在甚麼地方？由前一範例呼叫 static 欄位或屬性時必須使用類別名稱，如：

```
1    Circle1.PI
2    Circle1.areaFormula(1)
```

不難猜出這唯一的一份資料是放在**類別**裡。

如下示意圖，由常理推斷，因為所有 Circle 物件都由同一個 Circle 類別產生；若希望所有 Circle 物件都可以共用同一份資料，自然是放在類別上會比較合適。

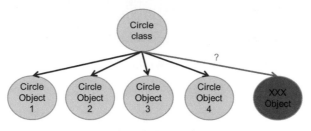

圖 10-2　物件共享類別成員示意圖

而共享於 Circle 類別上的 static 方法與屬性，不只 Circle 物件可以使用，其他物件也同樣可以使用。

再由 Java 執行程式的角度來看。當我們在主控台執行以下命令時：

```
1    javac Hi.java
2    java Hi
```

Java 會啟動 JVM，將「編譯好的 Hi 類別檔」和「Java SE 的基礎函式庫」一同透過「Class Loader」載入記憶體，然後 Java 開始使用 Hi 類別生成 Hi 物件進行任務。

因為 Hi 類別也會載入記憶體，在記憶體中占一席之地，因此在類別上放共用的資料，也相當合理。加上類別只載入一次，物件實例化卻不限次數，因此類別在 JVM 裡只有一份，絕對是分享資料的最佳人選。

類別載入記憶體的示意圖如下：

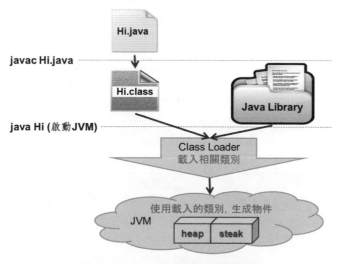

圖 10-3　Java 類別載入記憶體示意

因爲類別內的「欄位和屬性」的宣告都可以使用 static 修飾詞，所以定義在類別內的所有屬性和方法，可以由是否以 static 宣告分成兩類：

1. **未使用 static 宣告**：使用這類的欄位和方法時都必須先產生物件，再使用物件參考去呼叫。因爲和「物件」息息相關，所以稱爲「物件成員」（object member）。

2. **使用 static 宣告**：因爲只用「類別」名稱就可以呼叫方法和欄位，所以稱爲「類別成員」（class member）。

關於物件成員和類別成員，有幾件事是要注意的：

1. 兩種成員的使用步驟不同。依類別與物件成員整理如下：

表 10-1　使用類別與物件成員比較表

成員分類	使用步驟
類別成員	1. 類別定義（＊.class）載入 JVM。 2. 以類別名稱呼叫。
物件成員	1. 類別定義（＊.class）載入 JVM。 2. 使用類別定義產生物件。 3. 以物件參考呼叫。

2. 同一個類別裡，只要有類別存在就可以使用類別成員，物件成員卻必須以類別建立物件後才能使用，因此先有類別成員，才有物件成員，所以物件成員可以呼叫類別成員，但類別成員不能呼叫物件成員。若不小心犯了這個錯誤，Eclipse 會顯示相關編譯錯誤訊息「Cannot make a static reference to the non-static field XXX」或「Cannot make a static reference to the non-static method XXX() from …」。

3. 因爲每個類別只載入 1 次，所以類別成員在 JVM 裡是唯一存在。

4. 因爲類別成員比物件成員更早存在，因此語法上也可以透過物件參考取得 static 成員，但不建議，因爲容易造成混淆。

表 10-2　類別成員使用方式

	建議使用	不建議使用
Circle c1 = new Circle();	Circle.PI	c1.PI
	Circle.getArea(1)	c1.getArea(1)

10.2.4 static 宣告的時機

Static 欄位與方法的作用之一，是提供公用類別函式。Java 將數學常用常數或計算公式，以 static 宣告並撰寫，之後透過類別名稱來管理與取用這些函式，例如 Math. exp、Math.log()、Math.sin() 等。事實上，像圓周率 PI 這個常數，在 Math.PI 就有定義，我們可以直接呼叫使用，不需要自己再建立。

雖然目前我們只提到和數學比較相關的計算公式，亦即先輸入參數，再進行計算，最後輸出結果，但實務上只要方法（method）的內容不涉及物件狀態，亦即不含物件成員，方法的執行結果只和輸入參數有關，就可以考慮使用 static 宣告。

另外，先前曾經介紹過「main」方法，因為被賦予啟動 Java SE 的程式的特殊功能，不屬於物件自己的行為，也是使用「static」宣告。

🖥 語法

```
public static void main (String[] args) {
    method_code_block
}
```

現在，我們把圓類別再做一次整理，升級為 Circle2（第二版），如下：

🚀 範例：/java11-ocp-1/src/course/c10/Circle2.java

```
1    public class Circle2 {
2        private double radius;
3        // static final double PI = 3.1415926;
4        public void setRadius(double r) {
5            this.radius = r;
6        }
7        public double getArea() {
8            return areaFormula(this.radius);
9        }
10       // 此為公式，結果只和輸入參數有關
11       static double areaFormula(double r) {
12           return r * r * Math.PI;
13       }
14       public static void main(String[] args) {
15           System.out.println(Circle1.PI);
```

```
16              // 圓半徑為1，求面積
17              System.out.println(Circle1.areaFormula(1));
18              // 圓半徑為10，求面積
19              System.out.println(Circle1.areaFormula(10));
20          }
21      }
```

💬 **說明**

3	移除第 3 行。因為 Math.PI 已經定義圓周率，可以直接使用。
8	避免計算圓面積的公式重複，以物件方法 getArea() 直接呼叫類別方法 areaFormula()，參數是物件屬性 this.radius 的值。
12	改用 Math.PI。

10.2.5　Java 內 static 範例

Java 內具有 static 成員的類別很多，以 Math 類別和 System 類別為例，列舉幾個 static 成員給讀者參考。

Math 類別：

1. **指數**：Math.exp(double a)。

2. **對數**：Math.log(double a)。

3. **三角函數**：Math.sin(double a)。

4. **隨機浮點數**：Math.random()。

5. **數學常數**：Math.PI。

System 類別：

1. **取得環境變數**：System.getenv()。

2. **取得標準輸入輸出串列**：System.out。

3. **結束程式**：System.exit()。

10.3　建立多載（Overloaded）的方法

10.3.1　方法的簽名

再看一次方法的宣告語法：

🖥️ **語法**

```
[modifiers] return_type method_identifier ( [arguments] ) {
    method_code_block
}
```

以下合併稱為「方法簽名」（method signature）：

1. 方法名稱（method_identifier）。

2. 參數（arguments）。

單字 signature 中文解釋為「簽名」。以我們的生活經驗，簽名用來識別身分，因此類別內真正用來識別方法的，不只「方法名稱」，還必須加上「參數」，所以每一個方法的簽名必須不同，否則類別無法編譯，因為方法重複。

此外，因為參數的數量可以有零至多個，因此有 3 個考量方向：

1. 數量。

2. 順序。

3. 型態。

只要有一個不同，就算不同。「參數名稱」則無須考量。

知道「方法簽名」和「方法名稱」的不同之後，了解 Java 的「多載」（Overloading）就變得很容易。

🎤 **小祕訣**　很多較嚴謹的手續，會要求客戶必須親自簽名，不能只使用印章。因為印章上只刻了人的姓名，而人的姓名可以重複；然每個人簽名的字跡都不同，因此用來代表每個不同的人。姓名可以重複，就像方法的名稱可以重複；但類別內每個方法必須實際不同，所以編譯器若發現簽名相同的方法，將編譯失敗。

│ 10.3.2　方法的多載（Overloading）

同一個類別內，若有方法名稱相同，但簽名不同（否則無法編譯），就稱為「多載」（Overloading）。當類別內有多個方法「功能相近」，只是每個方法的參數型態、數量不同，就可以使用多載進行程式設計。接下來設計一個加法計算機類別來驗證它的好處。

我們以前使用數學進行加減乘除的計算時，不用考慮運算元的型態或型別，但使用Java時，因為方法的參數型態、個數、順序不同都必須考慮，因此為了實作一種功能，會必須建立多個方法。

然而，呈現給使用者的介面，通常愈簡單愈好；因為都是加法，只是參數型態和個數可能不同，所以可以使用多載設計。

🚀 **範例：/java11-ocp-1/src/course/c10/Calculator.java**

```
1    public final class Calculator {
2        public static int sum (int i1, int i2) {
3            return i1 + i2;
4        }
5        public static float sum (float f1, int i2) {
6            return f1 + i2;
7        }
8        public static float sum (int i1, float f2) {
9            return i1 + f2;
10       }
11   }
```

如此，使用者只要記住一個方法名稱 sum()，就可以處理所有參數類型的加法。

🚀 **範例：/java11-ocp-1/src/course/c10/CalculatorTester.java**

```
1    public class CalculatorTester {
2        public static void main(String[] args) {
3            int totalOne = Calculator.sum(2, 5);
4            System.out.println(totalOne);
5            float totalTwo = Calculator.sum(12.9f, 12);
6            System.out.println(totalTwo);
7            float totalThree = Calculator.sum(12, 12.9f);
```

```
8            System.out.println(totalThree);
9        }
10   }
```

相對的，若 Java 沒有提供多載的作法，程式碼可能變成這樣：

🚀 **範例：/java11-ocp-1/src/course/c10/CalculatorBadPractice.java**

```
1    public final class CalculatorBadPractice {
2        public static int sumForInt (int i1, int i2) {
3            return i1 + i2;
4        }
5        public static float sumForFloatAndInt (float f1, int i2) {
6            return f1 + i2;
7        }
8        public static float sumForIntAndFloat (int i1, float f2) {
9            return i1 + f2;
10       }
11   }
```

這樣，使用者必須準確呼叫每一種加總的方法，不能弄錯，變得很不方便。

🚀 **範例：/java11-ocp-1/src/course/c10/CalculatorTester4BadPractice.java**

```
1    public class CalculatorTester4BadPractice {
2        public static void main(String[] args) {
3            int totalOne = CalculatorBadPractice.sumForInt(2, 5);
4            System.out.println(totalOne);
5            float totalTwo = CalculatorBadPractice.sumForFloatAndInt(12.9f,
                                                                      12);
6            System.out.println(totalTwo);
7            float totalThree = CalculatorBadPractice.sumForIntAndFloat(12,
                                                                        12.9f);
8            System.out.println(totalThree);
9        }
10   }
```

10.3.3　Java 使用多載的範例

過去我們經常使用的 System.out.println() 方法，就是 Java 裡使用方法多載的最佳範例，這樣就知道為何看似同一個方法，卻可以輸入不同型別的參數，這是一個很方便的設計。

表 10-3　println() 的多載方法列表

Method	Use
void println()	斷行。
void println(boolean x)	印出 true / false 的值並斷行。
void println(char x)	印出字元的值並斷行。
void println(char[] x)	印出字元陣列的值並斷行。
void println(double x)	印出 double 的值並斷行。
void println(float x)	印出 float 的值並斷行。
void println(int x)	印出 int 的值並斷行。
void println(long x)	印出 long 的值並斷行。
void println(Object x)	印出 Object 的值並斷行。
void println(String x)	印出 String 的值並斷行。

10.4　認識 Java 傳遞變數的機制

10.4.1　變數值傳遞的發生情境

Java 在 2 種情況時需要傳遞（pass）變數值：

1. 由指定運算子「=」右側，將值（value）傳遞給左側變數。

2. 透過方法宣告的參數，將值由呼叫者方法傳遞進入被呼叫者方法中。

這樣的過程可能已經在我們的程式碼裡發生千次萬次，只是過去沒有特別去注意。您認為以下的範例會得到甚麼樣的結果？

範例：/java11-ocp-1/src/course/c10/PassByValueTest.java

```
1    public class PassByValueTest {
2        public static void main(String[] args) {
3            testPrimitive();
4            testReference();
5        }
6        private static void testPrimitive() {
7            int x = 10;
8            int y = x;
9            x = 5;
10           System.out.println("y = " + y);
11       }
12       private static void testReference() {
13           Shirt x = new Shirt();
14           x.size = 5;
15           Shirt y = x;
16           x.size = 4;
17           System.out.println("Shirt size = " + y.size);
18           modifyShirt(x);
19           System.out.println("Shirt size = " + x.size);
20       }
21       private static void modifyShirt(Shirt s) {
22           s = new Shirt();
23           s.size = 3;
24       }
25   }
```

結果

```
y = 10
Shirt size = 4
Shirt size = 4
```

這樣的結果讓您訝異嗎？ Java 傳遞變數值的機制，不只是認證考試的熟面孔，很多企業在面試的時候，也喜歡出類似的問題。要了解爲何結果如此，就必須先知道 Java 是使用「Pass by Value」來傳遞變數值。

10.4.2　傳遞變數值

傳遞（pass）變數值時，無論是「基本型別」或「參考型別」都是「複製」變數本身的值（value）做傳遞，所以稱為「Pass by Value」，但兩者對「值」（value）的定義不同：

1. **參考型別**：若變數屬於參考型別，則**複製**物件參考（遙控器）後進行傳遞。複製前後雖遙控器不同，但都指向原物件。

2. **基本型別**：若變數屬於基本型別，因為沒有遙控器的概念，因此直接**複製**變數值，如同影印機複製「原稿」後產生「副本」，兩者各自獨立。

因為值（value）都會經過複製（copy），所以有些時候也稱為「Pass by Copy」。若以記憶體配置來看，參考型別的 Pass by Copy 會是如此：

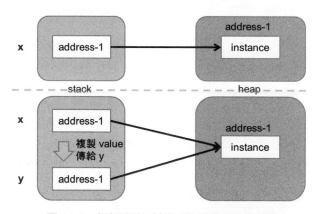

圖 10-4　參考型別資料傳遞記憶體配置示意圖

基本型別的 Pass by Value / Copy 會是如此：

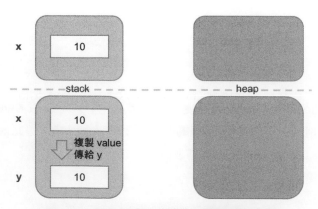

圖 10-5　基本型別資料傳遞記憶體配置示意圖

再檢視先前範例的局部程式碼。經過：

```
18          modifyShirt(x);
19          System.out.println("Shirt size = " + x.size);
```

後仍輸出：

結果

```
Shirt size = 4
```

是因為一開始傳入 modifyShirt() 方法的物件參考的確仍指向原物件，但由於在方法內又將物件參考指向另一個新建構的物件實例，故方法內 / 外的物件參考已經參照不同的物件實例。在方法**內**修改的新建構的物件實例，將不影響方法**外**的原物件實例。

物件導向程式設計（一） 11

11.1 認識封裝

11.1.1 封裝的目的

「封裝」（Encapsulation）是物件導向（Object-Oriented）程式設計的重要一環。

封裝可以藉由將物件的屬性 / 欄位設定為「private」，來達到隱藏的效果，使除了物件自己之外，其他物件均無法存取。

然而，若物件欄位設為「private」，且沒有其他配套，則欄位將「完全」無法和外界物件互動，這並不是封裝的目的。封裝目的在提高安全性，並非阻絕合理的存取。

因此我們針對該欄位（field）特別建立：

1. 取得欄位值的方法，又稱為「getter() 方法」。

2. 設定欄位值的方法，又稱為「setter() 方法」。

然後在 getter() 和 setter() 方法裡做一些處理，如在設定欄位前檢查欲設定的值是否合理，在取得欄位值前檢查是否具備權限等，這樣封裝的效益就可以完全呈現。

│ 11.1.2　欄位封裝的目的與作法

為什麼要封裝欄位？可以用以下範例解答疑惑。

首先建立具備 public 欄位 age 的 Person0 類別，如下：

🚀 範例：/java11-ocp-1/src/course/c11/Person0.java

```
1    public class Person0 {
2        public int age;
3    }
```

public 的欄位表示完全不設限，物件可以隨意設定年齡，即便是一個不合理年齡。

🚀 範例：/java11-ocp-1/src/course/c11/PersonTest.java

```
1        public static void testPerson0() {
2            Person0 p = new Person0();
3            p.age = 200;
4            System.out.println(p.age);
5        }
```

現在將欄位封裝，改為 private；並提供 public 的 getter()、setter() 方法，讓物件的欄位可以被存取，其中 setter() 方法規定設定的年齡僅能介於 1-120 歲間，如下：

🚀 範例：/java11-ocp-1/src/course/c11/Person1.java

```
1    public class Person1 {
2        private int age;
3        public void setAge(int age) {
4            if (age >= 1 && age <= 120)
5                this.age = age;
6        }
7        public int getAge() {
8            return this.age;
9        }
10   }
```

說明

3-6	setter() 方法：將欄位名稱第一個字母改大寫為 Age，前面加上「set」成為 setAge() 方法，用來**設定**對應的欄位值。
7-9	getter() 方法：將欄位名稱第一個字母改大寫為 Age，前面加上「get」成為 getAge() 方法，用來**取得**對應的欄位值。

測試 Person1 類別：

範例：**/java11-ocp-1/src/course/c11/PersonTest.java**

```
1       public static void testPerson1() {
2           Person1 p = new Person1();
3           // p.age = 200;     //compile error
4           p.setAge(200);
5           System.out.println(p.getAge());
6           // System.out.println(p.age);    // compile error
7       }
```

如此，除年齡設定只能介於 1-120 間外，直接存取 Person1 物件的欄位 age 如行 3 和行 6 也會導致編譯失敗。

11.1.3 方法封裝的目的與作法

回顧先前我們對類別 MyElevator2 設計的 toFloor() 方法：

範例：**/java11-ocp-1/src/course/c09/MyElevator2.java**

```
1     public class MyElevator2 {
2       public final int MAX_FLOOR = 10;
3       public final int MIN_FLOOR = 1;
4       public boolean open = false;
5       public int currentFloor = MIN_FLOOR;
6       // 電梯 開門
7-15    public void open() {…}
16      // 電梯 關門
17-25   public void close() {…}
26      // 電梯 上樓
27-39   public void up() {…}
```

```
40        // 電梯 下樓
41-53     public void down() {…}
54        public void toFloor(int targetFloor) {
55          while (currentFloor != targetFloor) {
56            if (currentFloor < targetFloor) {
57              up();
58            } else {
59              down();
60            }
61          }
62        }
63      }
```

一棟公寓裡只有一座電梯，但假如數個樓層剛好都有使用者想乘坐電梯，則 MyElevator2 類別該如何修改設計來因應？

我們知道了直達某一個樓層的方法內容不需要修改，需要處理的應該是電梯要有一個機制，能把每一個使用者對電梯的「服務請求」依照順序記錄下來，讓電梯可以在服務完某個使用者後，趕緊依據記錄到下個目標樓層去服務下個使用者。甚至有更聰明的機制，可以「順道」接送其他使用者，以節省能源。

所以，我們可以將電梯類別升級到 MyElevator3（第三版）：

1. 新增一個 service() 的方法；該方法內部會使用「佇列」（Queue）的概念儲存所有服務要求，並依順序呼叫原先的 toFloor() 方法。該方法因為是讓所有使用者使用，所以宣告為 public。

2. 此時 toFloor() 方法因為不具備同時處理多個需求的能力，所以宣告為 private 不再公開，只允許 service() 方法由內部呼叫。

修改後的電梯示意如下。這就是針對「方法」進行「封裝」的思考過程：

🚀 範例：**/java11-ocp-1/src/course/c11/MyElevator3.java**

```
1        public void service(int targetFloor) {
2          // 使用佇列 (Queue) 儲存所有服務要求
3          // 依順序呼叫原先的 toFloor() 方法
4        }
5        private void toFloor(int targetFloor) {
6          while (currentFloor != targetFloor) {
```

```
 7              if (currentFloor < targetFloor) {
 8                  up();
 9              } else {
10                  down();
11              }
12          }
13      }
```

> **小知識**　「佇列」（Queue）是一種資料結構，在 Java 裡以介面 Queue 來代表。介面 Queue 和類別 ArrayList 都屬於集合／容器物件的一種，可以不斷新增成員。取出成員時，則是依循「先進先出」的概念，會先取出先放進去的成員，就和排隊購票的概念一樣，先排進隊伍的，就可以先買到車票而優先離開隊伍。介面 Queue 和其實作在本書下冊會有介紹。

11.1.4　方法封裝的進階目的

由以上封裝電梯類別的方法的過程，可以知道封裝方法的要點：

1. 類別的商業邏輯**實作細節**應該盡可能 private。類別設計只留必要的 public 方法供外部物件呼叫，並**轉呼叫**內部 private 的商業邏輯方法。

2. 此時 public 方法不具商業邏輯，因此變動機率相對低；這類方法因為專供其他物件呼叫，也應該盡量減少方法宣告的更動（如修改參數型態與個數、回傳型態或方法名稱等），避免造成其他呼叫者類別的修改。

3. 因為這類 public 方法是和物件互動唯一的窗口，我們也稱這些方法是類別的介面（interface）上的 public 方法。

如此，未來程式擴充時，僅需修改 private 方法的商業邏輯實作內容，毋須異動介面（interface）上的公開方法；方法呼叫者自然也就不需一併更動，可以減少 bug 發生的機率。

生活裡常常可以看到「介面」這個詞彙，只是它的概念比較抽象，不容易理解。建議可以用另一個詞彙「人機介面」來感受介面的意涵。

一支手機可以有很多的功能，有些適合讓消費者直接使用，有些不適合。對於不適合顯示的功能，手機設計者會使用「人機介面」，如機殼按鍵，或軟體操作等方式來巧妙隱藏。

手機都會升級，但還是會保留原來的人機介面操作方式，讓消費者不會感到陌生，也不用改變原先的操作習慣，因為製造商不想因此流失忠實客戶。

這就對比到類別設計裡「封裝方法」的意義：

1. 把商業邏輯 / 機密封裝，不讓類別外部的方法接觸。

2. 維持介面上的方法不變，避免呼叫者程式碼頻繁更動。

更進一步說，只要維持介面上的東西不變，介面下的軟硬體設計方式是可以完全不同的。比如說：

1. 機殼上一樣的相機鏡頭凹槽，和一樣的拍照軟體，但鏡頭等級可能大提升，也可以新增防手震、自動對焦等功能。

2. 手機外觀一樣，但硬體效能有大幅升級。

這就是物件導向程式設計裡「多型」的概念。**只要維持介面上的表象不變，介面下的實作功能可以大不同。**

所以，**方法的「封裝」是實現「多型」概念的必要手段**。在認證考試中，有些時候會有這類的敘述題，需要注意。

11.2　使用建構子

11.2.1　使用建構子的時機

回顧之前的 Shirt 類別，再幫它增加幾個 private 欄位，並完整建立 getter、setter() 方法，成為 Shirt0 類別：

🚀 **範例**：**/java11-ocp-1/src/course/c11/Shirt0.java**

```
1    public class Shirt0 {
2        private char colorCode;
3        private String description;
4        private double price;
5        private int size;
6        public char getColorCode() {
```

```
7            return colorCode;
8        }
9        public void setColorCode(char colorCode) {
10            this.colorCode = colorCode;
11        }
12        public String getDescription() {
13            return description;
14        }
15        public void setDescription(String description) {
16            this.description = description;
17        }
18        public double getPrice() {
19            return price;
20        }
21        public void setPrice(double price) {
22            this.price = price;
23        }
24        public int getSize() {
25            return size;
26        }
27        public void setSize(int size) {
28            this.size = size;
29        }
30        public void show() {
31            System.out.println("price=" + price + ", size=" + size);
32        }
33    }
```

使用 Shirt0 類別建立物件，並先後呼叫 4 個 setter() 方法，最後呼叫 show() 方法顯示物件內容：

🚀 範例：**/java11-ocp-1/src/course/c11/Shirt0Test.java**

```
1    public class Shirt0Test {
2        public static void main(String args[]) {
3            Shirt0 s0 = new Shirt0();
4            // set values
5            s0.setColorCode('R');
6            s0.setDescription("Outdoors Function");
7            s0.setPrice(45.12);
8            s0.setSize(20);
```

```
 9              s0.show();
10        }
11    }
```

這樣的程式碼完全正確，也已經使用了封裝的概念，但這裡有一個潛藏的風險。物件建立後，可以使用各 setter() 方法設定屬性欄位，可是一旦欄位變多時，依賴眾多 setter() 方法逐欄位設定，會有遺漏的可能，進而造成某些方法執行不如預期，這種風險可以使用「建構子」（constructor）解決，就是接下來要介紹的內容。

11.2.2 設計建構子

類別的「建構子」和「方法」的宣告與實作方式很相似，但有關鍵性的不同：

1. 建構子名稱必須和類別名稱一樣。

2. 沒有回傳，也不是 void。

3. 可以使用多載（Overloading）。因為建構子名稱必須和類別名稱相同，所以只能有一種名稱；若有多個建構子同時存在，參數必定不同。

4. 建構子（Constructors）會在建構物件過程中被 Java 呼叫，故名。主要用來初始化物件的屬性欄位。

建構子的宣告語法如下：

🖳 語法

```
[modifiers] class ClassName {
    [modifiers] ClassName ([arguments]) {
        code_block
    }
}
1. 第一個 ClassName 是類別名稱
2. 第二個 ClassName 是建構子名稱
```

因為 show() 方法的正常執行需要欄位 price 和 size 有值，因此為 Shirt0 類別加上傳入 price 和 size 參數的建構子，成為 Shirt1 類別，如下：

📖 範例：**/java11-ocp-1/src/course/c11/Shirt1.java**

```java
1   public class Shirt1 {
2       private char colorCode;
3       private String description;
4       private double price;
5       private int size;
6       public Shirt1(int size, double price) {
7           this.setSize(size);
8           this.setPrice(price);
9       }
10      public void setPrice(double price) {
11          this.price = price;
12      }
13      public void setSize(int size) {
14          this.size = size;
15      }
16      public void show() {
17          System.out.println("price=" + price + ", size=" + size);
18      }
19      // others methods
20  }
```

💬 說明

6-9	定義建構子。

11.2.3 使用建構子建立新物件

Shirt1 建構子建立完成後，該如何使用？回想第六章介紹參考型別時關於建立物件的
方式。那時候提到建立物件的第 2 個步驟是必須「實例化」（instantiation），語法為：

💻 語法

```
new Classname();
```

在「new」關鍵字後面的「Classname()」，其實就是建構子，所以所謂「實例化」，
就是使用 new 關鍵字來呼叫建構子，在記憶體空間 heap 裡建立物件實例。

建構子的定義類似方法，但呼叫時必須在建構子前面加上 new 關鍵字。以下示範使用建構子建立物件並測試：

🚀 **範例：/java11-ocp-1/src/course/c11/Shirt1Test.java**

```
1    public class Shirt1Test {
2        public static void main(String[] args) {
3          // Shirt1 s1 = new Shirt1();
4            Shirt1 s1 = new Shirt1(20, 45.12);
5            s1.show();
6            s1.setColorCode('R');
7            s1.setDescription("Outdoors Function");
8          // s1.setPrice(50);
9          // s1.setSize(19);
10       }
11   }
```

💬 **說明**

3	本行無法通過編譯，將顯示「constructor Shirt1() is undefined」。
4	使用 new 關鍵字呼叫新建構子，必須強制傳入 size 和 price 兩個屬性欄位，如此當 show() 方法使用欄位 size 和 price 時，就不會有遺漏的問題。
8-9	已經利用建構子設定參數值，不再需要呼叫 setPrice() 與 setSize() 方法。

關於行 3 無法編譯的情況，必須更深入了解 Java 對於建構子的使用邏輯：

1. 若開發者沒有在類別中自定義建構子，Java 將自動提供「預設建構子」（default constructor），該建構子為沒有參數，而且開發者看不到，所以先前建立物件時，雖然類別裡沒有特別定義建構子，還是可以直接使用無參數的預設建構子：

```
1    Shirt0 s0 = new Shirt0();
```

2. 反之，若開發者自定義建構子，則 Java 將「不」提供「預設建構子」，所以以下程式碼編譯失敗：

```
1    Shirt1 s1 = new Shirt1();
```

3. 若有自定義建構子，但仍需要使用「無參數」的建構子，就必須自己建立，此時稱為「無參數建構子」（no-args constructor）。

4. 建構子允許多個，因此可以藉由多載（Overloading）建立其他參數不同的建構子。建構子之間若要互相呼叫，必須使用「this」關鍵字加上參數。因為建構子串聯呼叫，像鏈子（chain）般鏈結，可以稱為「chaining constructors」。

現在，升級 Shirt1 類別至 Shirt2，並建立「無參數建構子」和其他多載建構子：

🚀 **範例：/java11-ocp-1/src/course/c11/Shirt2.java**

```
1   public class Shirt2 {
2       private char colorCode;
3       private String description;
4       private double price;
5       private int size;
6
7       public Shirt2() {
8       }
9
10      public Shirt2(int size, double price, char colorCode) {
11          this(size, price);
12       // Shirt2(size, price); //Error!! Java will try to find method
                                                             "Shirt2()"
13          this.setColorCode(colorCode);
14      }
15
16      public Shirt2(int size, double price) {
17          this.setSize(size);
18          this.setPrice(price);
19      }
20      // others methods
21  }
```

💬 **說明**

7-8	自己建立無參數建構子。
10-14	建立多載建構子，需要 3 個屬性欄位。

| 12 | 在建構子中呼叫另一個建構子，必須使用 this 關鍵字呼叫，不可以直接呼叫建構子。

雖然使用 Shirt2(size, price) 呼叫另一個建構子感覺比較直觀，但 Java 會把它當成要呼叫某一個名為 Shirt2() 的方法，因此無法通過編譯。 |

這樣，因為不同建構子會要求輸入不同的參數，建立 Shirt2 物件就有多種方式可以選擇。

11.3　認識繼承

11.3.1　何謂繼承？

「繼承」（inheritance）是物件導向程式的重大特徵之一。

在討論程式設計的「繼承」概念之前，先了解在現實世界裡「繼承」所代表的意涵：

1. 繼承若在法律層面，談的多半是被繼承人身故後，財產方面的移轉。

2. 繼承若在精神方面，有「繼承遺志」的說法，談的是完成前人未完成的事情。

3. 繼承若在行為方面，則關係到父母親和子女間在行為上的相似，所以有「龍生龍、鳳生鳳，老鼠生的兒子會打洞」的俚語。

4. 即便繼承，也可以走自己的路，所以可以「青出於藍而勝於藍」。

接下來看看物件導向的繼承世界，和我們的生活有多麼相似。

11.3.2　自然界生命的分類與繼承

自然界的生命種類很多，了解到各「物種」的屬性和行為方式的不同，生物學領域裡使用「界、門、綱、目、科、屬、種」等七種階層來做分類（class），有些讀者可能在過去國中的教科書上看過相關介紹。若以我們人類和狗為例，可以得到以下分類結果：

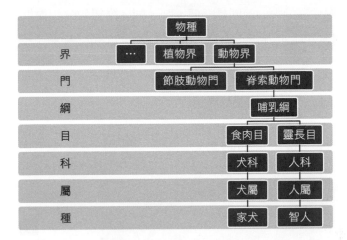

圖 11-1 自然界分類示意圖

在大自然裡，形形色色的各種生物都是「物種」。把物種區分為「界、門、綱、目、科、屬、種」等七種階層後，每個階層間的關係，可以用「繼承」的概念來思考。例如「脊索動物門」是「動物界」裡的一個分類，所以成員都具備「動物界」的特質（至少能「動」），因此可以說「脊索動物門」繼承了「動物界」，取得「動物界」物種特有的屬性和能力。

依此類推，以我們人類來說，由分類下層的「智人」到上層的「動物界」，我們一脈相承，「繼承」了每一個階層的屬性和能力；所以到最後「智人」的出現，等於是集大成，可以用下圖表示。

圖 11-2 智人分類階層示意圖

若「智人」的屬性和能力的範圍是一個大圓，則各階層的分類提供不同的屬性和能力，形成了核心的每一個小圓；所以大圓（智人）的形成，集結了過程中的每個階層的屬性和能力。

11.3.3　Java 的類別與繼承

Java 世界裡的繼承，也是類似的概念：

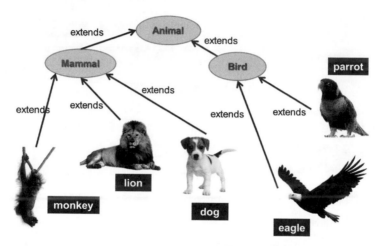

圖 11-3　Java 類別繼承階層示意圖

以圖上看來，「老虎」、「大象」和「小狗」都繼承了「哺乳類動物」的特徵，而「哺乳類動物」則繼承了「動物」的特徵。

Java 的「**類別和繼承**」，概念與自然界的「**分類和繼承**」如出一轍。所以透過繼承的作法，可以：

1. 取得上一代的屬性和方法。

2. 青出於藍而勝於藍（使用覆寫）。

3. 繼承遺志，完成上一代的遺珠之憾（實作抽象類別的方法）。

上述 3 點在接下來的章節都會有說明。不過 Java 只允許單一繼承，亦即每個類別只能繼承單一類別。因為機會只有一次，應慎選繼承對象。

11.4 繼承和建構子的關係

11.4.1 繼承的宣告與目的

繼承的宣告語法如下。使用「extends」關鍵字：

💻 **語法**

```
class sub-class extends super-class {
    // content of sub-class
}
1. sub-class: 子類別
2. super-class: 父類別
```

使用繼承的主要目的是：

1. 子類別繼承父類別後，可以取得父類別屬性和方法，所以程式碼可以重複使用。

2. 多個類別有相似程式碼，可以將相同部分抽出後建立父類別，再以繼承父類別的方式共用程式碼。

11.4.2 建構子和繼承的關係

以下範例可以協助理解建構子和繼承的關係：

🚀 **範例：/java11-ocp-1/src/course/c11/TestConstructors1.java**

```java
1   class SuperXParent {
2       public SuperXParent() {
3           System.out.println("動物界");
4       }
5   }
6   class Super4Parent extends SuperXParent {
7       public Super4Parent() {
8           System.out.println("脊索動物門");
9       }
10  }
```

```
11   class Super3Parent extends Super4Parent {
12       public Super3Parent() {
13           System.out.println("哺乳綱");
14       }
15   }
16   class Super2Parent extends Super3Parent {
17       public Super2Parent() {
18           System.out.println("靈長目");
19       }
20   }
21   class Super1Parent extends Super2Parent {
22       public Super1Parent() {
23           System.out.println("人科");
24       }
25   }
26   class Parent extends Super1Parent {
27       public Parent() {
28           System.out.println("人屬");
29       }
30   }
31   class People extends Parent {
32       public People() {
33           System.out.println("智人");
34       }
35   }
36   public class TestConstructors1 {
37       public static void main(String[] args) {
38           People c = new People();
39       }
40   }
```

結果

動物界
脊索動物門
哺乳綱
靈長目
人科
人屬
智人

這樣的執行結果令人意外嗎？多數人通常有這樣的疑問：

1. 為什麼會印出所有父類別的建構子內容？

2. 為什麼列印的順序是由動物界開始？

把先前繼承的觀念做一個回顧後，會發現執行子類別建構子的時候，會一併執行所有父類別建構子是相當自然的：

1. Java 類別（class）的概念，和自然界對物種做分類（class）的概念是一致的。

2. 以自然界分類下層的「智人」來看。一個智人的生成，必須融合這個階層以上的所有階層的屬性和能力，也就是人屬、人科、靈長目、哺乳綱、脊索動物門、動物界。

3. 類別 People 等同「智人」，繼承了很多層的父類別，所以在建構自己的實例的時候，也必須逐層取得所有父類別的屬性和方法。

白話講，就是沒有祖先，就沒有我們。只是，自然界道理如此，但 Java 是如何讓自己的物件生成和自然界道理一致？讓我們來了解 Java 對建構子（Constructor）的設計原則。

11.4.3 建構子的設計原則

建構子非物件成員（屬性和方法），所以無法繼承。有 2 種方法取得：

1. 若是未建立自己的建構子，則 Java 主動提供無參數的預設建構子（default constructor）。

2. 已經建立自己的建構子，則 Java 不再提供無參數的預設建構子。若仍需要無參數的建構子，就必須自己建立。

建構子可以使用多載（Overloading）的技巧建立多個，每一個建構子代表不同的物件建構方式。

在類別內呼叫自己的建構子或是父類別的建構子時，不是使用建構子名稱，而是：

1. 存取自己的建構子，使用 this() 傳入參數。

2. 存取父類別的建構子，使用 super() 傳入參數。

另外，關鍵字「this」和「super」加上運算子「.」，也可以用來分別存取目前類別和父類別的物件成員，也就是欄位和方法。可以想成指向自己和父類別的另類遙控器。

Java 建構子在繼承部分的基本原則是：「物件實例化的過程裡，為了讓**子**類別可以取得**父**類別屬性和方法，必須先執行**父**類別建構子的內容，再執行**子**類別建構子的內容」。

為了達成這個原則，Java 採取的手段是：

1. 每個子類別的建構子，執行時的「第一個動作」都必須呼叫一個父類別的建構子。

2. 若程式設計人員忽略前述規則，且父類別存在「無參數的建構子」，不管是預設還是自建，Java 都會偷偷在每個子類別的建構子的第一行程式碼主動呼叫 super()。

3. 若父類別「不」存在「無參數的建構子」，則程式人員必須幫「每個」子類別的建構子都各找一個合適的父類別的建構子，且在「第一個動作」呼叫。

4. 「第一個動作」不一定要是建構子裡的第一行程式碼，只要保證子類別建構子被執行時的第一件事是呼叫父類別的建構子即可。

所以回到先前的範例，若把「Java 都會偷偷在每個子類別的建構子的第一行程式碼主動呼叫 super()」的事情顯露出來，其實程式碼是這樣，注意程式行 3、9、15、21、27、33、39：

🚀 **範例：/java11-ocp-1/src/course/c11/TestConstructors1.java**

```
1   class SuperXParent {
2       public SuperXParent() {
3           super();
4           System.out.println("動物界");
5       }
6   }
7   class Super4Parent extends SuperXParent {
8       public Super4Parent() {
9           super();
10          System.out.println("脊索動物門");
11      }
12  }
13  class Super3Parent extends Super4Parent {
14      public Super3Parent() {
15          super();
```

```
16              System.out.println("哺乳綱");
17          }
18      }
19      class Super2Parent extends Super3Parent {
20          public Super2Parent() {
21              super();
22              System.out.println("靈長目");
23          }
24      }
25      class Super1Parent extends Super2Parent {
26          public Super1Parent() {
27              super();
28              System.out.println("人科");
29          }
30      }
31      class Parent extends Super1Parent {
32          public Parent() {
33              super();
34              System.out.println("人屬");
35          }
36      }
37      class People extends Parent {
38          public People() {
39              super();
40              System.out.println("智人");
41          }
42      }
43      public class TestConstructors1 {
44          public static void main(String[] args) {
45              People c = new People();
46          }
47      }
```

範例中最高階層的類別SuperXParent並沒有繼承其他父類別，為何建構子內也需要在第一行呼叫super()？這是因為若類別沒有繼承其他父類別時，Java會預設加上「extends Object」的程式碼，所以就算程式碼裡看起來沒有父類別，也一定繼承「Object」這個父類別。

所以類別「Object」是Java裡所有類別的父類別。位階就像自然界裡象徵所有生命的「物種」，如下示意圖：

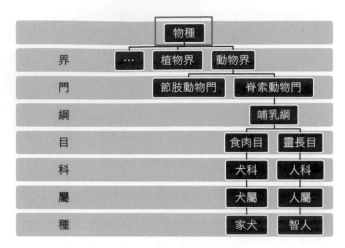

圖 11-4　自然界起源：物種

執行建構子時，第一件事必須呼叫父類別建構子，可以讓子類別在生成時像是「踩階梯」逐步往上爬到最高層 Object 類別，再順勢「溜滑梯」執行每一個父類別建構子，示意圖如下：

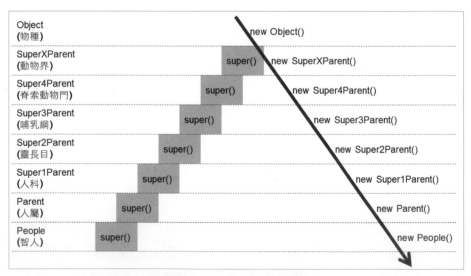

圖 11-5　建構子執行示意圖

這也說明爲何建立 People 類別時，會執行所有父類別建構子，而且由最上層的父類別開始執行。

再由以下範例驗證前述觀念，程式碼行 12 是否可以通過編譯？

🚀 範例：**/java11-ocp-1/src/course/c11/TestConstructors2.java**

```
1    class Super {
2        Super(String s) {
3            System.out.println("Super");
4        }
5    }
6    class Sub extends Super {
7        Sub(String s) {
8            super(s);
9            System.out.println("Sub");
10       }
11       Sub(String s1, String s2) {
12           this(s1);    // will compile?
13           System.out.println("Sub");
14       }
15   }
16   public class TestConstructors2 {
17       public static void main(String[] args) {
18           new Sub("Jim");
19           System.out.println("--------");
20           new Sub("Hi", "Jim");
21       }
22   }
```

🧩 結果

```
Super
Sub
--------
Super
Sub
Sub
```

💬 說明

| 12 | 這裡呼叫 this(s1) 後，程式碼會跳到第 8 行，然後執行 super()。子類別內的每個建構子的第一件事還是呼叫父類別的建構子，只是使用間接的方式達成，因此可以通過編譯。 |

由這個範例，我們發現在子類別的建構子中，可能藉由以下其中之一：

1. 呼叫父類別建構子，如 super(...)。

2. 呼叫自己其他「有呼叫父類別建構子」的建構子，如 this(...)。

達到「踩階梯」往上爬一層的目的。

此外，若出現這2種建構子的呼叫，則都必須在第一行程式碼，而且只能有一次。編譯器會嚴格控管，避免出現一次爬上多階的結果。

所以，以下範例在行 14 會編譯失敗：

🚀 範例：**/java11-ocp-1/src/course/c11/TestConstructors3.java**

```
1    class Vehicle {
2        int x;
3        Vehicle() {
4            this(10);
5        }
6        Vehicle(int x) {
7            this.x = x;
8        }
9    }
10   class Car extends Vehicle {
11       int y;
12       Car() {
13           super();
14           this(20);    // compile error
15       }
16       Car(int y) {
17           this.y = y;
18       }
19   }
20   public class TestConstructors3 {}
```

11.5　使用父類別和子類別

在大自然裡都是先有較高的分類或階層，才會有較低的，但在物件導向的程式設計領域裡，因為所有程式都是設計出來的，因此在時間順序上不見得一定先有父類別（super-class）才有子類別（sub-class）。

更多時候，是先有 2 個以上的類別，進行分析後發現有很多相似，甚至相同的程式碼。所以利用繼承的特性：

1. 先建立父類別，將相同的程式碼移至父類別中。

2. 原來類別移除相同的程式碼後，繼承該父類別，變成子類別。

3. 子類別由父類別中取得程式碼。

如此一來，藉由將相同的程式碼放在父類別中，可以達到減少相同程式碼及共用程式碼的目的。這種修整舊程式碼的過程，也稱之為「重構」（refactoring）。

11.5.1　分析類別成員差異

購衣網站除了襯衫（Shirt），準備再開賣其他衣物類產品，如褲子（Trousers）和襪子（Sock）。範例程式為：

範例：/java11-ocp-1/src/course/c11/asIs/Sock.java

```
1    public class Sock {
2        private int itemID = 0;
3        private String description = "-description required-";
4        private char colorCode = 'U';
5        private double price = 0.0;
6        public Sock(int itemID, String description, char colorCode,
                                                      double price) {
7            this.itemID = itemID;
8            this.description = description;
9            this.colorCode = colorCode;
10           this.price = price;
11       }
12       public void display() {
```

```
13          System.out.println("Item ID: " + getItemID());
14          System.out.println("Item description: " + getDescription());
15          System.out.println("Item price: " + getPrice());
16          System.out.println("Color code: " + getColorCode());
17      }
18    // getters(), setters()
19  }
```

🚀 範例：**/java11-ocp-1/src/course/c11/asIs/Shirt.java**

```
1   public class Shirt {
2     private int itemID = 0;
3     private String description = "-description required-";
4     private char colorCode = 'U';
5     private double price = 0.0;
6     private char fit = 'U'; // S=Small,M=Medium,L=Large, U=Unset
7     public Shirt(char fit, int itemID, String description, char
                                         colorCode, double price) {
8         this.fit = fit;
9         this.itemID = itemID;
10        this.description = description;
11        this.colorCode = colorCode;
12        this.price = price;
13      }
14    public void display() {
15        System.out.println("Item ID: " + getItemID());
16        System.out.println("Item description: " + getDescription());
17        System.out.println("Item price: " + getPrice());
18        System.out.println("Color code: " + getColorCode());
19        System.out.println("Fit: " + getFit());
20      }
21    // getters(), setters()
22  }
```

🚀 範例：**/java11-ocp-1/src/course/c11/asIs/Trousers.java**

```
1   public class Trousers {
2     private int itemID = 0;
3     private String description = "-description required-";
4     private char colorCode = 'U';
```

```
5        private double price = 0.0;
6        private char gender = 'F'; // M=Male, F=Female
7        public Trousers(char gender, int itemID, String description, char
                                                colorCode, double price) {
8            this.gender = gender;
9            this.itemID = itemID;
10           this.description = description;
11           this.colorCode = colorCode;
12           this.price = price;
13       }
14       public void display() {
15           System.out.println("Item ID: " + getItemID());
16           System.out.println("Item description: " + getDescription());
17           System.out.println("Item price: " + getPrice());
18           System.out.println("Color code: " + getColorCode());
19           System.out.println("Gender: " + getGender());
20       }
21       // getters(), setters()
22   }
```

但分析相關類別的方法和欄位後，會發現大部分都相同。如下：

表 11-1　類別方法差異比較

類別	Shirt	Trousers	Sock
方法	getId()	getId()	getId()
	getPrice()	getPrice()	getPrice()
	getSize()	getSize()	getSize()
	getColor()	getColor()	getColor()
	getFit()	**getGender()**	
	setId()	setId()	setId()
	setPrice()	setPrice()	setPrice()
	setSize()	setSize()	setSize()
	setColor()	setColor()	setColor()
	setFit()	**setGender()**	
	display()	display()	display()

所以，為了讓程式更好維護，我們決定使用物件導向的「繼承」，讓相同的方法可以
共用，避免未來再新增的類別也有類似狀況。

11.5.2　使用繼承

先建立父類別 Clothing，並將類別 Shirt、Trousers、Sock 中相同的方法與屬性欄位，
移至父類別中；未來可以藉由繼承父類別取得該方法，如下圖所示。

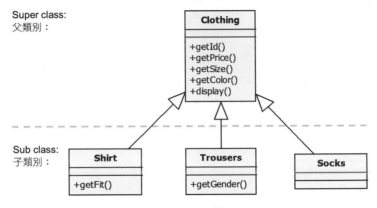

圖 11-6　Clothing 類別繼承架構圖（省略 setter() 方法）

完成後，父類別 Clothing 程式碼如下：

🚀 範例：/java11-ocp-1/src/course/c11/toBe/Clothing.java

```
1   public class Clothing {
2       private int itemID = 0;
3       private String description = "-description required-";
4       private char colorCode = 'U';
5       private double price = 0.0;
6       public Clothing(int itemID, String description, char colorCode,
                                                        double price) {
7           this.itemID = itemID;
8           this.description = description;
9           this.colorCode = colorCode;
10          this.price = price;
11      }
12      public void display() {
13          System.out.println("Item ID: " + getItemID());
14          System.out.println("Item description: " + getDescription());
```

```
15          System.out.println("Item price: " + getPrice());
16          System.out.println("Color code: " + getColorCode());
17      }
18      // getters(), setters()
19  }
```

11.5.3　使用覆寫

子類別和父類別若存在簽名（signature）相同的方法，則執行時子類別方法的效力將高於父類別，稱為子類別方法「覆寫」（override）父類別方法。

以 Shirt 類別為例，其 display() 方法輸出 5 個屬性欄位值；父類別 Clothing 的 display() 方法僅輸出 4 個屬性欄位值，所以 Shirt 類別繼承父類別 Clothing 後，還是要以子類別 Shirt 的 display() 方法為主，因此需要覆寫父類別的 display() 方法。

不過，因為父類別 Clothing 的 display() 方法畢竟可以輸出 4 個屬性欄位，還是可以利用，所以 Shirt 子類別覆寫方法後如下：

範例：**/java11-ocp-1/src/course/c11/toBe/Shirt.java**

```
1   public class Shirt extends Clothing {
2     public Shirt(char fit, int itemID, String description, char
                                          colorCode, double price) {
3         super(itemID, description, colorCode, price);
4         this.fit = fit;
5     }
6     @Override
7     public void display() {
8         super.display();
9         System.out.println("Fit: " + getFit());
10    }
11
12    private char fit = 'U'; //S=Small,M=Medium,L=Large, U=Unset
13    public char getFit() {
14        return fit;
15    }
16    public void setFit(char fit) {
17        this.fit = fit;
18    }
19  }
```

💬 **說明**

3	子類別的建構子必須在第一時間呼叫父類別的建構子 super(…)。
6	@Override 是標註類別的一種。加上後，編譯器將主動檢查下方的方法是否可以覆寫父類別某個方法。若不成立，將編譯失敗。 在本書下冊會專章介紹標註類別用途。
7	因為和父類別 Clothing 有一樣簽名的方法，滿足覆寫條件，因此程式執行將使用子類別的方法。
8	因為在父類別有定義 display() 方法，為避免程式碼重複，可以使用 super 關鍵字呼叫父類別的 display() 方法。
9	方法 display() 在父類別和子類別的唯一差異處，要輸出最後一個差異欄位值。
12-18	未繼承自父類別的唯一屬性值 fit，與其 getFit()、setFit() 方法。

▌11.5.4　繼承和封裝

了解繼承的使用方式後，現在可以一窺 Java 的存取控制的全貌。除了前一章節介紹的修飾關鍵字 public 與 private 之外，還有「default / package」和「protected」兩種層級，作用範圍是：

1. **default / package 層級**：嚴格程度僅次於 private。若欄位或方法建立時，未宣告存取控制的修飾詞（亦即未使用 public、protected 或 private），Java 將採取預設（default）等級的存取控制，不需要任何修飾關鍵字。雖然不像 private 這麼嚴格，但為了安全性著想，也僅次於 private。此時只有在同一套件（package）下的類別能夠存取該類別的欄位或方法，故又名「package」層級。

2. **protected 層級**：嚴格程度次於 default，高於 public。除了同一類別內、同一套件下，具有繼承關係的子類別可以也以存取父類別宣告為 protected 的欄位或方法。

存取控制的四種層級彙整如下。其中 Y 表示類別的欄位或方法可被存取：

表 11-2　各級存取權限比較

存取修飾詞 （modifiers）	同一類別內 可以存取	同一套件內 可以存取	同一類別、套件，或 子類別可以存取	存取無限制
private（最嚴格）	Y			
default（次嚴格）	Y	Y		
protected	Y	Y	Y	
public（最寬鬆）	Y	Y	Y	Y

以下示範 default 和 protected 不同的存取層級：

🚀 範例：**/java11-ocp-1/src/course/c11/accessCtl/demo/Foo.java**

```
1    package course.c11.accessCtl.demo;
2    public class Foo {
3        protected int result = 20;
4        int other = 25; // default, 不能跨 package
5    }
```

🚀 範例：**/java11-ocp-1/src/course/c11/accessCtl/demo/Bar.java**

```
1    package course.c11.accessCtl.test;
2    import course.c12.accessCtl.demo.Foo;
3    public class Bar extends Foo {
4        private int sum = 10;
5        public void reportSum() {
6            sum += result;      // OK
7            sum += other;       // NG
8        }
9    }
```

Bar 和 Foo 兩個類別位於不同 package，所以 Foo 類別的欄位 other，存取層級為 default/package，不能被不同 package 的 Bar 類別存取。

因為 Bar 類別繼承了 Foo 類別，且 Foo 類別的 result 欄位其存取層級為 protected，所以可以被子類別 Bar 存取，不受 package 限制。

11.5.5　熟悉覆寫規則

認證考試很喜歡測試考生對於覆寫（override）觀念的熟練度。請問以下那些類別無法通過編譯？

🚀 **範例：/java11-ocp-1/src/course/c11/TestOverride.java**

```java
1    class Deeper {
2        public Number getDepth(Number n) {
3            return 10;
4        }
5    }
6    class DeepA extends Deeper {
7        @Override
8        protected Integer getDepth(Number n) {
9            return 5;
10       }
11   }
12   class DeepB extends Deeper {
13       @Override
14       public Double getDepth(Number n) {
15           return 5d;
16       }
17   }
18   class DeepC extends Deeper {
19       @Override
20       public String getDepth(Number n) {
21           return "";
22       }
23   }
24   class DeepD extends Deeper {
25       @Override
26       public Long getDepth(int d) {
27           return 5L;
28       }
29   }
30   class DeepE extends Deeper {
31       @Override
32       public Short getDepth(Integer n) {
33           return 5;
34       }
35   }
```

```
36    class DeepF extends Deeper {
37        @Override
38        public Object getDepth(Object n) {
39            return 5;
40        }
41    }
42    public class TestOverride {}
```

要解答這類問題，必須掌握 4 個原則：

1. 覆寫的前提是父子類別的方法的「簽名（名稱＋參數）」完全相同。

2. 覆寫後存取層級（access modifier）必須相同或更高。

3. 覆寫後回傳型態（return type）必須相同或是子類別。

4. 覆寫後拋出的例外（Exception）必須相同，或是子類別，而且數量可以更少。

所以：

1. DeepA 類別編譯失敗，因為覆寫後存取層級變小。

2. DeepC 類別編譯失敗，因為覆寫後回傳型態不對。

3. DeepD 類別編譯失敗，因為方法簽名未完全相同，所以不是覆寫；而以 @Override 標註的方法一定要覆寫父類別。

4. DeepE 類別編譯失敗，因為方法簽名未完全相同，所以不是覆寫；而以 @Override 標註的方法一定要覆寫父類別。

5. DeepF 類別編譯失敗，因為方法簽名未完全相同，所以不是覆寫；而以 @Override 標註的方法一定要覆寫父類別。

> 🎙 **小祕訣** 以下獨家記憶方法給讀者參考：
>
> 1. 關於存取層級，若是繼承後每次覆寫的存取層級都變小，由 public 被覆寫為 protected，再被覆寫為 default，再被覆寫為 private，是不是繼承 3 代後就不能再繼續？等於是絕後了，所以覆寫後的存取層級只能相同或更大。
>
> 2. 關於回傳型態和拋出的例外類別，因為繼承目的是為了「更精進」，所以覆寫之後可以允許回傳型態是子類別，拋出的例外也可以是子類別。
>
> 3. 關於拋出的例外類別，若原先拋出 2 個例外，但覆寫後例外都被處理了，不需丟出例外，是不是也是一種「精進」呢？

11.5.6 抽象類別

物件導向的概念和我們日常生活的一切是相容的。我們設計了類別 Shirt、Trousers、Sock，並使用這些類別當成模板，製作出一個又一個的襯衫物件、褲子物件、襪子物件。

圖 11-7　物件成品顯示圖

但父類別 Clothing 若建立了「衣物」物件，該像甚麼樣子？

「衣物」在日常生活中是一個模糊、抽象的概念，泛指穿搭在身上的一切織物。類似的概念還有「動物」、「植物」等，動物或植物可以是很多生物，無法用單一種生物去涵蓋它。

像這些模糊、抽象的概念，只具備某些特徵，無法具體成為一個事物或物件，我們稱之為「抽象類別」（abstract classes）。

Java 裡，宣告「抽象類別」必須使用「abstract」關鍵字：

🖥 語法

```
[modifiers] abstract class class_identifier {
    class_code_block
}
class_identifier: 類別名稱
```

除了類別之外，方法宣告也可以使用 abstract 關鍵字。宣告為 abstract 的方法必須移除「{ }」程式碼區塊，改用「;」表示方法的實作內容尚未決定。

🖥 語法

```
[modifiers] abstract return_type method_identifier ( [arguments] ) ;
```
1. method_identifier：方法名稱，必要
2. return_type：回傳型別，必要
3. [modifiers]：修飾詞，非必要
4. [arguments]：輸入參數，非必要

使用原則是：

1. 「抽象類別」表示該類別屬於抽象的概念，無法使用 new 關鍵字建構實例。

2. 「抽象方法」表示該方法內容未定，一旦類別裡存在抽象方法，則該類別也必須加上 abstract 宣告成為「抽象類別」，因為只要有一個方法內容還沒決定，類別也不應該被實例化成物件使用。

3. 抽象類別因無法實例化，多扮演父類別角色。繼承抽象類別的子類別，就如同下定決心要「繼承遺志，完成上一代的遺珠之憾」，因此必須實作所有抽象方法的內容。

4. 若子類別最後還是有抽象方法存在，依然未決定如何實作原有抽象方法內容，或有其他新增的抽象方法，則該子類別依然必須仍是抽象類別。

5. 在實務的設計上，「抽象方法」通常是一個類別的核心功能，用於強制繼承後的子類別必須提供實作內容。

以下示範抽象類別的作法：

🚀 範例：/java11-ocp-1/src/course/c11/FactoryTest.java

```java
1   abstract class AbstractFactory {
2       abstract String getProductName();
3       void createProduct() {
4           System.out.println(getProductName() + " is created!!");
5       }
6   }
7   class SubFactory1 extends AbstractFactory {
8       @Override
9       String getProductName() {
10          return "computer";
11      }
```

```
12    }
13    class SubFactory2 extends AbstractFactory {
14        @Override
15        String getProductName() {
16            return "television";
17        }
18    }
19    public class FactoryTest {
20        public static void main(String[] args) {
21            SubFactory1 f1 = new SubFactory1();
22            f1.createProduct();
23            SubFactory2 f2 = new SubFactory2();
24            f2.createProduct();
25        }
26    }
```

步驟是：

1. 建立一個抽象工廠類別 AbstractFactory，該工廠已經具備主要產線功能 createProduct()，但刻意留下抽象方法 getProductName() 未實作。這個工廠本身是抽象類別，因此不能建構實例來進行生產；主要用來讓別人繼承，可以快速蓋出其他廠房。

2. 建立子類別 SubFactory1 繼承 AbstractFactory，然後提供抽象方法 getProductName() 具體內容，決定要生產 computer。

3. 建立子類別 SubFactory2 繼承 AbstractFactory，然後提供抽象方法 getProductName() 具體內容，決定要生產 television。

4. 使用 FactoryTest 類別搭配 main 方法，讓實體工廠 SubFactory1、SubFactory2 可以建構各自實例，並呼叫 createProduct() 方法進行量產。

11.5.7　父子類別關係的釐清

物件導向「繼承」概念的使用，最常被誤以為只是為了要使用某個類別的屬性或方法，就該去繼承它來共用程式碼。其實要避免程式碼重複或共用程式碼，在物件導向的程式設計領域裡還有其他方法，「繼承」不該被濫用。

使用 Is A

要避免被誤用，可以使用「is a」（是一個）的語法來檢查。如：

Shirt is a Clothing（襯衫是衣物）　　　　　→ 正確，可以使用繼承關係

Shirt is a Trouser （襯衫是褲子）　　　　　→ 錯誤，不該使用繼承關係

再比方說，遊戲商先有一款 2D 遊戲，後來又開發出一款 3D 遊戲，所以：

3D Game is a 2D Game（3D 遊戲是 2D 遊戲）　→ ？

就值得仔細思考。遊戲間可能有一些共用的方法，但本質上 3D 遊戲是 2D 遊戲的一種嗎？這就要看程式設計者的想法了。

使用 Has A

另一個語句「has a 」（有一個）用來檢視物件之間的關聯性，如：

Car has a Wheel （汽車有輪胎）　　　　　→ 正確

11.5.8　其他繼承架構案例

繼承關係無所不在，以下是另一個常見的案例：

1. 先定義父類別「Employee」，具備工號和部門的屬性。

2. 公司裡形形色色的職務都繼承自「Employee」類別，即便是部門主管，或是總經理。

職場裡，因為總經理居上位，可能會覺得應該扮演父類別的角色，其實不然。父類別應該取最基本的，愈高階的父類別表示是眾多子類別的最大公約數，因為每一個員工，即便是總經理，都具備工號和部門的屬性。

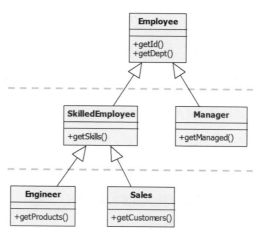

圖 11-8　Employee 類別繼承架構圖

11.6　認識多型

11.6.1　使用父類別做變數的參考型別

過去我們都是這樣寫：

```
1    Shirt s = new Shirt();
```

其實這樣也可以：

```
1    Clothing s = new Shirt();
```

Java 允許使用「父類別」或是「本身」的參考型別去參照同一個物件實例，稱為「多型」（Polymorphism）。

因為一個物件實例，可以有「多」種宣告「型」別，所以稱為「多型」。

11.6.2　使用萬用遙控器

過去我們使用物件時，都是讓「=」符號兩側的「參考型別」和「物件實例」相同：

```
1    Shirt s = new Shirt();
2    Trousers t = new Trousers();
```

若以遙控器的比喻來看，就是使用「原廠遙控器」控制對應的「電視」。假設有 A 電視屬於 A 品牌和 B 電視屬於 B 品牌，A、B 兩台電視都有基本的「開、關、調整音量、切換頻道」功能，而 A 電視有「特殊音效」的強項，B 電視則為「高畫質」。

使用原廠遙控器的好處，在於遙控器可以百分之百控制對應的電視。如下：

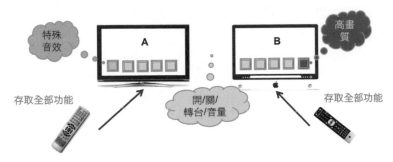

圖 11-9　**以原廠遙控器操控電視**

另外有一種「萬用遙控器」，萬一原廠遙控器遺失，可以去採購這樣的遙控器；只要做一些設定工作，就可以和大部分的電視連接。有些手機若支援紅外線裝置，通常也有類似功能。我們就使用手機的圖示來表示「萬用遙控器」。

這類遙控器，美中不足的地方在於通常不能完全控制該電視，尤其是電視的特殊功能；但基本的「開、關、調整音量、切換頻道」通常沒有問題。

因為我們已經學過「繼承」，可以用下方示意圖來陳述一些概念：

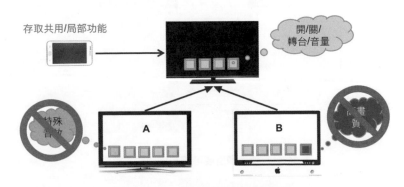

圖 11-10　**以萬用遙控器操控電視**

1. 建立父類別電視，把 A 電視和 B 電視中共通的功能，也就是「開、關、調整音量、切換頻道」的方法抽離，改放到父類別電視中。

2. 「萬用遙控器」的設計，可以說就是針對「父類別電視」所做製作的遙控器，因為能夠控制基本功能。

3. 「萬用遙控器」和「原廠遙控器」都是物件的參考變數，而我們使用物件參考變數來控制 Heap 裡的物件。雖然在 Heap 裡的物件還是 A 電視和 B 電視，但透過萬用遙控器的參考變數，卻只能控制「開、關、調整音量、切換頻道」，無法操作「特殊音效」或「高畫質」的功能。

當讀者們可以接受：

1. 使用「父類別」的參考變數等同使用「萬用遙控器」。

2. 使用「子類別」的參考變數等同使用「原廠遙控器」。

就很容易可以理解接下來的主題。

11.6.3　由父類別參考控制子類別方法

當我們使用「父類別」作為變數宣告的參考型別時：

```
1    Clothing s = new Trousers();
```

必須知道這樣的參考變數 s，能夠控制的物件欄位和方法會比較少。由以下示意圖：

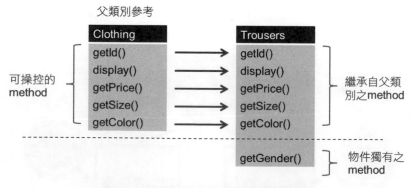

圖 11-11　使用多型後可用方法比較示意圖

可以知道：

1. 記憶體 Heap 中的 Trousers 物件實例，擁有的方法和屬性分別來自繼承父類別和自己獨有。

2. 透過父類別 Clothing 參考，只能夠操作繼承自父類別的欄位和方法。

3. 透過子類別 Trousers 參考，就可以操作全部的欄位和方法。

概念上如同「萬用遙控器」和「原廠遙控器」。

11.6.4　使用轉型取得全部控制

使用父類別參考 / 萬用遙控器只能控制繼承自父類別的欄位和方法。因為實體物件依然是子類別物件，所以在必要的時候，可以將父類別參考「轉型」（casting）為子類別參考。

```
1   public class CastingDemo {
2       public static void main(String[] args) {
3           Clothing c = new Trousers('M', 1, "my trouser", 'B', 1200.5);
4           // c.getGender();   // will compile error!!
5
6           Trousers t = (Trousers) c;   // casting from Clothing to
                                                                Trousers
7           t.getGender();   // OK
8       }
9   }
```

透過適當的轉型通常可以讓程式碼通過編譯，但不保證程式執行時一定沒問題。本例記憶體裡的物件實例是 Trousers，所以可以將物件參考由 Clothing 轉型回 Trousers，因為只是回復物件的眞實原貌而已。

此外，轉型分成「向上」（upward）和「向下」（downward）兩種，以下依基本型別與參考型別分別說明。

基本型別的向上與向下轉型

對基本型別而言：

1. **向上轉型**：讓變數的型別變大，可以容納更大數值，因此沒有風險。在運算式不對等的情況下由 Java 主動發動，稱爲「自動升級」（automatic promotion）。如：

```
1   int x = 1000;
2   long y = x;   // 自動將 int 升等爲 long
```

2. **向下轉型**：讓變數的型別變小，可能讓目前數值大於新型別的可容納範圍而造成溢位（overflow），屬於有風險行爲，因此需由程式設計人員自行判斷，自行發動。如：

```
1   int x = 1000;
2   byte y = (byte) x; // 不當強制轉型已經造成溢位
```

若需要更詳盡的說明，可以複習第五章的基本型別介紹。

參考型別的向上與向下轉型

對於參考型別而言：

1. **向上轉型**：因爲物件導向程式語言可以使用多型，因此會有宣告型別是實際物件實例的父類別或介面的情況，如以下範例行 1。以運算式來看，行 1 指定運算子「=」兩側並不對等，因此 Java 預設已經自動向上轉型。向上轉型後，參考變數 c 可以使用的物件成員變少，沒有風險，會自動發動，所以行 2 就是行 1 的眞實樣貌，兩者等價：

```
1   Clothing c = new Trousers('M', 1, "my trouser", 'B', 1200.5);
2   Clothing c = (Clothing) new Trousers('M', 1, "my trouser", 'B',
                                                              1200.5);
```

2. **向下轉型**：因爲可以使用的物件成員變多，有風險，必須自己發動。而且：

- 編譯時期只檢查轉型的目標型別是否屬於宣告型別的子類別。因爲以下範例行 2-4 的轉型目標，分別是 Shirt、Trousers 與 Sock，都是宣告型別 Clothing 的子類別，因此都能通過編譯。

- 執行時期就必須確保轉型目標和實際的物件實例相同，否則將會出錯，錯誤類型是 java.lang.ClassCastException。因爲 Heap 記憶體裡的眞實物件實例是

Trousers，而行 3 的轉型目標也是 Trousers，所以只有行 3 能夠正常執行。這類
向下轉型，說穿了就是一種還原轉型，旨在還原物件原貌，讓物件實例能和宣
告型別一致。

```
1    Clothing c = new Trousers('M', 1, "my trouser", 'B', 1200.5);
2    Shirt s = (Shirt) c;
3    Trousers t = (Trousers) c;
4    Sock ss = (Sock) c;
```

11.6.5 使用多型

使用「父類別型別」作為物件參考，只能掌控繼承於自父類別的欄位和方法，就像
使用「萬用遙控器」控制電視，可能有一些原廠電視的功能不能使用。這樣，乍看
之下好像不太方便，究竟有甚麼好處讓我們捨棄原廠遙控器不用，改用萬用遙控
器？

首先，原廠遙控器可能搭載很多功能，但卻不見得是我們需要的，以常用的一些文
書編輯軟體為例，屬於真正常用功能的比例有多少？可能不到 1/5。

Java 物件的屬性和方法亦是如此，常用的其實不多。貫徹程式碼不重複的作法後，
常用的功能和屬性通常都可以出現父類別裡；真正不足之處還可以藉由轉型還原回
子類別，再使用子類別的限定功能。

再者，萬用遙控器可以控制多台電視。想像家裡雖然多個房間有多台電視，但靠著
一支遙控器，都可以很方便的控制。

以父類別作為宣告型別，好處就是變數可以任意指向各個子類別。以下兩個範例可
以比較：

1. 以「子類別」作為方法的參數宣告型別，如以下範例行 2、5、8：

🚀 **範例**：/java11-ocp-1/src/course/c11/asIs/DisplayClothing.java

```
1    public class DisplayClothing {
2        public static void displayShirt(Shirt r) {
3            r.display();
4        }
5        public static void displayTrouser(Trousers t) {
```

```
6              t.display();
7         }
8     public static void displaySock(Sock s) {
9             s.display();
10        }
11    public static void main(String[] args) {
12            Shirt r = new Shirt('L', 1, "my shirt", 'B', 1000.5);
13            displayShirt(r);
14            Sock s = new Sock(1, "my sock", 'B', 50);
15            displaySock(s);
16            Trousers t = new Trousers('M', 1, "my trouser", 'B', 1200.5);
17            displayTrouser(t);
18        }
19    }
```

2. 以「父類別」作為方法的參數宣告型別，如以下範例行 2：

🚀 **範例：/java11-ocp-1/src/course/c11/toBe/DisplayClothing.java**

```
1     public class DisplayClothing {
2         public static void displayClothing(Clothing c) {
3             c.display();
4         }
5         public static void main(String[] args) {
6             Clothing r = new Shirt('L', 1, "my shirt", 'B', 1000.5);
7             displayClothing(r);
8             Sock s = new Sock(1, "my sock", 'B', 50);
9             displayClothing(s);
10            Clothing t = new Trousers('M', 1, "my trouser", 'B', 1200.5);
11            displayClothing(t);
12        }
13    }
```

比較前述兩範例，可以發現若方法參數以父類別宣告，好處是所有子類別都可以傳入，就不需要所有子類別都撰寫一個類似的方法，因此程式碼可以簡潔許多。

若未來子類別又增加，我們也不需要繼續撰寫類似方法，因此用父類別寫一次程式碼，抵得過用子類別寫千千萬萬次，程式碼變得更彈性。

這就是設計物件導向程式時，善用「多型」概念帶來的好處。

以上的範例使用父類別 Clothing，這是一個具體的類別；在多型的領域裡，還可以使用「抽象類別」或「介面」（interface）來取代父類別的角色，後續章節將說明介面與其使用方式。

11.7　使用介面

11.7.1　介面的使用時機

購衣網站除了賣商品外，也必須考慮「退貨」的問題，規則是襯衫Shirt、褲子Trousers 可以退貨，襪子 Sock 則不行。

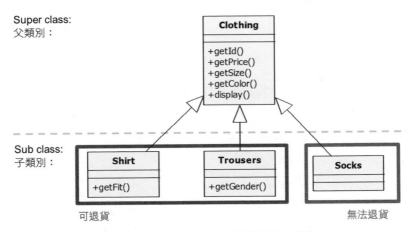

圖 11-12　比較 Clothing 子類別是否可退貨

知道多型的好處後，我們想繼續使用多型來解決退貨的問題。有 2 個方案：

1. 在父類別 Clothing 建立一個 return() 方法，並由子類別各自覆寫該方法，以提供自己的退貨流程（如襯衫 7 天內可退，褲子 14 天內可退等）。

 ● 一般來說，父類別擁有的方法，都是可以讓子類別繼承或使用；雖然子類別可以覆寫，但不會讓邏輯有太大偏差。若父類別可以退貨，但子類別 Sock 又不允許退貨，容易讓類別呼叫者混淆，因此這裡我們不打算這樣設計。

2. 建立一個類別 Returnable，並提供方法 doReturn()，讓可以退貨的類別 Shirt 與 Trousers 繼承以處理退貨問題，Sock 就不繼承該類別。之後以類似本章 toBe/DisplayClothing.java 的範例建立方法 returnClothing()，如以下範例。

- 這樣的設計理念基本上沒有問題。但 Java 只允許單一繼承，不允許同時具備多個父類別。已經繼承類別 Clothing，就不能再繼承類別 Returnable。

```
1    public static void returnClothing (Returnable r) {
2        r.doReturn();
3    }
```

所以這個時候，就需要有一個新的 Java 形態，稱之為「介面」（interface），以滿足良好的物件導向設計，又不會被 Java 只能單一繼承的特性所限制。

11.7.2　介面的使用方式

介面的語法

Java 子類別不允許多個父類別，但提供介面（interface）來取代父類別，達成類似效果。介面的宣告語法為：

🖥 **語法**

```
[public] [abstract] interface interface_identifier {
    [public] [static] [final] field declarations;
    [public] [abstract] method declarations;      // java 7: no body
    [public] default|static method declarations;    // java 8: has body
    private [static] method declarations;     // java 9: has body
}
```

幾個細節必須注意：

1. 使用關鍵字「interface」。

2. 子類別只可以 extends 單一父類別，但可以同時「implements」多個介面，有「實作內容」的概念。

3. 介面可以具備欄位，修飾詞只能是 public、static、final 或**留空**，未標明時這些就是預設值。

4. 介面可以具備方法，存取修飾詞可以是 public、private 或**留空**，非存取修飾詞可以是 abstract、default、static、strictfp（不在本書介紹範圍）或**留空**。要注意 2 種修飾詞的搭配組合：

- 在 Java 8 之前，唯一允許 public abstract 的抽象方法，兩種修飾詞都可以省略。

- 由 Java 8 開始，

  - 新增 public default 的物件方法，要實作方法內容；public 修飾詞可以省略，但性質不變。

  - 新增 public static 的靜態方法，要實作方法內容；public 可以省略，但性質不變。

- 由 Java 9 開始，

  - 新增 private 的物件方法，要實作方法內容；修飾詞不可省略，可以被 public default 方法使用。

  - 新增 private static 的靜態方法，要實作方法內容；修飾詞皆不可省略，可以被 public static / default 的方法使用。

整理如下表：

表 11-3　**介面方法修飾詞**

支援版本	存取修飾詞	非存取修飾詞	方法內容區塊 {}
Java 8 之前	public（可省略）	abstract（可省略）	N
Java 8 開始	public（可省略）	default	Y
Java 8 開始	public（可省略）	static	
Java 9 開始	private	留空	
Java 9 開始	private	static	

範例如下：

🚀 範例：**/java11-ocp-1/src/course/c11/InterfaceModifierLab.java**

```
1    public interface InterfaceModifierLab {
2      /* before Java 8, method has no body */
3      public abstract void abstractMethod1();
4      abstract void abstractMethod2();      //隱含 public
5      void abstractMethod3(); // 隱含 public abstract
6
7      /* after Java 8, default method has body */
8      public default void defaultMethod1() {}
9      default void defaultMethod2() {}      //隱含 public
10
11     /* after Java 8, static method has body */
12     public static void staticMethod1() {}
13     static void staticMethod2() {}  //隱含 public
14
15     /* after Java 9, method with body could be private */
16     private static void privateMethod1() {}
17     private void privateMethod2() {}
18  // private default void privateMethod3() {}  //編譯失敗：private與
                                                  default 衝突
19   }
```

建立介面與實作內容

回到範例程式需要有退貨的設計上。以下示範如何建立 Returnable 介面：

🚀 範例：**/java11-ocp-1/src/course/c11/toBe2/Returnable.java**

```
1    public interface Returnable {
2        public void doReturn();
3    }
```

以下示範 Shirt 類別如何實作 Returnable 介面，注意行 1 類別宣告實作 Returnable 介面，行 18-21 實作抽象方法內容：

🚀 範例：**/java11-ocp-1/src/course/c11/toBe2/Shirt.java**

```
1   public class Shirt extends Clothing implements Returnable {
2       public Shirt(char fit, int itemID, String description, char
                                            colorCode, double price) {
3           super(itemID, description, colorCode, price);
4           this.fit = fit;
5       }
6       private char fit = 'U'; //S=Small,M=Medium,L=Large, U=Unset
7       public char getFit() {
8           return fit;
9       }
10      public void setFit(char fit) {
11          this.fit = fit;
12      }
13      @Override
14      public void display() {
15          super.display();
16          System.out.println("Fit: " + getFit());
17      }
18      @Override
19      public void doReturn() {
20          System.out.println("Could be returned within 3 days");
21      }
22  }
```

最後，以多型的精神將方法參數以介面 Returnable 宣告，如以下範例行 2。只要有實作該介面的類別，皆可傳入該方法，如範例行 7、9：

🚀 範例：**/java11-ocp-1/src/course/c11/toBe2/ReturnClothing.java**

```
1   public class ReturnClothing {
2       public static void dealReturn (Returnable r) {
3           r.doReturn();
4       }
5       public static void main(String[] args) {
6           Returnable r = new Shirt('L', 1, "my shirt", 'B', 1000.5);
7           dealReturn(r);
8           Trousers t = new Trousers('M', 1, "my trouser", 'B', 1200.5);
9           dealReturn(t);
10      }
11  }
```

類別圖設計如下：

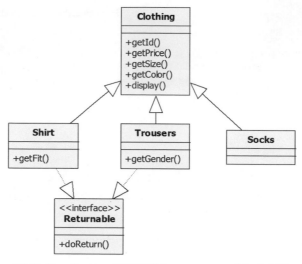

圖 11-13　Clothing 子類別實作 Returnable 介面示意圖

11.7.3　由介面參考控制子類別方法

當使用「介面」作爲變數宣告的參考型別時：

```
1   Returnable r = new Trousers('M', 1, "my trouser", 'B', 1200.5);
```

和使用「父類別參考」控制子類別方法的結果相似，將使能夠控制的物件欄位和方法變少。示意圖如下：

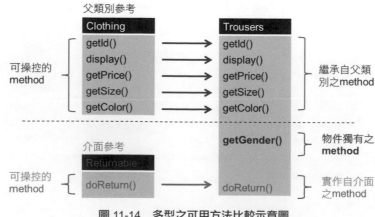

圖 11-14　多型之可用方法比較示意圖

11.7.4 Java 裡使用介面的範例

Java 裡使用介面的範例很多，由 Java API 文件可以看到 ArrayList 類別也實作了 List 介面，所以日後我們使用 ArrayList 時，可以改用介面宣告：

```
1    List myList = new ArrayList();
```

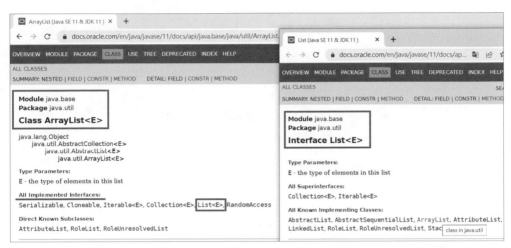

圖 11-15　ArrayList 實作 List 介面

11.8　認識物件始祖 Object 類別

類別 Object 是 Java 裡所有類別的父類別，這樣的位階就像自然界裡象徵所有生命的「物種」。在 Java API 文件任意挑選一個類別，都可以看到這樣的結果。

圖 11-16　ArrayList 繼承自 Object 類別

11.8.1　Object 類別的地位

任何類別只要未繼承其他類別，Java 預設會「extends Object」。如先前我們自己定義的 Clothing 類別，看起來如此：

```
1   public class Clothing {
2       public Clothing (…) {
3           // 建構子內容
4       }
5       // 其他物件成員
6   }
```

因為 Java 會預設補上「extends Object」，所以實際上會如以下範例行 1：

```
1   public class Clothing extends Object {
2       public Clothing (…) {
3           // 建構子內容
4       }
5       // 其他物件成員
6   }
```

11.8.2　toString() 方法

身為類別始祖，Object 類別只提供基本的方法。其中「toString()」方法提供對物件的簡單描述。在子類別沒有覆寫前，該方法內容如下：

```
1    public String toString() {
2        return getClass().getName() + "@" + Integer.toHexString(hashCode());
3    }
```

通常類別都會改寫此一方法，以提供客製化的個別類別資訊，如以下範例行 5-7：

🚀 **範例：/java11-ocp-1/src/course/c11/ToStringTest.java**

```
1    class First {
2    }
3    class Second {
4        @Override
5        public String toString() {
6            return "I am Second";
7        }
8    }
9    public class ToStringTest {
10       public static void main(String[] args) {
11           System.out.println(new Object());
12           System.out.println(new First());
13           System.out.println(new Second());
14           System.out.println(new Second().toString());
15       }
16   }
```

🧩 **結果**

```
java.lang.Object@7d6f77cc
course.c11.First@73a28541
I am Second
I am Second
```

說明

11	未覆寫 toString() 方法時輸出的預設內容。符號 @ 前為類別完整名稱。
12	未覆寫 toString() 方法時輸出的預設內容。符號 @ 前為類別完整名稱。
13	println() 方法傳入物件型態時，將輸出該類別覆寫 toString() 方法後的內容。
14	驗證 13 行的說明。

物件導向程式設計（二） 12

12.1 再談封裝

Java 是物件導向的程式語言。本章介紹物件導向的三大特色：封裝、繼承和多型，
並說明 Java 單一繼承的特色。

12.1.1 何謂封裝

封裝使用的英文是「Encapsulation」：

1. to enclose（封填） in a capsule（膠囊）。

2. To wrap（隱藏） something around an object to cover（遮蓋） it。

在物件導向程式開發時，主要用在欄位和方法，可以隱藏 Java 物件內部的欄位狀態
和商業邏輯。使用修飾詞（modifiers）來決定開放範圍：

1. **public**：表示所有類別均可使用。

2. **private**：限制在自己類別內部使用。

「欄位」封裝後，外界無法知道物件狀態；視需要再提供公開的方法，讓其他類別可以間接存取。「方法」隱藏實作細節後，視需要再提供公開介面方法，讓封裝的方法可以被轉呼叫。因此只要介面不修改，將不會影響呼叫方法的類別。

12.1.2　封裝三部曲

以下示範封裝的步驟。封裝前為：

🚀 **範例：/java11-ocp-1/src/course/c12/asis/Employee.java**

```
1    public class Employee {
2        public final int COMPANY_ID = 1234567890;
3        public int empId;
4        public String name;
5        public String ssn;
6        public double salary;
7
8        public Employee() {}
9
10       public Employee(int empId, String name) {
11           this.empId = empId;
12           this.name = name;
13       }
14
15       public int getEmpId() {
16           return empId;
17       }
18       public void setEmpId(int empId) {
19           this.empId = empId;
20       }
21       @Override
22       public String toString() {
23           return this.empId + "-" + this.name;
24       }
25   }
```

封裝進行時：

1. 先將所有欄位變成 private；有需要給外界存取的，才提供 public 方法。這是「最小權限」的概念，也稱為「private data, public methods」。

2. 接下來重新檢視所有方法的設計，目標是：

- 和商業邏輯有關的方法，盡可能封裝成 private，再提供公開介面方法轉呼叫。

- 方法的命名應該讓使用者對於使用方式和功能意義可以一目了然。方法輸入的參數名稱也是一種輔助說明。

3. 最後，讓類別的整體設計盡可能做到「immutable」。亦即一旦物件生成，除非必要，物件狀態不允許改變：

- 移除所有 setter 方法，使用建構子設定欄位的初始值。

- 移除不帶參數（no-args）的建構子。如此物件一旦生成，將無法修改資料狀態。

依照以上 3 步驟改寫 Employee 類別後，結果如下：

🚀 **範例：/java11-ocp-1/src/course/c12/tobe/Employee.java**

```
1    public class Employee {
2        private final int COMPANY_ID = 1234567890;
3        private int empId;
4        private String name;
5        private String ssn;
6        private double salary;
7        public Employee(int empId, String name, String ssn, double salary) {
8            this.empId = empId;
9            this.name = name;
10           this.ssn = ssn;
11           this.salary = salary;
12       }
13       public void changeName(String newName) {
14           if (newName != null) {
15               this.name = newName;
16           }
17       }
18       public void raiseSalary(double increase) {
19           this.salary += increase;
20       }
21       public int getEmpId() {
22           return empId;
23       }
24       public String getName() {
25           return name;
```

```
26          }
27      public String getSsn() {
28          return ssn;
29      }
30      public double getSalary() {
31          return salary;
32      }
33  }
```

其中，因為商業邏輯需要，保留 2 個方法可以改變物件狀態：

1. changeName (String newName)。

2. raiseSalary (double increase)。

搭配方法名稱和參數名稱，讓人清楚方法的用意。比方說，方法 changeName() 搭配參數 newName，很清楚目的是「改變名稱」，因為建構子已經設定名稱。若方法命名為 setName() 則只是設定名稱，無法知道原先是否有名稱。

方法 raiseSalary() 搭配參數 increase 加上，很清楚目的是「增加薪資」，因為建構子已經設定基本薪資。若方法名稱使用 setSalary()，則只知道要設定薪水，可能薪水尚未設定或傳入負數導致減薪。

12.2　建立子類別和使用繼承關係

12.2.1　繼承的目的和建立子類別

Java 使用「繼承」的目的：

1. 它是物件導向程式語言的一大特色。

2. 藉由繼承，子類別可以直接使用父類別方法，達成程式碼重複使用（code reuse）的目的。

3. 將方法設計為依賴父類別（super class）或介面（interface），讓程式碼可以一般化（generalization）的原則處理更多的子類別，不會因為頻繁新增子類別而改動程式。

因此我們應該盡可能使用最一般化的參考型別，亦即「Coding for Generalization」。

建立子類別

建立子類別是一種「特別化、專業化」（Specialization）的過程。繼承父類別後的子類別，除具備父類別的屬性方法外，也會有自己獨特且更專業化的特質。

承前一範例，Employee 類別是基礎類別，公司內的人員都是員工。特殊的角色如 Manager 類別，繼承 Employee 類別後，因為需要管理部門，會再擁有 managedDept 的屬性和相關 getter 方法。

📖 範例：/java11-ocp-1/src/course/c12/tobe/Manager.java

```
1   public class Manager extends Employee {
2       private String managedDept;
3       public Manager(int empId, String name, String ssn, double salary,
                                                String managedDept) {
4           super (empId, name, ssn, salary);
5           this.managedDept = managedDept;
6       }
7       public String getManagedDept () {
8           return managedDept;
9       }
10  }
```

以 UML 來繪製 2 個類別的繼承關係，會像這樣：

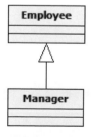

圖 12-1　Manager 繼承 Employee 的 UML 類別圖

使用 Manager 類別來建構物件：

🚀 **範例：/java11-ocp-1/src/course/c12/tobe/Manager.java**

```
1    public static void main(String args[]) {
2        Manager mgr =
3            new Manager(102, "Duke", "107-99-9078", 109345.67,
                                                      "Marketing");
4        mgr.raiseSalary(10000.00);      // 方法來自繼承
5        String dept = mgr.getManagedDept();      // 方法是子類別特化
6    }
```

12.2.2 建立子類別的建構子

建構子的建立方式

建構子（constructor）不是物件成員，非屬性或方法，所以無法繼承取得，但因爲需要用來生成物件，所以是必要的類別組成，有以下方法可以建立：

1. 若程式設計人員「沒有」建立自己的建構子，則 Java 主動提供「無參數」的建構子，稱爲「預設建構子」（default constructor）。

2. 若程式設計人員「有」建立自己的建構子，則 Java 不再提供預設建構子。若仍需要「無參數建構子」（no-args constructor），就必須自己建立。

3. 建構子可以使用「多載」（Overloading）的技巧建立多個。因爲必須和類別同名，所以只能藉由不同的參數組合，區分不同建構子，也代表不同的物件建構方式。

使用 this 和 super 關鍵字

在類別內呼叫自己的建構子或是父類別的建構子時，不是使用建構子名稱，而是：

1. 存取自己的建構子，使用 this() 加上需要傳入的參數。

2. 存取父類別的建構子，使用 super() 加上需要傳入的參數。

關鍵字 this 和 super 加上運算子「.」，也可以用來分別存取目前類別和父類別的物件成員，也就是欄位和方法。可以想成指向自己和父類別的另類遙控器。

建構子的運作方式

建構子在繼承部分的基本原則是：「物件實例化的過程裡，為了讓子類別可以取得父類別屬性和方法，**必須先執行父類別建構子的內容，再執行子類別建構子的內容**」。

為了達成這個原則，Java採取的手段是「**每個子類別的建構子被執行內容前，都必須先呼叫一個父類別的建構子**」。可以分成2種情況：

1. 若父類別的「無參數的建構子」存在，且程式設計人員沒有主動呼叫父類別的建構子，則不管該子類別的建構子是預設還是自己建立，Java都會自動在每個子類別的建構子的第一行程式碼主動呼叫super()。

2. 若父類別的「無參數的建構子」不存在，則程式設計人員必須幫「每一個」子類別的建構子都各找一個合適的父類別的建構子，且在「第一個動作」呼叫。

執行建構子時，第一件事必須呼叫父類別建構子，可以讓子類別在生成時像是「踩階梯」逐步往上爬到最高層Object類別，再順勢「溜滑梯」執行繼承結構裡的每一階建構子，示意圖如下：

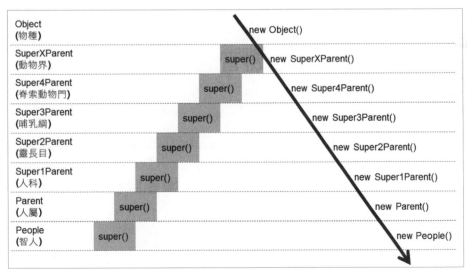

圖 12-2 建構子執行示意圖（節錄自本書前冊 12 章）

以下範例的程式碼行 12 是否可以通過編譯？

🚀 **範例：/java11-ocp-1/src/course/c12/TestConstructors.java**

```java
1    class Super {
2        Super(String s) {
3            System.out.println("Super");
4        }
5    }
6    class Sub extends Super {
7        Sub(String s) {
8            super(s);
9            System.out.println("Sub");
10       }
11       Sub(String s1, String s2) {
12           this(s1);
13           System.out.println("Sub");
14       }
15   }
16   public class TestConstructors {
17       public static void main(String[] args) {
18           new Sub("Jim");
19           System.out.println("--------");
20           new Sub("Hi", "Jim");
21       }
22   }
```

🧩 **結果**

```
Super
Sub
--------
Super
Sub
Sub
```

💬 **說明**

| 12 | 雖然看似沒有馬上呼叫父類別建構子。但這裡呼 this(s1) 後，程式碼會跳到第 8 行，然後馬上執行 super()。 |
| | 因為子類別建構子在執行自己工作之前，還是很盡責地先呼叫父類別的建構子，因此可以通過編譯。 |

由這個範例，我們可以知道「**子類別建構子可以藉由呼叫其他多載（Overloading）的子類別建構子，再呼叫父類別建構子**」。為了避免這種彈性設計演變成「子類別建構子一次跳級多階父類別建構子」的失控局面，以下範例行 6 無法通過編譯。

🚀 **範例：/java11-ocp-1/src/course/c12/TestConstructors2.java**

```
1    class SuperClass {
2    }
3    class ChildClass {
4        ChildClass(int x) {
5            super();   // 踩階梯到父類別
6            this();    // 編譯失敗！再踩一次階梯到父類別的父類別！
7        }
8        ChildClass() {
9            super();
10       }
11   }
```

簡而言之，Java 的限制是：

1. 每個子類別建構子只能存在 1 個「自己類別多載的建構子」或是「父類別建構子」，而且必須是在第一行程式碼。亦即「Constructor call must be the first statement in a constructor」。

2. 若未做到規則 1，且父類別存在無參數建構子的情況下，Java 預設自動加入父類別的無參數建構子。

12.3　多載方法與使用可變動參數個數的方法

12.3.1　多載方法

1. 方法宣告的「名稱」與「參數」，合稱「簽名」（signature）。簽名用來識別方法，好比人的名字有時相同，但簽名字跡不同，所以拿來辨認。因此，類別內的每一個方法必須有不同的簽名，用以識別。

2. 方法在簽名不同的原則下，若名稱相同，稱爲「多載方法」（Overloading），用於開發相似功能的方法。

常用的 System.out.print() 就是最好範例。我們這樣設計：

```
1    void print (int i)
2    void print (float f)
3    void print (String s)
```

不會這樣設計：

```
1    void printInt (int i)
2    void printFloat (float f)
3    void printString (String s)
```

因爲對方法呼叫者而言，後者使用時必須先知道不同的方法名稱，不若前者只要一個方法名稱 print，就可以處理所有不同參數。

12.3.2　可變動參數個數的方法

雖然多載的機制很方便，還是會有不足的時候。如果需求是設計一個計算平均的方法，在考慮各種可能的參數的個數和種類組合後，預期必須設計很多方法。

🚀 **範例**：**/java11-ocp-1/src/course/c12/Statistics1.java**

```
1    public class Statistics1 {
2        public float average (int x1, int x2) {
3            return (x1 + x2) / 2;
4        }
5        public float average (int x1, int x2, int x3) {
6            return (x1 + x2 + x3) / 3;
7        }
8        public float average (int x1, int x2, int x3, int x4) {
9            return (x1 + x2 + x3 + x4) / 4;
10       }
11       // 還要更多方法…
12   }
```

爲了處理這種情況，可以使用「可變動參數個數的方法」，亦即方法的參數的個數可以自動調整，只要型別一致即可。宣告方式是將方法的參數型別後面加上 3 個點，如：

```
1    public float average (int… x1) { }
```

所以原範例重構如下：

🚀 **範例：/java11-ocp-1/src/course/c12/Statistics2.java**

```
1    public class Statistics2 {
2        public float average(int... nums) {
3            int sum = 0;
4            float result = 0;
5            if (nums.length > 0) {
6                for (int x : nums)
7                    // iterate int array nums
8                    sum += x;
9                result = (float) sum / nums.length;
10           }
11           return (result);
12       }
13       public static void main(String args[]) {
14           Statistics2 s = new Statistics2();
15           System.out.println(s.average());
16           System.out.println(s.average(1,2,3,4));
17           System.out.println(s.average(1,2,3,4,5,6));
18           System.out.println(s.average(1,2));
19           int[ ] arr = {1,2,3,4};
20           System.out.println(s.average(arr));
21       }
22   }
```

程式碼 15-20 行顯示只用一個「可變動參數個數的方法」卻可以支援不同數目的輸入參數，行 15 甚至可以沒有參數，或是行 20 參數使用陣列，是不是很方便呢？

12.4　再談多型

12.4.1　多型的意義

「多型」的英文是「polymorphism」，字面的解釋是「many forms」，所以中文常翻譯爲「多型」，可以解釋爲「多種型別」。

在 Java 等物件導向的程式語言裡，要參照一個物件實例，除了使用原本的型別外，也可以使用父類別或介面的型別；也就是一個物件實例，可以多種型別宣告，所以稱爲「多型」。

在前一章我們介紹過多型的概念。使用多型的好處在於程式碼的彈性，但必須注意使用不同的宣告後，可以存取的物件成員將不同。簡單的比喻就是「原廠遙控器」vs.「萬用遙控器」，如下圖所示。

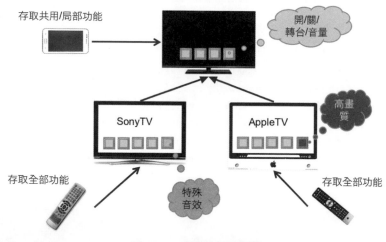

圖 12-3　多型範例示意圖

假設我們有 A 電視屬於 A 品牌，和 B 電視屬於 B 品牌，A、B 兩台電視都有基本的「開、關、調整音量、切換頻道」功能。而 A 電視有「特殊音效」的強項，B 電視則爲「高畫質」。

使用「原廠遙控器」的好處在於，遙控器可以百分之百控制對應的電視。而「原廠遙控器」可以用來對比以「子類別」宣告的物件參考變數。

另外，有一種「萬用遙控器」，萬一原廠遙控器遺失，可以去購買這樣的遙控器。只要做一些設定工作，就可以和大部分的電視連接。有些手機若支援紅外線裝置，通常也有類似功能，所以使用手機的圖樣來表示「萬用遙控器」。這類遙控器可以連接不同的電視，美中不足的地方在於通常不能完全控制該電視，尤其是電視的特殊功能，但基本的「開、關、調整音量、切換頻道」沒有問題。

「萬用遙控器」用來對比以「父類別」宣告的物件參考變數。

雖然父類別物件參考和子類別物件參考都指向同一物件實例，但父類別物件參考只能使用父類別定義的方法，子類別物件參考則使用子類別定義的方法；因為子類別的方法來自父類別加上自己的新增，因此可用的方法比較多，就像「原廠遙控器」能使用的功能多於「萬用遙控器」一樣。

接下來，我們把前述的概念改以類別設計來實現，範例都位於路徑「/java11-ocp-1/src/course/c12/polymorphism」。

首先，建立電視類別 TV。本例設計為抽象類別，因此不適用於直接生產製作，必須有品牌廠繼承後，才能建立實例。

🚀 **範例：/java11-ocp-1/src/course/c12/polymorphism/TV.java**

```
1   public abstract class TV {
2       public void turnOn() {
3           System.out.println("turnOn TV");
4       }
5       public void turnOff() {
6           System.out.println("turnOff TV");
7       }
8       public void changeChannel() {
9           System.out.println("TV changeChannel(), once a channel.");
10      }
11      public void changeVolume() {
12          System.out.println("TV changeVolume()");
13      }
14  }
```

建立 DVDable 介面，一旦 TV 有實作該介面，就具備播放 DVD 的功能。

🚀 **範例**：**/java11-ocp-1/src/course/c12/polymorphism/DVDable.java**

```
1    public interface DVDable {
2        void playDVD();
3    }
```

建立 SonyTV 類別，繼承 TV 類別：

🚀 **範例**：**/java11-ocp-1/src/course/c12/polymorphism/SonyTV.java**

```
1    public class SonyTV extends TV {
2        public void showSpecialSounds() {
3            System.out.println(" SonyTV showSpecialSounds()");
4        }
5    }
```

建立 AppleTV 類別，繼承 TV 類別，並實作 DVDable 介面：

🚀 **範例**：**/java11-ocp-1/src/course/c12/polymorphism/AppleTV.java**

```
1    public class AppleTV extends TV implements DVDable {
2        public void showHD() {
3            System.out.println("AppleTV showHD()");
4        }
5        @Override
6        public void changeChannel() {
7            System.out.println("AppleTV jumps channels.");
8        }
9        @Override
10       public void playDVD() {
11           System.out.println("AppleTV playDVD()");
12       }
13   }
```

接下來，首先測試覆寫的影響：

🚀 **範例**：**/java11-ocp-1/src/course/c12/polymorphism/TestTV.java**

```
1    private static void testOverride() {
2        AppleTV x1 = new AppleTV();
3        TV x2 = x1;
```

```
4        DVDable x3 = x1;
5        x1.changeChannel();
6        x2.changeChannel();
7        x1.playDVD();
8        x3.playDVD();
9    }
```

💬 說明

2-4	使用多型的作法，讓同一個 AppleTV 的物件實例，用 3 種型別宣告。
5-6	使用不同型態的物件參考，呼叫相同方法。 結果證明，雖然使用不同種類遙控器，但只要遙控器上具備此一功能（編譯時期檢查），因為都是指向同一台電視，執行結果都相同（執行時期）。
7-8	使用不同型態的物件參考，呼叫相同方法。

🧩 結果

```
AppleTV jumps channels.
AppleTV jumps channels.
AppleTV playDVD()
AppleTV playDVD()
```

若使用父類別或介面做為宣告型態，子類別或實作類別就可以更換，因此以下都是多型概念的呈現：

1. 以**多種**宣告型別指向**一個**物件實例。

2. 以**一種**宣告型別指向**多個**物件實例。

🚀 範例：**/java11-ocp-1/src/course/c12/polymorphism/TestTV.java**

```
1    private static void showChangeImpl() {
4        TV tv;
5        tv = new AppleTV();
6        tv = new SonyTV();
7        DVDable dvd;
8        dvd = new AppleTV();
9    }
```

在繼續測試之前，分別建立執行 AppleTV 和 SonyTV 功能的方法：

🚀 **範例**：**/java11-ocp-1/src/course/c12/polymorphism/TestTV.java**

```
1   public static void showAppleTvFuns(AppleTV apple) {
2       System.out.println("----- 顯示所有 AppleTV 功能 ----------");
3       apple.turnOn();        // 繼承自父類別
4       apple.turnOff();       // 繼承自父類別
5       apple.changeChannel();      // 繼承自父類別
6       apple.changeVolume();       // 繼承自父類別
7       apple.showHD();        // 自己特化
8       apple.playDVD();       // 外掛（實作介面）
9   }
10  public static void showSonyTvFuns(SonyTV sony) {
11      System.out.println("----- 顯示所有 SonyTV 功能 ----------");
12      sony.turnOn();         // 繼承自父類別
13      sony.turnOff();        // 繼承自父類別
14      sony.changeChannel();       // 繼承自父類別
15      sony.changeVolume();        // 繼承自父類別
16      sony.showSpecialSounds();  // 自己特化
17  }
```

一個衍生的問題是目前只有 2 家品牌電視繼承 TV 類別，因此我們建立了 2 個方法。未來若繼承 TV 類別的品牌電視如雨後春筍冒個不停，是不是這類方法也跟著一直增加呢？

使用程式碼測試前述方法：

🚀 **範例**：**/java11-ocp-1/src/course/c12/polymorphism/TestTV.java**

```
1   private static void withoutPolymorphism() {
2       AppleTV apple = new AppleTV();
3       SonyTV sony = new SonyTV();
6       showAppleTvFuns (apple);
7       showSonyTvFuns (sony);
8   }
```

新增品牌電視繼承 TV 類別，這是商業邏輯的需求無可避免；但其他程式碼就應該檢討是否可以「以不變，應萬變」。因此方法傳入的參數摒棄特化的子類別，改用父類別或介面。

範例：**/java11-ocp-1/src/course/c12/polymorphism/TestTV.java**

```java
1   public static void showBasicTvFunctions (TV tv) {
2       System.out.println("-------- 顯示所有 TV 功能 ----------------");
3       tv.turnOn();
4       tv.turnOff();
5       tv.changeChannel();
6       tv.changeVolume();
7   }
8   public static void playDvd (DVDable dvd) {
9       System.out.println("------- 顯示 DVDable 功能 ----------------");
10      dvd.playDVD();
11  }
```

使用程式碼測試前述方法：

範例：**/java11-ocp-1/src/course/c12/polymorphism/TestTV.java**

```java
1   private static void withPolymorphism() {
2       AppleTV apple = new AppleTV();
3       SonyTV sony = new SonyTV();
4       showBasicTvFunctions (apple);
5       showBasicTvFunctions (sony);
6       playDvd (apple);
7   }
```

可以發現，如果方法傳入的參數使用父類別或介面宣告，則可以接受所有子類別和實作類別。這樣是不是以逸待勞呢？寫了一個依賴父類別的程式，抵得過千千萬萬個子類別的程式，這就是多型概念強大的地方。

倘若有一天您發現一定得用子類別來寫程式，這時或許就是要重新思考類別繼承架構，或是使用其他設計技巧的時候。「永遠使用父類別、抽象、介面等概念寫程式」，一直都是物件導向程式設計的習慣。

12.4.2　Java 支援單一繼承與多實作

Java 不同於 C++ 語言，在繼承上只允許單一繼承，亦即每一個類別只能繼承一個父類別，因此必須妥善使用這唯一的機會。除了先前的 Employee 類別和 Manager 類別外，再新增 Amin、Sales、Director 類別，善用一次繼承的機會，架構設計如下：

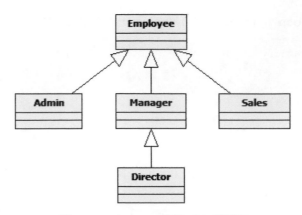

圖 12-4　Employee 家族 UML 繼承圖

至於 Java 拒絕多重繼承，主要考量是若多個父類別有相同方法簽名與內容時，可以避免子類別繼承的衝突。介面的考量則因為是否提供 default 方法會有不同，參考範例。

範例的設定情境如下。這裡的類別或介面使用底線協助命名並非 Java 習慣，只是方便讀者辨識。

🚀 **範例：/java11-ocp-1/src/course/c12/ShowMultiInterfaces.java**

```
1   // 擁有相同簽名的抽象方法的介面
2   interface Skill_1 {
3       void makeMoney();
4   }
5   interface Skill_2 {
6       void makeMoney();
7   }
8   // 擁有相同簽名的default方法的介面
9   interface Skill_3 {
10      default void makeMoney() {
11          System.out.println("from Skill_3");
12      }
13  }
14  interface Skill_4 {
15      default void makeMoney() {
16          System.out.println("from Skill_3");
17      }
18  }
19  // 相同簽名方法的父類別，但存取層級不同
20  class Father {
```

```
21        void makeMoney() {
22            System.out.println("from Father");
23        }
24    }
25    class Mother {
26        public void makeMoney() {
27            System.out.println("from Mother");
28        }
29    }
```

驗證案例 1 與案例 2

🚀 範例：**/java11-ocp-1/src/course/c12/ShowMultiInterfaces.java**

```
1    // 1
2    class BadChild1 extends Father, Mother { }      // 編譯失敗
3    // 2
4    class GoodChild1 implements Skill_1, Skill_2 {
5        @Override
6        public void makeMoney() {
7            System.out.println("make money by java and database");
8        }
9    }
```

💬 **說明**

1. Java 不允許多繼承，因爲可能遇到相同內容的方法，造成衝突。

2. Java 允許實作多個介面，因爲介面方法內容爲空，而且子類別必須覆寫內容，不會有衝突。

Java 不允許多重繼承的理由，在這裡就看得很清楚了。當 BadChild1 類別同時繼承了 Father 類別和 Mother 類別時，請問它該繼承誰的 makeMoney() 方法呢？因爲有衝突，因此多重繼承無法通過編譯。

但實作多個介面就不同了，因爲 Skill_1 和 Skill_2 介面雖然定義了相同方法 makeMoney()，但本身沒有提供內容，而且都是要求子類別必須實作方法內容。雖然 2 個介面各自要求了 1 次，但實際上 GoodChild1 類別只要實作 1 次就可以應付，因此沒有多重繼承的衝突問題。

驗證案例 3 與案例 4

 範例：**/java11-ocp-1/src/course/c12/ShowMultiInterfaces.java**

```
1    // 3
2    abstract class BadChild2 implements Skill_3, Skill_4 { }      // 編譯失敗
3    // 4
4    class GoodChild2 implements Skill_3, Skill_4 {
5        @Override
6        public void makeMoney() {
7            System.out.println("Override the same default method name");
8        }
9    }
```

 說明

3. 若實作的多個介面裡有相同名稱的 default 方法，子類別就必須覆寫該方法，即便是抽象子類別，避免衝突。

4. 同案例 3。

驗證案例 5 與案例 6

 範例：**/java11-ocp-1/src/course/c12/ShowMultiInterfaces.java**

```
1    // 5
2    class GoodGirl1 extends Mother implements Skill_1 { }
3    // 6
4    class GoodGirl2 extends Mother implements Skill_3 { }
```

 說明

5. 若繼承的父類別與實作的介面有相同簽名且都是 public 的方法，可以父類別的方法提供介面抽象方法的實作，所以子類別不須再覆寫。

6. 同案例 5。

驗證案例 7 與案例 8

🚀 **範例**：**/java11-ocp-1/src/course/c12/ShowMultiInterfaces.java**

```
1    // 7
2    class GoodBoy1 extends Father implements Skill_2 {
3        @Override
4        public void makeMoney() {
5            super.makeMoney();
6        }
7    }
8    // 8
9    class GoodBoy2 extends Father implements Skill_4 {
10       @Override
11       public void makeMoney() {
12           super.makeMoney();
13       }
14   }
```

💬 **說明**

7. 繼承的父類別與實作的介面雖然有相同簽名的方法，但父類別方法是 package 層級的存取權限，無法覆寫用介面的 public 層級存取權限的方法，所以子類別必須覆寫。

8. 同案例 7。

驗證案例執行

執行編譯正常的類別：

🚀 **範例**：**/java11-ocp-1/src/course/c12/ShowMultiInterfaces.java**

```
1    public class ShowMultiInterfaces  {
2        public static void main(String args[]) {
3            new GoodChild1().makeMoney();
4            new GoodChild2().makeMoney();
5            new GoodBoy1().makeMoney();
6            new GoodBoy2().makeMoney();
7            new GoodGirl1().makeMoney();
```

```
 8              new GoodGirl2().makeMoney();
 9         }
10    }
```

❖ 結果

```
make money by java and database
Override the same default method name
from Father
from Father
from Mother
from Mother
```

程式執行異常處理

13

13.1 執行時的異常與例外物件（Exception）

13.1.1 例外狀況的處理

程式執行的正常流程是：

1. 呼叫者（caller）方法呼叫工作者（worker）的方法。

2. 執行工作者的方法。

3. 工作者的方法執行結束，將結果回傳（return）給呼叫者方法。

以 /java11-ocp-1/src/course/c13/ExceptionDemo.java 為例，若程式執行遇到不預期的狀況，因而發生錯誤而中止，則 Eclipse 的 Console 視窗會以紅色文字顯示錯誤訊息，如下：

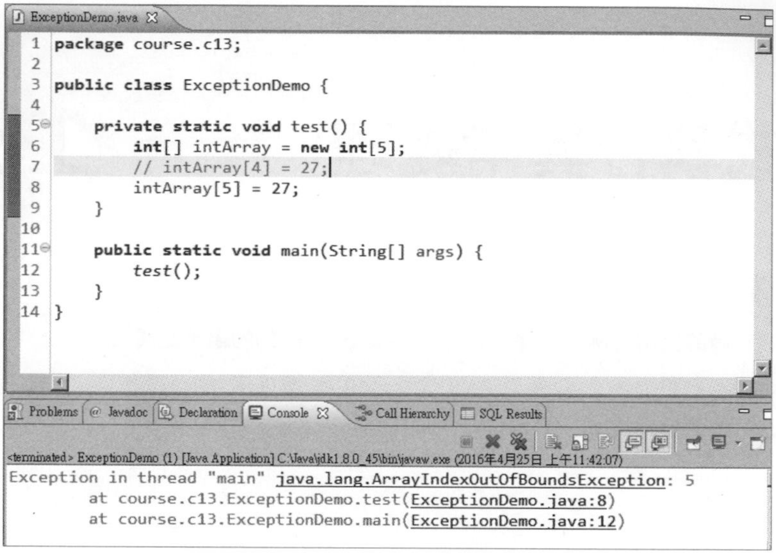

```
  ExceptionDemo.java  ⊠
 1  package course.c13;
 2
 3  public class ExceptionDemo {
 4
 5⊖     private static void test() {
 6          int[] intArray = new int[5];
 7          // intArray[4] = 27;
 8          intArray[5] = 27;
 9      }
10
11⊖     public static void main(String[] args) {
12          test();
13      }
14  }
```

```
  Problems  @ Javadoc  Declaration  Console ⊠    Call Hierarchy  SQL Results
<terminated> ExceptionDemo (1) [Java Application] C:\Java\jdk1.8.0_45\bin\javaw.exe (2016年4月25日 上午11:42:07)
Exception in thread "main" java.lang.ArrayIndexOutOfBoundsException: 5
        at course.c13.ExceptionDemo.test(ExceptionDemo.java:8)
        at course.c13.ExceptionDemo.main(ExceptionDemo.java:12)
```

圖 13-1　Java 程式執行出錯

Java 程式發生錯誤時，JVM 會拋出例外物件（Exception），說明例外發生的地方以及例外種類。檢視上圖的紅色錯誤訊息內容，可以知道：

1. 執行緒 main 在執行程式時發生錯誤。

2. 程式碼發生錯誤的地方，先後順序是（由下往上看）：

   • ExceptionDemo 類別的 main() 方法，在程式碼第 12 行。

   • ExceptionDemo 類別的 test() 方法，在程式碼第 8 行。

3. 因錯誤而拋出的例外物件是「java.lang.ArrayIndexOutOfBoundsException」。

13.1.2　Exception 分類

Java 對於程式執行異常的觀點，在於「預防勝於治療」，因此在「可能預知」程式方法執行時的「風險」的前提下，會要求程式設計人員預先做下防範處理。所以 Exception 的分類很重要，因為分類的結果會決定處理方式：

表 13-1　Exception 分類

分類	Checked Exception	Unchecked Exception	
說明	已然預知風險，必須事先預防	無法預知風險，無法事先預防	
代表類別	所有例外類別都是。除： 1. RuntimeException 2. Error 類別和其子類別	RuntimeException 類別和其子類別	Error 類別和其子類別
		歸類程式內部原因：如資料輸入異常	歸類程式外部原因：如硬體、網路等
處理方式	1. **方法內部**自己處理 2. 方法內部不處理但提醒**呼叫者**要處理	不需要事先處理	

由上表，Java 要求必須對方法執行時的風險預作處理者，在分類上屬於 Checked Exception，處理方式分 2 種：

1. **方法內部自己處理**：對於方法內執行有風險的程式區塊，需事先以「try - catch」區塊定義，則程式碼執行在「try」區塊遇到錯誤時，Java 拋出的例外物件將進入該「catch」區塊，不至於中斷程式。

2. **方法內部不處理但提醒呼叫者要處理**：藉由在方法宣告時說明執行時的可能風險，提醒呼叫者必須處理。

在後續章節中，將有更完整說明。

以下範例在執行過程中將拋出「java.lang.OutOfMemoryError」，為「Error」的子類別：

🚀 範例：**/java11-ocp-1/src/course/c13/ErrorDemo.java**

```
1   public class ErrorDemo {
2     private static void test() {
3       List<String> list = new ArrayList<String>();
4       while (true) {
5         String s = "OutOfMemoryError Test";
6         list.add(s);
7         if (list.size() % 1000000 == 0) {
8           System.out.println(list.size() / 100000 + " million String
                                                        created!");
9         }
10      }
11    }
```

```
12     public static void main(String[] args) {
13        System.out.println("============ Test Start!! ============");
14        test();
15        System.out.println("============ Test End!! ============");
16     }
17  }
```

結果

```
======= Test Start!! =======
10 million String created!
20 million String created!
30 million String created!
40 million String created!
......
11940 million String created!
11950 million String created!
11960 million String created!
11970 million String created!
Exception in thread "main" java.lang.OutOfMemoryError: Java heap space
    at java.base/java.util.Arrays.copyOf(Arrays.java:3720)
    at java.base/java.util.Arrays.copyOf(Arrays.java:3689)
    at java.base/java.util.ArrayList.grow(ArrayList.java:238)
    at java.base/java.util.ArrayList.grow(ArrayList.java:243)
    at java.base/java.util.ArrayList.add(ArrayList.java:486)
    at java.base/java.util.ArrayList.add(ArrayList.java:499)
    at course.c13.ErrorDemo.test(ErrorDemo.java:12)
    at course.c13.ErrorDemo.main(ErrorDemo.java:21)
```

這類錯誤是因為記憶體用完導致，任何程式都有可能出現這種錯誤，屬於 Unchecked Exception，Java 未要求事先防範。

13.2 例外的傳播與處理

13.2.1 方法執行時的堆疊關係

以下範例，顯示「方法間呼叫」的「堆疊」（stack）關係。

範例：**/java11-ocp-1/src/course/c13/ExceptionTest1.java**

```
1    public class ExceptionTest1 {
2        public static void doThat() {
3            System.out.println("Start doThat()");
4            System.out.println("End doThat()");
5        }
6        public static void doThis() {
7            System.out.println("Start doThis()");
8            doThat();
9            System.out.println("End doThis()");
10       }
11       public static void main(String[] args) {
12           System.out.println("============ Start main() ============");
13           doThis();
14           System.out.println("============ End main() ============");
15       }
16   }
```

結果

```
====== Start main() ========
Start doThis()
Start doThat()
End doThat()
End doThis()
======= End main() ========
```

根據這個結果，可以繪出以下方法執行堆疊示意圖。

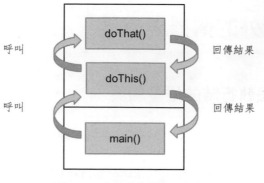

圖 13-2　方法執行堆疊示意圖

> **小知識**　堆疊（stack）是一種資料結構，在 Java 裡以 Stack 類別來代表。Stack 和 ArrayList 類別都屬於集合 / 容器物件的一種，可以不斷新增成員。取出成員時，則是依循「後進先出」的概念，會先取出後放進去的成員。概念和以箱子裝書一樣，因為只有一個開口，後放進箱子裡的書，會被優先取出；方法呼叫時，最後被呼叫的，會優先完成。

13.2.2　方法執行時發生錯誤

前述範例都是在程式執行順利的情況下。若程式出現異常，將會拋出例外物件而「中止」程式執行。如下：

🚀 **範例：/java11-ocp-1/src/course/c13/ExceptionTest2.java**

```java
1   public class ExceptionTest2 {
2       public static void uncheckedException() {
3           int[] intArray = new int[5];
4           intArray[5] = 27;
5       }
6       public static void doThat() {
7           System.out.println("Start doThat()");
8           uncheckedException();
9           System.out.println("End doThat()");
10      }
11      public static void doThis() {
12          System.out.println("Start doThis()");
13          doThat();
14          System.out.println("End doThis()");
```

```
15        }
16     public static void main(String[] args) {
17         System.out.println("============ Start main() ============");
18         doThis();
19         System.out.println("============ End main() ============");
20     }
21   }
```

結果

```
====== Start main() =======
Start doThis()
Start doThat()
Exception in thread "main" java.lang.ArrayIndexOutOfBoundsException: 5
at course.c13.ExceptionTest2.uncheckedException(ExceptionTest2.java:6)
at course.c13.ExceptionTest2.doThat(ExceptionTest2.java:10)
at course.c13.ExceptionTest2.doThis(ExceptionTest2.java:15)
at course.c13.ExceptionTest2.main(ExceptionTest2.java:20)
```

說明

4	因陣列長度為 5，指定 index 為 5，將超出長度上限而出錯。
8	方法 uncheckedException() 導致程式出錯而中止。
9	System.out.println("End doThat()"); 因為已經終止，不會被執行。

13.2.3　使用 try-catch 程式區塊處理異常情況

前述範例程式拋出的例外 java.lang.ArrayIndexOutOfBoundsException 為 RuntimeException 的子類別，屬於 Unchecked Exception，因此 Java 不會要求預先預防，但我們也可以自己加上導入 try-catch 程式區塊，讓拋出的例外物件可以導向到 catch 程式區塊中，讓程式可以正常結束。

try-catch 程式區塊的宣告語法如下：

🖥 語法

```
try {
    // 有出錯風險的程式碼
} catch (ExceptionType name) {
    // 程式碼出錯後的處置方式
}
```

以下範例使用 try-catch 程式區塊，讓拋出的例外物件可以導向到 catch 程式區塊中，避免例外物件無法處理而中止程式。

🚀 範例：/java11-ocp-1/src/course/c13/ExceptionTest3.java

```
1   public class ExceptionTest3 {
2       public static void uncheckedException() {
3           int[] intArray = new int[5];
4           intArray[5] = 27;
5       }
6       public static void doThat() {
7           System.out.println("Start doThat()");
8           try {
9               uncheckedException();
10          } catch (Exception e) {
11              e.printStackTrace();
12          }
13          System.out.println("End doThat()");
14      }
15      public static void doThis() {
16          System.out.println("Start doThis()");
17          doThat();
18          System.out.println("End doThis()");
19      }
20      public static void main(String[] args) {
21          System.out.println("============= Start main() =============");
22          doThis();
23          System.out.println("============= End main() =============");
24      }
25  }
```

🧩 結果

```
======== Start main() ========
Start doThis()
Start doThat()
java.lang.ArrayIndexOutOfBoundsException: 5
    at course.c13.ExceptionTest3.uncheckedException(ExceptionTest3.java:6)
    at course.c13.ExceptionTest3.doThat(ExceptionTest3.java:11)
    at course.c13.ExceptionTest3.doThis(ExceptionTest3.java:19)
    at course.c13.ExceptionTest3.main(ExceptionTest3.java:24)
End doThat()
End doThis()
======== End main() ========
```

可以看到，因為在 catch 程式區塊中捕捉了例外物件，因此程式正常執行結束。

13.2.4 「捕捉例外」或是「拋出例外」？

在範例 ExceptionTest2.java 和 ExceptionTest3.java 中，因為方法 uncheckedException()
中拋出的例外 java.lang.ArrayIndexOutOfBoundsException 是 RuntimeException 的子
類別，屬於 Unchecked Exception，因此 Java 並沒有強制我們一定要處理方法中有風
險的程式區塊。

但若是 Checked Exception，因為屬於「已然預知風險，必須事先預防」，Java 就會
強制程式必須：

1. 在方法內部自己處理已經預知的風險，使用 try-catch 區塊，如同 ExceptionTest3.
   java。

2. 方法內部不處理，但提醒方法呼叫者必須要處理。此時必須在方法的宣告使用
   throws 語句，並加上可能的例外。

💻 語法

```
return_type method_identifier ( [arguments] ) [throws ExceptionTypes] {
    method_code_block
}
[ExceptionTypes]：可能的例外。若多個，以「,」區隔
```

以下示範如何宣告方法裡可能拋出的例外類別：

🚀 **範例：/java11-ocp-1/src/course/c13/ExceptionTest4.java**

```
1   public class ExceptionTest4 {
2       public static void checkedException() throws Exception {
3           if (Math.random() > 0.01) {
4               throw new Exception();
5           }
6       }
7       public static void doThat() throws Exception {
8           System.out.println("Start doThat()");
9           checkedException();
10          System.out.println("End doThat()");
11      }
12      public static void doThis() throws Exception {
13          System.out.println("Start doThis()");
14          doThat();
15          System.out.println("End doThis()");
16      }
17      public static void main(String[] args) {
18          System.out.println("============ Start main() ============");
19          try {
20              doThis();
21          } catch (Exception e) {
22              e.printStackTrace();
23          }
24          System.out.println("============ End main() ============");
25      }
26  }
```

🧩 **結果**

```
======== Start main() ========
Start doThis()
Start doThat()
java.lang.Exception
    at course.c13.ExceptionTest4.checkedException(ExceptionTest4.java:6)
    at course.c13.ExceptionTest4.doThat(ExceptionTest4.java:11)
    at course.c13.ExceptionTest4.doThis(ExceptionTest4.java:16)
```

```
    at course.c13.ExceptionTest4.main(ExceptionTest4.java:22)
======== End main() ========
```

💬 **說明**

2-5	因方法 checkedException() 可能丟出 Exception 物件，屬於 Checked Exception，必須在方法的宣告加上 throws Exception，提醒呼叫者有此風險，必須處理。
7	方法 doThat() 呼叫 checkedException() 方法，就必須處理可能拋出的 Exception 物件；本例中 doThat() 方法自己不處理，必須提醒下一個呼叫者處理，因此也在方法的宣告加上 throws Exception。
12	方法 doThis() 自己也不處理，因此也在方法的宣告加上 throws Exception。
17	方法 main() 是最後一關，一樣可以在方法宣告 throws Exception，但慣例上會把例外處理掉，因為不會再有方法去呼叫 main() 方法。
24	本行程式碼將被執行。

在方法裡呼叫其他有風險的方法時，若可能拋出 Checked Exception，就一定要由「捕捉例外」或「拋出例外」中選擇一樣處理方式。

13.3 　例外的繼承結構

13.3.1 　例外的始祖類別 Throwable

類別 Throwable 是 Java 相當特別的一個類別，專責處理程式異常。有 2 種情況只能使用 Throwable 類別或其子類別：

1. try-catch 程式區塊的 catch (…) 敘述，其括號內只能是這種類別。

2. 方法的宣告若有 throws …敘述，其後只能放這種類別。

類別 Throwable 的子類別可以再分成兩大類：「Exception」和「Error」；再加上 Exception 的子類別「RuntimeException」，三者構成的 Checked 和 Unchecked 例外的主要來源。

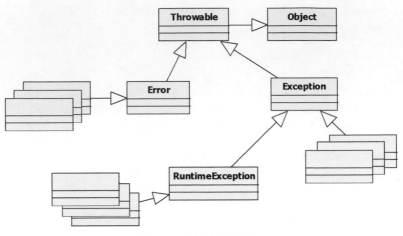

圖 13-3　例外繼承架構圖

13.3.2　認證考試常見的例外類別

下方的類別圖上出現的例外相關類別，不僅實務中經常使用，也都曾在認證考試中出現。本書將陸續納入範例，讓各位讀者認識這些常用的例外類別。

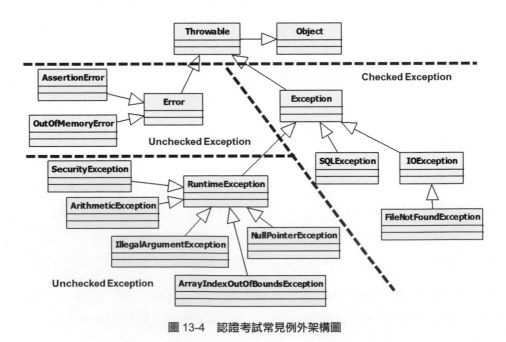

圖 13-4　認證考試常見例外架構圖

13.4　處理例外的好習慣

例外的類別種類很多。每一個例外類別，都可以用於一種程式的異常狀況。經常看到程式裡的方法直接 throws Exception，或是 catch (Exception e)，雖然以「多型」的觀點來說，這樣的作法很方便，也具備彈性，因為只要使用較大的父類別，就可以**避免每一個小類別必須逐一處理**，但這種使用多型宣告的作法，在處理例外類別卻應該盡量避免。為了讓程式可以穩定執行，針對每一種不同的情況拋出的例外類別，都應該**有不同處理方式**。

在接下來的章節中，將告訴各位讀者一些處理例外的好習慣。

13.4.1　捕捉真正的例外

程式碼中應該使用適當或是真正的例外子類別，而不是如同多型的想法，直接使用例外父類別如 Exception 或 Throwable。原因是：

1. 不同的例外情況，會有不同的處理方式，就好像給醫生診療，每種病症都必須對症下藥。我們必須檢查例外狀況，確認是否可以徹底的復原。

2. 若是方法宣告直接拋出 Exception 或 Throwable，呼叫者方法無法知道程式執行的確切風險，將影響例外的處理。

因此 Exception 或 Throwable 較適用於不確定例外狀況時，可以避免未能掌握的例外狀況中斷程式執行；一旦確定了，就應該針對個案進行個別處理。

此外，不需要捕捉所有的例外狀況，像可能拋出 Error 或 RuntimeException 的地方就不需要事先處理。

也要確認某種例外是否是程式應該要處理的。有些時候，顯示適當的錯誤訊息給使用者也是一種處理方式，如網路無法連線。

以下示範使用較精準的 IOException 類別處理例外。程式碼若執行順利，將在指定目錄產生檔案：

🚀 **範例**：**/java11-ocp-1/src/course/c13/IOExceptionDemo.java**

```
1    public class IOExceptionDemo {
2        public static void main(String args[]) {
```

```
3            try {
4                testCheckedException();
5            } catch (IOException e) {
6                e.printStackTrace();
7            }
8        }
9        public static void testCheckedException() throws IOException {
10           String path = System.getProperty("user.dir") +
                                            "/src/course/c13/temp/";
11           File f = new File(path + "test.txt");
12           f.createNewFile();
13           System.out.println("File is created? " + f.exists());
14       }
15   }
```

💬 說明

10	System.getProperty("user.dir") 可以取得 Eclipse 專案所在檔案系統目錄，再加上 "/src/course/c13/temp/"，即為範例程式裡預先建立的測試目錄，檔案可以在此處產生。
11-12	使用 java.io.File 類別建立檔案。
12	若行 10 路徑不存在，本行將拋出例外： **java.io.IOException: 系統找不到指定的路徑** at java.base/java.io.WinNTFileSystem.createFileExclusively(Native Method) at java.base/java.io.File.createNewFile(File.java:1035) at course.c13.IOExceptionDemo.testCheckedException(IOExceptionDemo.java:19) at course.c13.IOExceptionDemo.main(IOExceptionDemo.java:9)
13	若檔案順利產生，將可輸出結果「File is created? true」。

下個範例裡，使用了一些不好的例外處理習慣：

🚀 範例：**/java11-ocp-1/src/course/c13/BadPractice.java**

```
1    public class BadPractice {
2        public static void main(String args[]) {
3            try {
```

```
4                testCheckedException();
5            } catch (Exception e) {
6                System.out.println("Failed as creating file!!");
7            }
8        }
9        public static void testCheckedException() throws IOException {
10           String path = System.getProperty("user.dir") +
                                            "/src/course/c13/temp/";
11           File f = new File(path + "test.txt");
12           f.createNewFile();
13           System.out.println("File is created? " + f.exists());
14           // deal with another logic
15           int[] array = new int[4];
16           array[4] = 100;
17       }
18   }
```

首先，必須先知道方法 testCheckedException() 雖然只宣告拋出 IOException，但實際上處理陣列時，也會拋出 ArrayIndexOutOfBoundsException，只因為該類別屬於 Unchecked Exception，因此不強制捕捉或拋出。

因此，範例程式裡幾個比較不恰當的例外處理機制：

1. 呼叫 testCheckedException() 後直接捕捉 Exception，又直接輸出錯誤訊息「"Failed as creating file!!"」，將導致拋出 ArrayIndexOutOfBoundsException 時無法顯示真正原因。

2. 不應該直接 catch Exception。本例中可能出現的 java.io.IOException 和 java.lang.ArrayIndexOutOfBoundsException 應該要分開處理。

3. 建立檔案時，也有可能因為權限問題而拋出 java.lang.SecurityException，屬於 Unchecked Exception。

在這個範例程式裡，我們也認知到一個方法可能有多個例外發生，接下來將說明如何處理「多重例外」的情況。

13.4.2　捕捉多重例外

下方範例的 createTempFile() 方法，預期有多少個例外物件可能被拋出？

🚀 **範例**：/java11-ocp-1/src/course/c13/MultiExceptionDemo.java

```
1    public static void createTempFile() throws IOException {
2        String path = System.getProperty("user.dir") + "/src/course/c13/
                                                                      temp";
3        System.out.println(path);
4        File f = new File(path);
5        File tf = File.createTempFile("ji", null, f);
6        System.out.println("Temp file name: " + tf.getPath());
7        int arr[] = new int[5];
8        arr[5] = 25;
9    }
```

答案可能讓您吃驚，因為至少有 4 種：

1. **IOException**：路徑的資料夾是唯讀，或不存在。

2. **IllegalArgumentException**：要建立暫存檔案，至少須提供前 3 個字元。

3. **ArrayIndexOutOfBoundsException**：超出陣列長度。

4. **SecurityException**：檔案存取權限不足。

因此要呼叫該方法時，可以如下：

🚀 **範例**：/java11-ocp-1/src/course/c13/MultiExceptionDemo.java

```
1    public static void main(String args[]) {
2        try {
3            createTempFile();
4        } catch (IOException ioe) {
5            System.out.println(ioe);
6        } catch (IllegalArgumentException iae) {
7            System.out.println(iae);
8        } catch (ArrayIndexOutOfBoundsException aiobe) {
9            System.out.println(aiobe);
10       } catch (SecurityException se) {
11           System.out.println(se);
12       } catch (Exception e) {
13           System.out.println(e);
14       }
15   }
```

必須注意的是，若捕捉的例外類別間有繼承關係時，愈大的「例外父類別」一定要放在愈「後面」，避免在前面就被先攔截，將導致後面的例外子類別無用武之地。不依照此規則，將無法通過編譯。

類別設計（一） 14

14.1 認識 public、protected、private 與預設的存取控管機制

「方法覆寫」是繼承的重要功能，「轉型」則提供使用多型後取得子類別特化方法的關鍵。本章深入介紹方法覆寫及轉型的使用方式，也讓設計類別時可以更周詳。

14.1.1 存取控制層級

Java 成員的存取控制層級（access control level）一共分成 4 種，除了先前封裝時介紹的「public」、「private」，還有「protected」和「default / package」兩種層級。作用範圍分別是：

1. **protected 層級**：嚴格程度高於 public。除了同一類別內、同一套件下，具有繼承關係的子類別也可以存取父類別宣告為 protected 的欄位或方法。

2. **default 層級**：若欄位或方法建立時，未使用存取控制層級的修飾詞（亦即未載明使用 public、protected 或 private），Java 將採取預設（default）層級的存取控制。因為 Java 重視安全性，該層級僅次於 private。此時只有在同一套件（package）下的類別能夠存取該類別的欄位或方法，故又名「package」層級。

4 種層級的彙整如下，其中 Y 表示欄位或方法可被存取：

表 14-1　各存取控制層級比較

	同一類別內可以存取	同一套件內可以存取	同一類別、套件，或子類別可以存取	存取無限制
private	Y			
default	Y	Y		
protected	Y	Y	Y	
public	Y	Y	Y	Y

以下範例顯示存取控制層級的用法：

```
1   package demo;
2   public class Foo {
3       protected int result = 20;
4       int other = 25;    //default, 不能跨 package
5   }
```

和其子類別：

```
1   package test;
2   import demo.Foo;
3   public class Bar extends Foo {
4       private int sum = 10;
5       public void reportSum () {
6           sum += result;    // 通過編譯
7           sum += other;     // 編譯失敗
8       }
9   }
```

Bar 和 Foo 兩個類別位於不同 package，所以 Foo 類別的欄位 other，存取層級為預設（default / package），不能被不同 package 的 Bar 類別存取。

因為 Bar 類別繼承了 Foo 類別，且 Foo 類別的 result 欄位其存取層級為 protected，所以可以被子類別 Bar 存取，不受 package 限制。

14.1.2 欄位遮蔽效應

設計類別成員的存取控制層級時，容易因為相同的欄位名稱出現在父類別和子類別，卻沒有使用 private 宣告以有效區隔兩者，導致「欄位遮蔽」（field shadowing）效應，而造成程式邏輯混淆。如範例：

🏃 範例：/java11-ocp-1/src/course/c14/FieldShadowDemo1.java

```
1    class Source1 {
2        protected int result = 20;
3    }
4    class Test1 extends Source1 {
5        protected int result = 30;      // 子類別欄位將遮蔽父類別欄位
6        public int reportSum() {
7            return 10 + result;
8        }
9    }
10   public class FieldShadowDemo1 {
11       public static void main(String args[]) {
12           System.out.println(new Test1().reportSum());
13       }
14   }
```

💠 結果

40

💬 說明

5	子類別欄已有欄位 result，父類別也定義了 result 欄位，加上使用 protected 宣告，子類別也可以存取。
	雖然 2 個 result 欄位子類別都可以存取，但子類別自己定義的欄位效力高於父類別，因而遮蔽父類別同名欄位，稱為「欄位遮蔽」。
7	因為欄位遮蔽效應，這裡的 result 欄位為子類別欄位，值為 30。

設計類別欄位時，應養成好習慣，避免欄位遮蔽讓程式邏輯混淆：

1. 父類別欄位改為 private，並建立 getter() 方法供子類別呼叫。

2. 子類別看不見父類別的 private 欄位，就不會有遮蔽的問題。

修改後如下：

🚀 **範例**：**/java11-ocp-1/src/course/c14/FieldShadowDemo2.java**

```
1    class Source2 {
2        private int result = 20;
3        protected int getResult() {
4            return result;
5        }
6    }
7    class Test2 extends Source2 {
8        public int reportSum() {
9            return 10 + getResult();
10       }
11   }
12   public class FieldShadowDemo2 {
13       public static void main(String args[]) {
14           System.out.println(new Test2().reportSum());
15       }
16   }
```

🧩 結果

```
30
```

14.2　覆寫（Override）方法

14.2.1　覆寫方法的規則

編譯與執行時期的差異

當子類別和父類別同時具備相同簽名的方法時，子類別方法的執行優先順序將高於父類別，稱為子類別方法「覆寫」（override）父類別方法。此處的方法簽名（method signature）是指方法名稱和方法參數。

換個角度看，類別的方法是以簽名作為識別。當子類別繼承父類別後，在存取控制層級允許的情況下，將具備使用父類別方法的能力，若父子類別存在相同簽名的名稱，將會造成衝突，因此子類別方法可以覆寫父類別方法，避免衝突。如以下示範，建立父類別 Employee：

🚀 範例：**/java11-ocp-1/src/course/c14/Employee.java**

```
1   public class Employee {
2       private int empId;
3       private String name;
4       private String ssn;
5       private double salary;
6       public Employee(int empId, String name, String ssn, double salary) {
7           this.empId = empId;
8           this.name = name;
9           this.ssn = ssn;
10          this.salary = salary;
11      }
12      public String profile () {
13          return "id:" + empId + ", name:" + name;
14      }
15  }
```

建立 Employee 類別的子類別 Manager：

範例：/java11-ocp-1/src/course/c14/Manager.java

```
1    public class Manager extends Employee {
2        private String deptName;
3        public Manager(int empId, String name, String ssn, double salary,
                        String deptName) {
4            super(empId, name, ssn, salary);
5            this.deptName = deptName;
6        }
7        @Override
8        public String profile() {
9            return super.profile() + ", Department:" + this.deptName;
10       }
11   }
```

其中，方法 profile() 因為父子類別都有，因此會發生子類別覆寫父類別的狀況。對兩個類別做測試。

 範例：/java11-ocp-1/src/course/c14/Manager.java

```
1    public static void main(String args[]) {
2        Employee e = new Employee (1, "Jim", "11111", 100_000.00);
3        System.out.println (e.profile());
4        Manager m = new Manager (2, "Tom", "22222", 200_000.00, "R&D");
5        System.out.println (m.profile());
6    }
```

可以得到結果：

結果

```
id:1, name:Jim
id:2, name:Tom, Department:R&D
```

雖然父類別 Employee 也有 profile() 方法，呼叫 Manager 時，還是會使用子類別覆寫後的方法。

前例中宣告和實際建立的物件其型別都一致。但若不一致時會如何呢？如：

🚀 **範例**：**/java11-ocp-1/src/course/c14/Manager.java**

```
1   public static void main(String args[]) {
2       Employee em = new Manager (2, "Tom", "22222", 200_000.00, "Sales");
3       System.out.println (em.profile());
4   }
```

🧩 **結果**

```
id:2, name:Tom, Department:Sales
```

由編譯到執行的過程是：

1. **編譯時期**：由編譯器檢查 Employee 型別是否具備 profile() 方法。

2. **執行時期**：由 Manager 物件執行 profile() 方法。

處理這類問題時，必須分清楚「編譯時期」和「執行時期」兩段行為的不同。物件在「執行時期」表現出來的行為，就是在記憶體裡的實際的物件表現出來的行為。

在 C++ 裡，若要使用這種機制，必須在方法前加上「virtual」的宣告詞，故又稱為「virtual method invocation」，簡稱「VMI」。因為一開始宣告為父類別，執行時的行為則交由實際物件「動態決定」，故又稱為「late binding」或「dynamic binding」。

編譯器對覆寫的檢驗

認證考試很喜歡測試對於覆寫的觀念是否清楚。以下範例那些類別無法通過編譯？

🚀 **範例**：**/java11-ocp-1/src/course/c14/TestOverride.java**

```
1   class Deeper throws IOException {
2       public Number getDepth(Number n) {
3           return 10;
4       }
5   }
6   class DeepA extends Deeper {
7       @Override
8       protected Integer getDepth(Number n) {
9           return 5;
```

```
10          }
11      }
12      class DeepB extends Deeper {
13          @Override
14          public Double getDepth(Number n) {
15              return 5d;
16          }
17      }
18      class DeepC extends Deeper {
19          @Override
20          public String getDepth(Number n) {
21              return "";
22          }
23      }
24      class DeepD extends Deeper {
25          @Override
26          public Long getDepth(int d) {
27              return 5L;
28          }
29      }
30      class DeepE extends Deeper {
31          @Override
32          public Short getDepth(Integer n) {
33              return 5;
34          }
35      }
36      class DeepF extends Deeper {
37          @Override
38          public Object getDepth(Object n) {
39              return 5;
40          }
41      }
42      class DeepG extends Deeper {
43          @Override
44          public Number getDepth(Number n) throws Exception {
45              return 5;
46          }
47      }
48      class DeepH extends Deeper {
49          @Override
50          public Number getDepth(Number n) throws FileNotFoundException {
51              return 5;
```

```
52          }
53      }
54      class DeepI extends Deeper {
55          @Override
56          public Number getDepth(Number n) throws IOException,
                                                        FileNotFoundException {
57              return 5;
58          }
59      }
60      class DeepJ extends Deeper {
61          @Override
62          public Number getDepth(Number n) throws IOException, SQLException {
63              return 5;
64          }
65      }
66      public class TestOverride {}
```

要解答這類問題，必須掌握 5 個原則：

1. 覆寫的標準是父子類別的方法的簽名（名稱＋參數）完全相同。

2. 方法以 @Override 標註，表示一定要符合覆寫標準。

3. 覆寫時存取層級（access modifier）必須相同或更高。

4. 覆寫時回傳型態（return type）必須相同或是子類別。

5. 覆寫時拋出的例外類別（Exception type）必須相同，或是子類別，而且數量可以相同或更少。

所以，上述範例編譯結果整理如下：

表 14-2　範例 TestOverride 結果列表

類別	結果	原因
DeepA	NG	覆寫後存取層級變小。
DeepB	OK	覆寫後可以不拋出任何例外。
DeepC	NG	覆寫後回傳型態不對。
DeepD	NG	方法簽名未完全相同，所以不是覆寫，和 @Override 的標註不符。
DeepE	NG	方法簽名未完全相同，所以不是覆寫，和 @Override 的標註不符。
DeepF	NG	方法簽名未完全相同，所以不是覆寫，和 @Override 的標註不符。

類別	結果	原因
DeepG	NG	拋出的例外類別 Exception 非 IOException 的子類別。
DeepH	OK	FileNotFoundException 是 IOException 的子類別。
DeepI	OK	Java 未限制拋出的 Exceptions 不能有繼承關係或規定先後順序。
DeepJ	NG	SQLException 非 IOException 的子類別。

🎙️ **小祕訣**

1. 關於存取層級，若是繼承後每次覆寫的存取層級都變小，由 public 被覆寫為 protected，再被覆寫為 default，再被覆寫為 private，是不是繼承 3 代後就不能再繼續？等於是絕後了。

2. 關於回傳型態和拋出的例外類別，因為繼承目的是為了更精進，所以覆寫之後可以允許回傳型態是子類別，拋出的例外也可以是子類別。

3. 關於拋出的例外類別，若原先拋出 2 個例外，覆寫後例外都被處理了，不需丟出例外，是不是也是一種精進呢？

14.2.2　只有物件成員的方法可以覆寫

必須注意的是，Java 裡只有「物件成員」的「方法」可以覆寫，欄位無法覆寫，靜態成員也無法覆寫，亦即：

表 14-3　各類成員覆寫機制比較表

分類 / 是否提供覆寫	物件成員	靜態成員
欄位	NO	NO
方法	YES	NO

以下示範當「宣告型別」和「實際型別」不同時，使用「物件方法」和使用「物件欄位」的差異。

🚀 **範例：/java11-ocp-1/src/course/c14/TestOverride1.java**

```
1    class Super1 {
2        protected int num = 20;
3        public int reportSum() {
4            return num;
```

```
 5          }
 6      }
 7      class Sub1 extends Super1 {
 8          protected int num = 30;
 9          public int reportSum() {
10              return 10 + num;
11          }
12      }
13      public class TestOverride1 {
14          public static void main(String args[]) {
15              Super1 s = new Sub1();
16              System.out.println(s.reportSum());
17              System.out.println(s.num);
18          }
19      }
```

結果

```
40
20
```

說明

10	因為欄位遮蔽的效應，此處 num=30。
15	宣告型別和實際型別不同時。
16	呼叫物件方法時，因為有覆寫功能，執行時以「**實際型別**」為重。
17	呼叫物件欄位時，無覆寫功能，執行時以「**宣告型別**」為重。

以下示範呼叫「類別成員」和「物件成員」的差異。本例中所有成員均宣告為 static：

範例：/java11-ocp-1/src/course/c14/TestOverride2.java

```
 1      class Super2 {
 2          protected static int num = 20;
 3          public static int reportSum() {
 4              return num;
 5          }
 6      }
```

```
 7   class Sub2 extends Super2 {
 8       protected static int num = 30;
 9       public static int reportSum() {
10           return 10 + num;
11       }
12   }
13   public class TestOverride2 {
14       public static void main(String args[]) {
15           Super2 s = new Sub2();
16           System.out.println( s.reportSum() );   // 不好的示範
17           System.out.println( s.num );            // 不好的示範
18           System.out.println( Super2.reportSum() );   // 應該這樣呼叫
19           System.out.println( Super2.num );            // 應該這樣呼叫
20       }
21   }
```

結果

```
20
20
20
20
```

說明

15	宣告型別和實際型別不同。
16	因為是 static 方法，無覆寫功能，執行時以「**宣告型別**」為重。
17	因為是 static 方法，無覆寫功能，執行時以「**宣告型別**」為重。
18-19	在本冊第 10 章介紹 static 方法時曾經說明，使用類別 / 靜態成員時，應該使用類別名稱呼叫其方法和屬性；雖然會和使用物件參考呼叫結果相同，但使用類別名稱呼叫，就可以「避免宣告型別和實際型別不同時的困擾」，本例是很好的驗證。

14.2.3 善用多型（Polymorphism）

以下示範如何藉由多形讓程式碼更具彈性。程式目前架構是若公司增加一種新的職務，如 Engineer，除了需要新建 Engineer 類別外，EmployeeStockPlan 類別也必須增加一個對應的方法 grantStock(Engineer)，以處理員工的配股數量。

 範例：**/java11-ocp-1/src/course/c14/polymorphism/Before.java**

```
1    class Employee {}
2    class Manager extends Employee {}
3    class Director extends Manager {}
4    class EmployeeStockPlan {
5        public int grantStock(Manager m) {
6            return 30;
7        }
8        public int grantStock(Director a) {
9            return 40;
10       }
11       // ... 針對新增員工型態必須增加對應方法
12   }
13   public class Before {
14       public static void main(String[] args) {
15           EmployeeStockPlan plan = new EmployeeStockPlan();
16           Manager m = new Manager();
17           System.out.println(plan.grantStock(m));
18       }
19   }
```

我們把程式以多型的概念重構如下：

 範例：**/java11-ocp-1/src/course/c14/polymorphism/After.java**

```
1    abstract class Employee {
2        abstract protected int calculateStock();
3    }
4    class Manager extends Employee {
5        protected int calculateStock() {
6            return 30;
7        }
8    }
```

```
 9    class Director extends Manager {
10        protected int calculateStock() {
11            return 40;
12        }
13    }
14    class EmployeeStockPlan {
15        public int grantStock(Employee e) {
16            return e.calculateStock();
17        }
18    }
19    public class After {
20        public static void main(String[] args) {
21            EmployeeStockPlan plan = new EmployeeStockPlan();
22            Manager m = new Manager();
23            System.out.println(plan.grantStock(m));
24        }
25    }
```

此時 EmployeeStockPlan 類別的方法只剩下一個，參數改爲輸入父類別 Employee，因此可以將處理的職務對象放至最寬，不再因爲新增職務而需要新增方法，但是方法內容改成轉呼叫員工的 calculateStock() 方法，因此每一個職務類別必須處理自己的配股數量：

1. 改版後 Employee 類別變爲 abstract，同時建立 abstract 方法 calculateStock()，因此子類別必須實作該方法。

2. 改版後 EmployeeStockPlan 類別只餘下一個 grantStock() 方法，可接受所有繼承 Employee 後的新職務類別。方法內容只是轉呼叫傳入職務類別的 calculateStock() 方法。

比較前後兩個範例，可以發現使用改版後的多型設計架構，當公司有新增職務時（增加新類別是無法避免的事情），因爲把計算配股數量的邏輯也放在職務類別裡，因此不再需要修改 EmployeeStockPlan 類別以增加新方法，避免了既有程式的異動，也減少了 bug 產生的機會。

如此，可以實踐「物件導向程式設計」（Object Oriented Programming, OOP）裡的「開閉法則」（Open Closed Principle, OCP），意義是「Open for extension, closed for modification」，中文解釋爲「對程式擴充開放（歡迎），但對程式修改關閉（拒絕）」。

14.2.4　instanceof 運算子

使用 instanceof 運算子可以確認物件的型態，如以下範例。傳入的物件都符合 Employee 的子類別，但若需要確認是否是 Manager 類別的實例，可以使用 instanceof 運算子：

```
1   public boolean isManager (Employee e) {
2       if (e instanceof Manager) {
3           return true;
4       }
5       return false;
6   }
```

多型的優勢在於讓傳入的型別有較大空間，但有些時候必須轉型（cast）回物件眞正的型態，才能使用特化的子類別方法。使用 instanceof 運算子在轉型前先判斷，可避免 java.lang.ClassCastException 發生，如下例：

```
1   public void modifyManagedDept (Employee e, String dept) {
2       if (e instanceof Manager) {
3           Manager m = (Manager) e;      // 使用轉型
4           m.setDeptName (dept);
5       }
6   }
```

14.3　認識轉型的機制

參考型別的轉型有以下 3 種可能：

1. **向上轉型**：目標是**父類別**，將讓可以使用的物件成員變少。因爲沒有風險，所以在運算式不對等的情況下會自動發動。

2. **向下轉型**：目標是**子類別**，將讓可以使用的物件成員變多。因爲有風險，必須自己發動。

3. **平行轉型**：目標是**自己**，沒有風險也沒有特殊意義，必須自己發動。

轉型的成功與否，和所處時期有關：

1. **編譯時期**：需要關注變數的「宣告型別」，可以允許「向上轉型」、「平行轉型」或「向下轉型」。

2. **執行時期**：需要關注變數的「實例型別」，可允許「向上轉型」或「平行轉型」，但不可以是「向下轉型」。

其中，既然執行時期不允許「向下轉型」，為何編譯時期會放行？

原因在於物件導向程式語言允許「多型宣告」，因此宣告型別可能大於實例型別。此時在編譯時期看似「向下轉型」，在執行時期可能只是「平行轉型」，因此編譯器必須可以接受「向下轉型」，如以下範例。

首先建立程式需要的參考型別：

🚀 **範例：/java11-ocp-1/src/course/c14/casting/ReferredClass.java**

```
1    class Employee {
2    }
3    class Manager extends Employee {
4    }
5    class Director extends Manager {
6    }
7    interface Quit {
8    }
```

類別關聯是：

圖 14-1 Employee 家族 UML 類別圖

轉型對象是類別

以下範例可以編譯。程式碼行 3 先以 Director 物件實例進行測試，程式執行沒有出錯。

🚀 **範例**：/java11-ocp-1/src/course/c14/casting/TestClassCasting.java

```
1   public class TestClassCasting {
2       public static void main(String[] args) {
3           Manager m = new Director();
4           testCastClass(m);
5       }
6       private static void testCastClass(Manager m) {
7           Employee e = (Employee) m;
8           Manager m2 = (Manager) m;
9           Director d = (Director) m;
10      }
11  }
```

💬 **說明**

3	編譯時期關注 Manager 型別，執行時期則以 Director 型別為重。
7	編譯時期由 Manager 向上轉型為 Employee，執行時期由 Director 向上轉型為 Employee。
8	編譯時期由 Manager 平行轉型為 Manager，執行時期由 Director 向上轉型為 Manager。
9	編譯時期由 Manager 向下轉型為 Director，執行時期由 Director 平行轉型為 Director。

將程式碼行 3 改以 Manager 物件實例進行測試，範例依然編譯，但程式執行會出錯。

🚀 **範例**：/java11-ocp-1/src/course/c14/casting/TestClassCasting.java

```
1   public class TestClassCasting {
2       public static void main(String[] args) {
3           Manager m = new Manager();
4           testCastClass(m);
5       }
```

```
 6      private static void testCastClass(Manager m) {
 7          Employee e = (Employee) m;
 8          Manager m2 = (Manager) m;
 9          Director d = (Director) m;
10      }
11  }
```

🗨 說明

3	編譯時期關注 Manager 型別，執行時期則以 Manager 型別為重。
7	編譯時期由 Manager **向上轉型**為 Employee，執行時期由 Manager **向上轉型**為 Employee。
8	編譯時期由 Manager **平行轉型**為 Manager，執行時期由 Manager **平行轉型**為 Manager。
9	編譯時期由 Manager **向下轉型**為 Director，執行時期由 Manager **向下轉型**為 Director。

出錯的地方是行 9，拋出轉型例外 java.lang.ClassCastException，因為執行時期不允許 Manager 向下轉型為 Director。

整理對應關係如下表：

表 14-4　編譯 / 執行時期轉型關係對照表

程式碼	編譯時期 （以宣告型態為主） Manager m;	執行時期 （以物件實例型態為主）	
		m = new Manager();	m = new Director();
Employee e = 　(Employee) m;	向上轉型	向上轉型（OK）	向上轉型（OK）
Manager mg = 　(Manager) m;	平行轉型	平行轉型（OK）	向上轉型（OK）
Director d = 　(Director) m;	向下轉型	**向下轉型（NG）**	平行轉型（OK）

就因為執行時期可能因為物件實例的改變而導致正確或出錯，所以編譯器採取開放的態度，無論向上、平行、向下轉型都不設限，但程式設計師必須知道若執行時期發生「向下轉型」將導致錯誤。

此外，在編譯時期只檢查轉型的目標型別是否屬於宣告型別的子類別，執行時期就必須確保轉型目標和實際的物件實例相同，所以這類向下轉型說穿了就是一種還原轉型，還原物件原貌，讓物件實例能和宣告型別一致。

轉型對象是介面

如果轉型的目標是介面呢？範例 ReferredClass.java 裡有一個介面 Quit，用來讓我們測試對介面的轉型。

🚀 **範例**：**/java11-ocp-1/src/course/c14/casting/TestInterfaceCasting.java**

```
1   public class TestInterfaceCasting {
2       public static void main(String[] args) {
3           try {
4               Manager m = new Manager();
5               testCastInterface(m);
6           } catch (ClassCastException e) {
7               e.printStackTrace();
8           }
9           try {
10              Manager d = new Director();
11              testCastInterface(d);
12          } catch (ClassCastException e) {
13              e.printStackTrace();
14          }
15      }
16      private static void testCastInterface(Manager m) {
17          Quit q = (Quit) m;
18      }
19  }
```

在程式碼行 4 與行 10 分別以 Manager 和 Director 的物件實例執行，結果都是拋出轉型例外 java.lang.ClassCastException。

問題是，Employee 相關的類別均未實作介面 Quit，為何可以通過編譯？但執行時期卻都出錯？編譯器的觀點是：

1. 由程式碼 16，編譯器知道編譯時型態是 Manager，但無法確定執行時期究竟是 Manager 還是 Director 的物件實例傳入方法。

2. 因為可以多型的關係，編譯器無法確定執行時期會是哪個子類別傳入，就更無法 預期子類別有實作哪些介面；因為編譯時期無法對轉型目標的介面做檢查，於是 只能不檢查。

3. 執行時期可以確定實際的物件實例型態，就是見真章的時候了；若該類別未實作 轉型目標的介面，轉型會失敗。

14.4　覆寫 Object 類別的方法

類別 java.lang.Object 是 Java 裡的第一號人物，也是所有物件的始祖。類別若未繼承 其他類別，將於類別定義自動加上 extends Object。如：

```
1    class Employee {
2    }
```

實際上是：

```
1    class Employee extends Object {
2    }
```

Object 類別裡有許多未使用 final 修飾詞的方法可以覆寫，如：

1. **toString()**

2. **equals()**

3. **hashCode()**

4. clone()

5. finalize()

因此都可以覆寫，但比較需要覆寫的方法只有項次 1, 2, 3。

1. 覆寫 toString() 方法

Object 類別的 toString() 方法提供對物件簡單描述：

 範例：java.lang.Object

```
1    public String toString() {
2      return getClass().getName() + "@" + Integer.toHexString(hashCode());
3    }
```

通常類別都會改寫此一方法，已提供客製化的個別類別訊息。如 Employee 類別：

範例：/java11-ocp-1/src/course/c14/Employee.java

```
1    public String toString() {
2        return "Employee id: " + empId + ", Employee name:" + name;
3    }
```

System.out.println() 方法若傳入物件參考，就會呼叫該物件的 toString() 方法。

2. 覆寫 equals() 方法

Object 類別的 equals() 方法預設使用「==」運算子，來比較物件在記憶體中的位置是否相同。

範例：java.lang.Object

```
1    public boolean equals(Object obj) {
2        return (this == obj);
3    }
```

然而，我們在意的通常是物件的「內容」或「特徵」是否相同，因此必須覆寫原始的 equals() 方法。以 Employee 類別為例，若我們認定員工編號 empId 欄位可以代表一個員工，就可以將 equals() 方法覆寫為：

範例：/java11-ocp-1/src/course/c14/Employee.java

```
1    public boolean equals(Object obj) {
2        if (this == obj)
3            return true;
```

```
4          if (obj == null)
5              return false;
6          if (getClass() != obj.getClass())
7              return false;
8          Employee other = (Employee) obj;
9          if (empId != other.empId)
10             return false;
11         return true;
12     }
```

比較 String 物件時，因爲 equals() 方法已被覆寫，只看字串內容（組成字元）是否一致。

3. 覆寫 hashCode() 方法

依據 Java API 文件對於 Object 類別的 hashCode() 方法描述：

1. 在同一個應用程式執行期間，對同一物件呼叫 hashCode() 方法，必須回傳相同結果。

2. 如果兩個物件使用 equals() 方法測試結果爲相等，則這兩個物件使用 hashCode() 方法時，也必須獲得相同的結果。

3. 如果兩個物件使用 equals() 方法測試結果爲不相等，則這兩個物件使用 hashCode() 方法時，不一定要獲得相同的結果。

因此，一旦覆寫 equals() 方法，就應該同時覆寫 hashCode() 方法，使其結果一致。以 Employee 類別爲例，因爲我們使用員工編號 empId 作爲 equals() 方法比較的關鍵，所以應該也將 empId 以一樣的設計理念融入於覆寫 hashCode() 方法中。

🚀 範例：**/java11-ocp-1/src/course/c14/Employee.java**

```
1   public int hashCode() {
2       final int prime = 31;
3       int result = 1;
4       result = prime * result + empId;
5       return result;
6   }
```

一些和雜湊函數（hash function）有關的集合物件，如 HashMap、HashSet 和 Hashtable 等，hashCode() 和 equals() 兩個方法會合併用來判斷集合裡的物件是否相同，因此建議一併覆寫。

如果覺得覆寫這兩個方法很麻煩，也可以使用 Eclipse 的功能協助。

01 選擇下拉選單的「Source」，再選擇「Generate hashCode() and equals()...」。

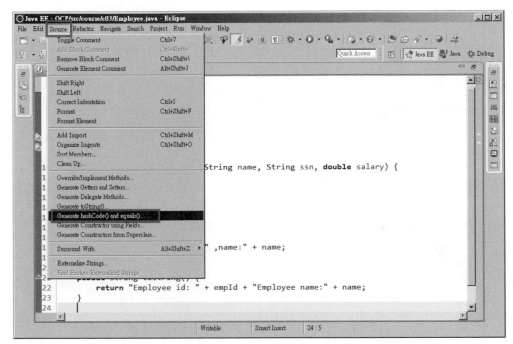

圖 14-2　進入功能表單

02 決定要以類別裡的哪些欄位作為覆寫方法時的使用要件。

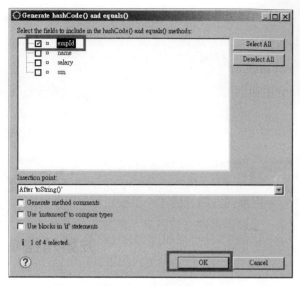

圖 14-3　選擇欄位

03 產生完畢。

圖 14-4　自動產出程式碼

類別設計（二） 15

15.1 使用抽象類別

繼承的目的之一是讓子類別可以使用父類別的方法。然而，部分情況父類別會希望子類別在繼承之後，必須覆寫自己的某些方法，此時可以使用 abstract 關鍵字宣告「抽象方法」和「抽象類別」。使用 abstract 的原則：

1. 「類別」加上 abstract 宣告後：

   - 可以被繼承。

   - 不可以被實例化。

   - 因為不能實例化只能繼承，所以不可以再有 final 修飾詞。

2. 「方法」加上 abstract 宣告後：

   - 不可以有內容，亦即不可以有 { }。

   - 類別必須也加上 abstract 宣告。

- 子類別若非 abstract，就必須覆寫該 abstract 方法。

- 目的在**強制**子類別必須實作，所以不可以再有 private 修飾詞。

3. 抽象類別可以包含「任何數目」的抽象方法，沒有抽象方法也可以。若抽象類別內沒有抽象方法，表示該類別爲抽象意念，不適合被實例化，如類別 Clothing、Animal 等。

4. 繼承抽象類別只有 2 個結果：

- 留有未覆寫的抽象方法，子類別必須還是抽象類別。

- 實作所有抽象方法。

15.2　使用 static 宣告

關鍵字 static 用來宣告欄位或方法屬於「類別成員」：

1. 可以直接以類別名稱呼叫，不需要產生物件，也不需要物件參考。

2. 用於解決不需要物件的狀況，如常數、公式。

3. 使用於共享資料。

4. 不符合物件導向的精神，除非有好理由，不該過度使用。

15.2.1　static 的方法與欄位

即便類別未被實例、初始化，無參考變數，以 static 宣告的方法依然可被使用：

1. 稱爲「類別方法」（class methods）。

2. 使用於非物件導向的 API 內，如 java.lang.Math。

3. 同一個類別內，只能被同樣是 static 的方法呼叫。

4. 也可以在子類別中有相同簽名的方法，但沒有覆寫效果。

5. 可使用於「靜態工廠方法設計模式」（static factory method design pattern）中，以**取代**使用「new」關鍵字的物件初始化流程。如：

```
1    NumberFormat nf = NumberFormat.getInstance();
```

以下示範 static 方法的建立方式：

🚀 範例：/java11-ocp-1/src/course/c15/StaticErrorClass.java

```
 1    public class StaticErrorClass {
 2        private int instanceField;      // 物件欄位
 3        public void instanceMethod() {    // 物件方法
 4            instanceField = 2;
 5        }
 6        public static void staticMethod() {     // 類別 static 方法
 7            instanceField = 1;      // 編譯失敗，static 方法不能呼叫物件欄位
 8            instanceMethod();       // 編譯失敗，static 方法不能呼叫物件方法
 9        }
10    }
```

呼叫 static 方法時，因為不需要物件參考，所以直接使用「類別名稱.方法名稱」，如以下範例行 1、2。應該避免使用物件參考來呼叫，如以下範例行 4：

```
1    double d = Math.random();     // 使用類別名稱呼叫 static 方法
2    StaticErrorClass.instanceMethod();   // 使用類別名稱呼叫 static 方法
3    StaticErrorClass test= new StaticErrorClass();
4    test.printMessage();     // 可以編譯，但容易混淆，應避免
```

使用 static 欄位的原則同 static 方法，如下例：

🚀 範例：/java11-ocp-1/src/course/c15/StaticCounter.java

```
 1    public class StaticCounter {
 2        private static int counter = 0;
 3        public StaticCounter() {
 4            counter++;
 5        }
 6        public static int getCount() {
 7            return counter;
 8        }
 9        public static void main(String args[]) {
10            new StaticCounter();
11            new StaticCounter();
```

```
12              System.out.println("count: " + StaticCounter.getCount() );
13          }
14      }
```

以下示範「靜態工廠方法設計模式」（static factory method design pattern）的使用，
參照套件 course.c12.polymorphism 內的相關類別：

```
1    class TV {
2        public static TV getInstance(String brand) {
3            if (brand.equals("APPLE")) {
4                return new AppleTV();
5            } else if (brand.equals("SONY")) {
6                return new SonyTV();
7            } else {
8                return null;
9            }
10       }
11       public static void main(String args[]) {
12           // 使用建構子生成物件
13           TV sony = new SonyTV();
14           sony.play();
15           // 使用靜態工廠方法取得物件
16           TV apple = TV.getInstance("APPLE");
17           apple.play();
18       }
19   }
```

範例行 13 使用 new 關鍵字呼叫建構子，以建立物件。

範例行 16 則使用靜態工廠方法生產物件，以取代使用建構子生成物件，好處在於可
以多一點周旋空間。比方說，在回傳物件實例前可以再做一些設定，或是選擇不同
實例回傳等，就像工廠生產貨物。若希望 JVM 內只有一個 AppleTV 的 instance，也
可在這裡實現，就是套用更進階的「獨體設計模式」（singleton design pattern），會
在稍後章節說明。

15.2.2　static import

因為呼叫 static 類別成員時使用「**類別名稱**.靜態欄位／方法」，為了減少加上「類別名稱」的麻煩，可以使用「static import」，如以下範例行 2、3：

🚀 **範例：/java11-ocp-1/src/course/c15/StaticImportTest.java**

```
1   import java.io.File;
2   import static java.io.File.separator;
3   import static java.io.File.*;
4   public class StaticImportTest {
5       public static void main(String[] args) {
6           System.out.println( File.separator );
7           System.out.println( separator );
8           System.out.println( pathSeparator );
9       }
10  }
```

💬 **說明**

6	本行要編譯通過，需要行 1 的 import。
7	本行要編譯通過，需要行 2 或行 3 的 import static。
8	本行要編譯通過，需要行 3 的模糊 import static。

15.3　使用 final 宣告

15.3.1　以 final 宣告方法

以 final 關鍵字宣告的方法：

1. 不能被子類別覆寫。

2. 幾乎沒有效能好處。使用唯一考量就是不被子類別覆寫。

如以下範例行 7 將編譯失敗：

```
1    public class Super{
2        public final void finalMethod () {
3            System.out.println("This is a final method");
4        }
5    }
6    public class Sub extends Super {
7        public void finalMethod () {     // 無法編譯
8            System.out.println("Cannot override method");
9        }
10   }
```

15.3.2　以 final 宣告類別

以 final 關鍵字宣告的類別：

1. 不能被繼承。

2. 類別前的修飾詞，不可以同時有 abstract 和 final 關鍵字，因為兩者用法衝突。

如以下範例行 3 將編譯失敗：

```
1    public final class FinalClass {
2    }
3    public class ChildClass extends FinalClass {      // 無法編譯
4    }
```

15.3.3　以 final 宣告變數

以 final 關鍵字宣告的變數表示「初始化或給值之後，就不能再被修改」，可以使用在：

1. 類別欄位（class fields）。若再加上 public 和 static 宣告，表示記憶體中只有一份，永遠公開可得，無法改變，常用於系統常數。

2. 方法參數（method parameters）。

3. 區域變數（local variables）。

final 若使用於物件參照，只保證所參照的對象不變，但對象的狀態還是可以修改。
如以下範例行 3 可以通過編譯，但行 5 不行：

```
1   public static void main(String[] args) {
2       final int[] arr = new int[2];
3       arr[0] = 1;            // 編譯通過
4       final int i = 1;
5       i = 2;                 // 編譯失敗
6   }
```

15.3.4　以 final 宣告類別欄位

以 final 關鍵字宣告的類別欄位，初始化只有 2 種選擇：

1. 宣告時同時給值。

2. 在每一個建構子中都要給值。

要表示「常數」可同時使用 static 與 final 的宣告，命名原則為：

1. 全部大寫。

2. 有複合字則以底線分隔單字。

以下示範使用 final 變數的注意事項：

範例：/java11-ocp-1/src/course/c15/FinalFieldClass.java

```
1   public class FinalFieldClass {
2       private final int field;
3       private final int forgottenField;
4       private final Date now = new Date();
5       public static final int SOME_CONSTANT = 10;
6       public FinalFieldClass() {
7           field = 100;
8           forgottenField = 200;
9       }
10      public FinalFieldClass(Object o) {
11          field = 300;
12          // compile-time error - forgottenField not initialized
13      }
14      public void changeValues(final int param) {
```

```
15          param = 1;            // 編譯失敗
16          now.setTime(0);       // 可以改變物件狀態
17          now = new Date();     // 不能改變物件參考指向
18          final int localVar;
19          localVar = 42;        // 宣告和初始化可以分開
20          localVar = 43;        // 編譯失敗
21      }
22  }
```

💬 **說明**

5	同時使用 public、static、final 表示系統常數，命名方式習慣全部大寫字母，並使用「_」區隔複合字。
10-13	本建構子無法通過編譯，因為行 2、3 所宣告的 2 個 final 欄位並未都初始化。 每一個建構子都必須初始化這 2 個欄位，避免選擇某建構子初始化物件時，有 final 的欄位未完成初始化。
15	編譯失敗，不能改變 final 的方法輸入參數。
16	可以改變 final 的物件參考所指向的物件實例的狀態。
17	final 的物件參考不能改變指向。
19	final 的區域變數可以分開宣告及初始化。
20	編譯失敗，不能改變 final 的區域變數值。

15.4 實作獨體設計模式

15.4.1 設計模式

「設計模式」是一些特殊的程式設計經驗，可以套用在類似的情境，簡化問題的解決，類似建築裡的工法。比如說，我們有一個理想，想要設計一個符合「綠建築設計」的大樓，但「綠建築」只是概念，就好比先前我們說的**物件導向程式設計（OOP）**或是**物件導向程式分析與設計（OOAD）**，還需要一些更實際的「施做工法」來實現這些概念，**設計模式**就扮演這個工法的角色。有一本大師級的經典之作《Design Patterns: Elements of Reusable Object-Oriented Software》由「Erich Gamma et al. (the "Gang of Four")」所撰寫，有興趣的讀者可以參閱。

「設計模式」也有助於程式設計時的溝通，用簡單的情境來說明設計的理念，就像 UML 一樣。

15.4.2　獨體設計模式

「獨體設計模式」（singleton design pattern）是設計模式的一種，用於「確保執行環境或是 JVM 裡，特定類別只存在一個物件實例」，可以避免系統資源的浪費。比方說：

1. 一個公司裡只要有一個執行長。

2. 一個教室裡只要有一台印表機。

3. 一個網站只需要有一個計數器，統計登入人數，多個計數器反而壞事。

這些情境都可以套用獨體設計模式：

 範例：/java11-ocp-1/src/course/c15/SingletonClass.java

```
1   public class SingletonClass {
2       private SingletonClass() {}
3       private static final SingletonClass instance = new SingletonClass();
4       public static SingletonClass getInstance() {
5           return instance;
6       }
7   }
```

獨體模式的設計有 3 個關鍵：

💬 **說明**

2	建構子必須是 private。獨體模式必須封鎖類別外部使用 new 關鍵字建構物件；因為一旦建構子對外開放，就無法限制其他程式碼呼叫 new SingletonClass() 建立物件，也就無法限制成為單一物件。

3	• 承上，因為類別外部無法建構物件，就必須由類別內部建構物件，否則物件就根本不存在了。畢竟我們是需要一份，不是不需要。 • 加上 static 關鍵字，確保 JVM 裡只有一份。 • 加上 final 關鍵字，則要求變數永遠指向該物件。 • 使用 private 宣告，加強封裝的概念；但需要搭配另一個公開的 getter() 方法。
4-6	• 承上，提供一個 public 的 getter() 方法。因為要回傳 static 欄位，方法也必須是 static。 • 慣例上使用 getInstance() 名稱。 • 這也是一個「靜態工廠方法」設計模式的實作。

使用以下程式碼行 2、3 的方式取得獨體物件；行 4 輸出 true，證實 JVM 裡只有一份：

🚀 **範例：/java11-ocp-1/src/course/c15/SingletonClass.java**

```
1   public static void main(String[] args) {
2       SingletonClass ref1 = SingletonClass.getInstance();
3       SingletonClass ref2 = SingletonClass.getInstance();
4       System.out.println(ref1 == ref2);
5   }
```

🧩 **結果**

```
true
```

15.5　使用列舉型別（enum）

15.5.1　列舉型別初體驗

範例行 2-4 使用了 3 個整數的常數，代表機器的 3 種電源狀態。這種寫法相當常見：

🚀 範例：**/java11-ocp-1/src/course/c15/enums/MachineTest.java**

```
1    class Machine {
2        public static final int POWER_OFF = 0;
3        public static final int POWER_ON = 1;
4        public static final int POWER_SUSPEND = 2;
5
6        private int state;
7        public void setState(int state) {
8            if (state == 0 || state == 1 || state == 2) {
9                this.state = state;
10           }
11       }
12       public int getState() {
13           return state;
14       }
15   }
16   public class MachineTest {
17       public static void main(String[] args) {
18           Machine c = new Machine ();
19           c.setState( Machine.POWER_ON );  `    // 設定為1
20           c.setState( Machine.POWER_SUSPEND );    // 設定為2
21           c.setState( Machine.POWER_OFF );    // 設定為0
22           System.out.println("before:" + c.getState());
23           c.setState(30);    // 設定為30，但不被接受
24           System.out.println("after: " + c.getState());
25       }
26   }
```

🧩 結果

```
before:0
after:0
```

這個範例程式嚴謹使用 final 欄位，在設定電源狀態時也相當小心，先「檢查」是否是預期的 3 個整數。美中不足的地方在於「執行時期的檢查工作」，畢竟是一種效能的消耗。

為了解決這種效能浪費，Java 在版本 5 的時候推出一個新的列舉（Enumeration）型別，可以在原先宣告 class、interface 的地方，改使用「enum」關鍵字。這種新的列

舉型別可以在**編譯**時期進行檢查是否合格，不需要執行時期的動態檢查，相較之下可以減少效能的浪費，也可以增進安全性，是一種「型態安全」（type-safe）的概念，這和泛型（generic）的設計理念雷同，本書會在下冊介紹泛型的觀念與使用方式。

首先建立 enum 型別 PowerState：

🚀 **範例：/java11-ocp-1/src/course/c15/enums/PowerState.java**

```
1   public enum PowerState {
2       OFF, ON, SUSPEND;
3   }
```

💬 **說明**

1	使用 enum 關鍵字宣告 PowerState 列舉型別。
2	PowerState 列舉了 3 個項目：OFF、ON、SUSPEND。

將 MachineTest.java 改使用 enum，並升級為 MachineTest2.java：

🚀 **範例：/java11-ocp-1/src/course/c15/enums/MachineTest2.java**

```
1   class Machine2 {
2       private PowerState state;
3       public void setState( PowerState state) {
4           this.state = state;
5       }
6       public PowerState getState() {
7           return state;
8       }
9   }
10  public class MachineTest2 {
11      public static void main(String[] args) {
12      Machine2 c = new Machine2();
13      c.setState( PowerState.ON );
14      c.setState( PowerState.SUSPEND );
15      c.setState( PowerState.OFF );
16      System.out.println(c.getState());
17      System.out.println(c.getState().ordinal() );
18      //c.setState(30);   //compile error
19      }
20  }
```

❖ 結果

```
OFF
0
```

💬 說明

2	enum 的使用方式，和一般類別相似，也可以作為參考型別。
13	Machine 物件要設定 PowerState，選擇 ON 狀態。
16	印出 Machine 物件目前的 PowerState。
17	enum 裡的每一個列舉項目都可以呼叫 ordinal() 方法，取得自己的順序編號，由 0 開始。如：OFF=0, ON=1, SUSPEND=2，類似 index。
18	因為 Machine 的 setState() 方法改要求傳入 PowerState 列舉型別，且只能傳入 3 種定義的列舉項目，傳入 int 將無法通過編譯，以達成型態安全（type-safe）。

15.5.2 列舉型別的使用方式

如同前例，列舉型別可以作為參考型別使用。因為列舉型別裡的項目性質和 static 一致，因此可以支援「static import」，如以下範例行 1。

也可以用於「switch 選擇結構」，如以下範例行 10-19：

🚀 範例：/java11-ocp-1/src/course/c15/enums/MachineTest3.java

```java
1    import static course.c15.PowerState.*;
2    public class MachineTest3 {
3        public static void main(String[] args) {
4            Machine2 c = new Machine2();
5            c.setState(ON);
6            c.setState(OFF);
7            System.out.println(getDescription(SUSPEND));
8        }
9        static String getDescription(PowerState state) {
10           switch (state) {
11           case OFF:
12               return "The power is off";
13           case ON:
```

```
14              return "The power is high";
15          case SUSPEND:
16              return "The power is low";
17          default:
18              return "unknown state";
19          }
20      }
21  }
```

15.5.3　進階型列舉型別

Java 的列舉型別 enum 事實上可以有更多用法。首先讓我們由先前範例來了解 enum 的真相：

1. **列舉型別的每一個列舉項目都指向獨立的物件實例，也是遙控器的概念**：列舉型別的使用方式為「**列舉型別 . 列舉項目**」，如「PowerState.ON」，其中「列舉項目」是獨立的物件實例。如下圖用 Eclipse API 的快捷功能顯示列舉項目可以使用的方法，可以發現具備一般物件實例該具備的所有方法，如 equals()、hashCode()、toString() 等。一個列舉型別裡，可以列舉數個項目，等同於一個 enum 將產生數個物件實例。

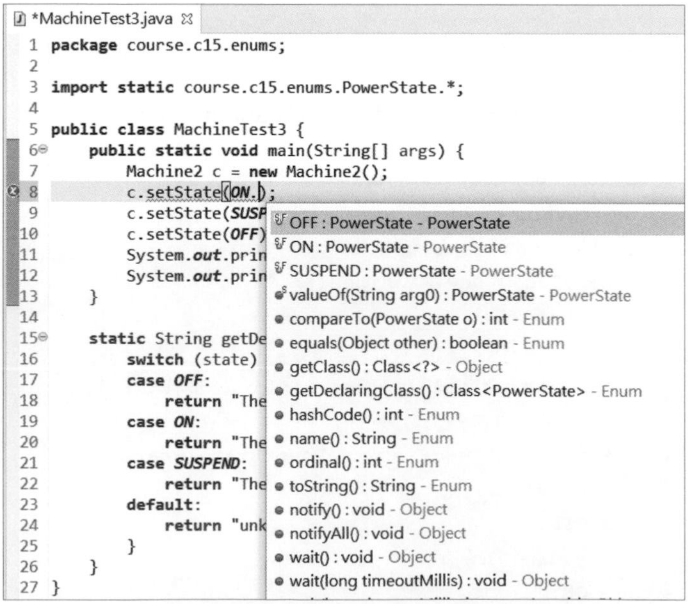

圖 15-1　列舉項目具備 Object 類別的基本方法

2. **列舉項目的物件參考是以 static 宣告**：列舉型別的列舉項目支援「static import」，表示是 static 的物件實例。因為 static 成員使用類別名稱來呼叫，所以使用「列舉型別.列舉項目」的方式呼叫列舉項目，如 PowerState.ON。

3. **列舉項目的物件參考是以 public 與 final 宣告**：如下圖顯示，範例類別是 enumtest/TestEnum.java，與 enums/PowerState.java 在不同的 package。由圖中的程式碼行 8，因為列舉項目可以跨 package 使用，表示是 public。由圖中的程式碼行 9，把列舉項目的物件參考指向物件實例，如 null，編譯失敗的訊息顯示「The final field PowerState.ON cannot be assigned」，表示是 final。

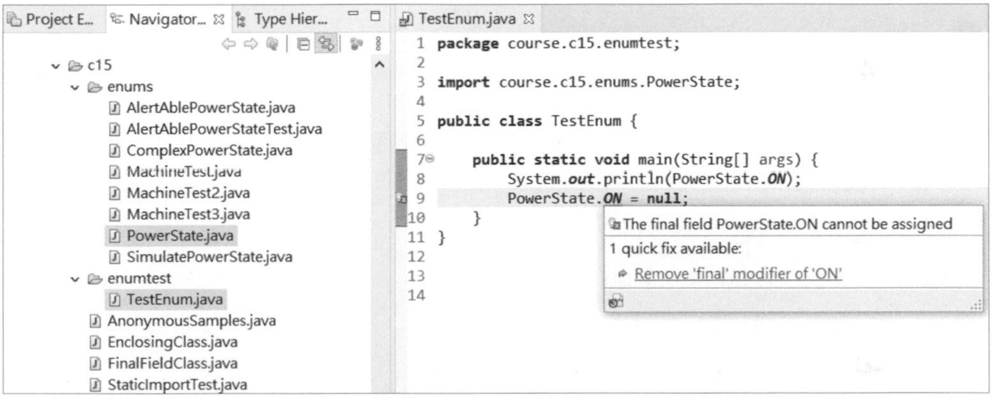

圖 15-2 列舉項目的物件參考以 public 與 final 宣告

因為列舉項目的物件參考結合了 public、static 與 final，因此可以用來取代範例 MachineTest.java 中的常整數。

既然每一個列舉項目等同於類別的物件實例，自然也具備建構子、屬性、方法。因為所有列舉項目都內含在同一個列舉型別下，因此列舉型別所定義的建構子、屬性和方法，都可以讓給每一個列舉項目使用；如同一棟房宅內有多個雅房租客，所有租客共用房宅的客廳浴廁等設備。

🚀 **範例：/java11-ocp-1/src/course/c15/enums/ComplexPowerState.java**

```
1    public enum ComplexPowerState {
2        OFF("The power is off"),
3        ON("The power is high"),
4        SUSPEND("The power is low");
5        private String description;
```

```
6        private ComplexPowerState(String d) {
7            description = d;
8        }
9        public String getDescription() {
10           return description;
11       }
12       public void setDecription(String d) {
13           description = d;
14       }
15   }
```

💬 說明

6	列舉型別的建構子，可以供 3 個列舉項目 OFF、ON、SUSPEND 所指向的物件實例使用。因為這個建構子必須輸入字串，因此行 2、3、4 的列舉項目，就必須使用符合的建構子的形式： 　　OFF ("The power is off"), 　　ON ("The power is high"), 　　SUSPEND ("The power is low"); 可以這樣「想像」： 　　new OFF ("The power is off"), 　　new ON ("The power is high"), 　　new SUSPEND ("The power is low"); 也因為列舉項目的實例初始方式特別，又必須符合 public + static + final，因此由 Java 自己操控；亦即建構子宣告必須是 private，未註明時預設也是 private，不讓我們自己建立。

如果以一般類別來模擬列舉型別的作法，可以將 PowerState.java 改寫如下：

🚀 範例：**/java11-ocp-1/src/course/c15/enums/SimulatePowerState.java**

```
1   public class SimulatePowerState {
2       public static final SimulatePowerState OFF
3           = new SimulatePowerState("The power is off");
4       public static final SimulatePowerState ON
5           = new SimulatePowerState("The power is high");
6       public static final SimulatePowerState SUSPEND
```

```
 7            = new SimulatePowerState("The power is low");
 8        private String description;
 9        private SimulatePowerState (String d) {
10        description = d;
11        }
12        public String getDescription() {
13            return description;
14        }
15        public void setDecription(String d) {
16            description = d;
17        }
18    }
```

事實上，列舉型別 enum 和介面 interface 一樣，其實也是一般類別 class 的變形，只不過很多細節由編譯器暗地裡做了調整，因此某些程度上列舉型別依然具備類別的特性：

1. 所有列舉型別都繼承 java.lang.Enum 類別，每一個列舉項目都是該列舉型別的一個物件實例。列舉項目的物件參考以 final 宣告，所以無法再改變值；是 public 且 static 的成員，所以可以透過列舉型別的名稱來使用它們，就像 static 的類別成員一樣。

2. Java 支援單一繼承，既然列舉型別已經繼承 java.lang.Enum 類別，就不能再繼承其他類別，但可以實作其他介面。如下：

🚀 **範例：/java11-ocp-1/src/course/c15/enums/AlertAblePowerState.java**

```
 1    interface AlertAble {
 2        void alert();
 3    }
 4    public enum AlertAblePowerState implements AlertAble {
 5        OFF("The power is off") {
 6            @Override
 7            public void alert() {
 8                System.out.println("OFF alert");
 9            }
10        },
11        ON("The power is high"),
12        SUSPEND("The power is low");
13        @Override
```

```
14      public void alert() {
15          System.out.println("OFF alert");
16      }
17      private String description;
18      private AlertAblePowerState(String d) {
19          description = d;
20      }
21      public String getDescription() {
22          return description;
23      }
24      public void changeDesc(String d) {
25          description = d;
26      }
27  }
```

本例的列舉型別 AlertAblePowerState 實作了介面 AlertAble，因此所有列舉項目，含
OFF、ON、SUSPEND，都該提供方法 alert() 的實作內容。作法有兩種：

1. 由列舉型別統一提供抽象方法的實作。本例在程式碼行 13-16 所提供 alert() 方法的
   實作，讓所有列舉項目如 OFF、ON、SUSPEND，都可以使用該方法。

2. 由各列舉項目提供專屬自己的 alert() 方法的實作，如程式碼行 6-9。如此，列舉項
   目 ON 和 SUSPEND 的 alert() 實作為行 13-16，列舉項目 OFF 則為行 6-9。

最後，使用以下範例的 main() 方法進行測試：

🚀 **範例**：**/java11-ocp-1/src/course/c15/enums/AlertAblePowerStateTest.java**

```
1   public class AlertAblePowerStateTest {
2   import static java.lang.System.out;
3     public static void main(String[] args) {
4       // 測試列舉項目順序
5       out.println(AlertAblePowerState.OFF.ordinal());
6       out.println(AlertAblePowerState.ON.ordinal());
7       out.println(AlertAblePowerState.SUSPEND.ordinal());
8       // 測試列舉項目方法
9       out.println(AlertAblePowerState.OFF.getDescription());
10      out.println(AlertAblePowerState.ON.getDescription());
11      out.println(AlertAblePowerState.SUSPEND.getDescription());
12      AlertAblePowerState.OFF.changeDesc("the power is shutdown");
13      out.println(AlertAblePowerState.OFF.getDescription());
```

```
14          // 測試實作介面的方法
15          AlertAblePowerState.OFF.alert();
16          AlertAblePowerState.ON.alert();
17          AlertAblePowerState.SUSPEND.alert();
18      }
19  }
```

🧩 結果

```
0
1
2
The power is off
The power is high
Tho power is low
the power is shutdown
OFF alert
default alert
default alert
```

15.6　使用巢狀類別

15.6.1　巢狀類別的目的與分類

巢狀類別的目的

簡單來說，「巢狀類別」（nested class）就是「在類別內宣告其他的類別」，相比過去每一個屬於平行存在的類別宣告，有著一些不同。對比於一般的類別，巢狀類別有幾種常見的稱呼方式，如：

1. 以「內部類別」（inner class）對比「外部類別」（outer class）。

2. 以「巢狀類別」（nested class）對比「頂層類別」（top-level class）。

3. 以「被包覆類別」（enclosed class）對比「包覆類別」（enclosing class）。

使用巢狀類別的目的通常是：

1. **將邏輯上依存度高的類別，放在一起**：當一個類別存在的目的主要是協助另一類別時，稱為「幫手類別」（helper class）。邏輯上，將幫手類別放在主要類別內相當合理。

2. **提高封裝性**：巢狀類別可以直接存取頂層類別的 private 成員，不需要放寬存取層級，對於類別的封裝性比較好。

3. **建立可讀性高，易維護的程式碼**：關係緊密的類別放在一起，較好維護。

4. **常使用於 Java 的圖形化使用者介面（Graphic User Interface, GUI）程式設計**：如 SWING。

巢狀類別的分類

巢狀類別宣告於一般類別內部，可分為 2 大類：

1. **內部類別（inner class）**：又可分為以下 3 種。

   - 成員類別（member class）：位階同於物件成員。

   - 區域類別（local class）：宣告於方法內，作用範圍和區域變數一致。

   - 匿名類別（anonymous class）：沒有名稱的巢狀類別。

2. **靜態巢狀類別（static nested class）**：位階同於類別成員。

🎙 **小祕訣**　以上的分類方式，其實就和我們撰寫類別時，將成員（欄位和方法）以是否有 static 宣告做的分類相同：

1. 無 static 宣告：物件成員。

2. 有 static 宣告：類別成員。

所以：

1. 內部類別（inner class）是物件成員的一種。

2. 靜態巢狀類別（static nested class）是類別成員的一種。

使用的習慣也相同：

1. 建立內部類別（inner class）的物件實例時，因為是物件成員，必須先有外部類別的物件參考。

2. 使用靜態巢狀類別（static nested class）時，因為是類別成員，可以直接使用外部類別名稱。

以下是內部類別（inner class）的簡單示範：

📖 **範例：/java11-ocp-1/src/course/c15/Car.java**

```
1   public class Car {
2       private boolean running = false;
3       private InnerEngine engine = new InnerEngine();
4       private class InnerEngine {
5           public void start() {
6               running = true;
7           }
8       }
9       public void start() {
10          engine.start();
11      }
12  }
```

範例行 4-8 是我們定義的內部類別 InnerEngine。這樣的設計至少有 2 個好處：

1. 每台汽車都有一個引擎，該引擎只協助該汽車，故內嵌於 Car 類別裡，屬於幫手類別。這樣設計邏輯清楚，讓人容易了解兩者的依存關係。

2. 內部類別可以直接存取外部類別的 private 成員，因此提高外部類別的封裝性。若 InnerEngine 類別沒有放在 Car 類別內部，是否表示 private 的欄位 running 的存取層級就必須至少開放至 default？

15.6.2　匿名巢狀類別

巢狀類別多數並不困難，只是將類別宣告在另一個類別內，或是加上 static 宣告，只有「匿名類別」（anonymous class）涉及語法的改變，因此必須特別注意。

顧名思義，「匿名類別」就是沒有名字的類別。有些類別宣告只是暫時用途，只用於生成物件 1 次，因此沒有必要正式宣告一個類別；但畢竟還是需要使用 new 關鍵字呼叫一次建構子，沒有類別名稱意味建構子也沒名稱，該如何建構實例？此時使用其「父類別」或「介面」來建構所需要的匿名子類別實例：

📕 範例：/java11-ocp-1/src/course/c15/AnonymousSamples.java

```
1   class MySuper {
2       void doIt() {}
3   }
4   interface MyInterface {
5       void doIt();
6   }
7   class MySub extends MySuper {
8       void doIt() {
9           System.out.println("This is MySub");
10      }
11  }
12  class MyImpl implements MyInterface {
13      public void doIt() {
14          System.out.println("This is MyImpl");
15      }
16  }
17  public class AnonymousSamples {
18      MySuper c1 = new MySub();
19      MySuper c2 = new MySuper() {
20          void doIt() {
21              System.out.println("This is Anonymous Sub class");
22          }
23      };
24      MyInterface i1 = new MyImpl();
25      MyInterface i2 = new MyInterface() {
26          public void doIt() {
27              System.out.println("This is Anonymous Impl class");
28          }
29      };
30      public static void main(String args[]) {
31          AnonymousSamples c = new AnonymousSamples ();
32          c.c1.doIt();
33          c.c2.doIt();
34          c.i1.doIt();
35          c.i2.doIt();
36      }
37  }
```

說明

1-3	定義父類別 MySuper。
4-6	定義介面 MyInterface。
7-11	建立一般子類別 MySub。
12-16	建立一般實作 MyImpl。
18	使用一般子類別建立物件實例。
19-23	使用父類別建立匿名巢狀類別的物件實例。
24	使用一般實作建立物件實例。
25-29	使用介面建立匿名巢狀類別的物件實例。

使用一般子類別建立物件實例的過程為：

1. 定義子類別：

```
7    class MySub extends MySuper {
8        void doIt() {
9            System.out.println("This is MySub");
10       }
11   }
```

2. 使用子類別建立物件實例：

```
18   MySuper c1 = new MySub();
```

匿名類別就是要將上述兩者合一，減少定義子類別的程序：

```
19   MySuper c2 = new MySuper() {
20       void doIt() {
21           System.out.println("This is Anonymous Sub class");
22       }
23   };
```

因此，以匿名類別建立物件實例的語法分為 5 個區段，以「new」關鍵字開頭，以「;」結尾：

表 15-1　巢狀類別語法分析

語法區段	1	2	3	4	5
區段內容	new	父類別或介面名稱	()	{ 覆寫父類別 \ 介面 程式碼區塊 }	;

此外，匿名類別雖然沒有明確類別的宣告建立，但編譯時還是會產生以 class 為副檔名的編譯檔。以上例而言，會產生 2 個匿名類別的編譯檔：

1. AnonymousSamples$1.class

2. AnonymousSamples$2.class

其中，AnonymousSamples 是外部類別名稱。因為匿名巢狀類別沒有名稱，因此「$」後面接上編號，由不同編號代表不同匿名類別，由 1 開始，依次 2、3、4…。

15.6.3　巢狀類別綜合範例

以下示範巢狀類別的宣告方式與可能的位置：

1. **範例行 3-9**：匿名成員類別（anonymous member class）。

2. **範例行 10-15**：成員類別（member class）。

3. **範例行 16-21**：靜態巢狀類別（static nested class）。

4. **範例行 23-29**：匿名區域類別（anonymous local class）。

5. **範例行 34-39**：區域類別（local class）。

🚀 範例：**/java11-ocp-1/src/course/c15/EnclosingClass.java**

```
1   public class EnclosingClass {
2       private int privateField = 101;
3       // anonymous member class
4       public Object o = new Object() {
5           @Override
6           public String toString() {
7               return "Anonymous class as field (object member)";
8           }
9       };
10      // member class
11      class MemeberInner {
12          public void run() {
```

```
13                 System.out.println("Memeber class: " + privateField);
14            }
15        }
16        // static nested class
17        static class StaticNestedClass {
18            public void run() {
19                System.out.println("Static nested class");
20            }
21        }
22        public void test1() {
23            // anonymous local class
24            Object o = new Object() {
25                @Override
26                public String toString() {
27                    return "Anonymous class as local variable";
28                }
29            };
30            System.out.println(o);
31            System.out.println(this.o);
32        }
33        public void test2() {
34            // local class
35            class LocalInner {
36                public void run(String s) {
37                    System.out.println(s);
38                }
39            }
40            new LocalInner().run("Local class: " + privateField);
41        }
42
43        public static void main(String[] args) {
44            EnclosingClass outer = new EnclosingClass();
45            outer.test1();
46            outer.test2();
47            // 初始化 inner class
48            MemeberInner inner = outer.new MemeberInner();
49            inner.run();
50            // 初始化 static nested class
51            StaticNestedClass staticNested =
                 new EnclosingClass.StaticNestedClass();
52            staticNested.run();
```

```
53              }
54      }
```

上述範例完整呈現所有巢狀類別的定義方式。必須注意的是，巢狀類別不只可以被外部類別使用，只要不是宣告為 private，也可以讓不相干的其他類別使用，使用方式分 2 種：

1. **內部類別（inner class）**：使用方式和「物件成員」相同，必須先有外部類別的參考，才可以建立內部類別，如行 48。

2. **靜態巢狀類別（static nested class）**：使用方式和「類別成員」相同。需在內部類別名稱的前面，加上「外部類別名稱 .」，作為完整類別名稱，然後使用 new 關鍵字建立物件實例，如行 51。只要存取層級允許，如在相同套件或改以 public 宣告靜態巢狀類別等，也可以省略外部類別名稱，如同 static import 的效果，如：

```
51              StaticNestedClass staticNested = new StaticNestedClass();
```

介面設計

16

16.1　使用介面與 abstract 方法

16.1.1　建立抽換機制

「抽象的參考型別」是 Java 在物件導向裡的重要功能，可分成「抽象類別」和「介面」兩大類。藉由參照抽象型別，就不用綁定特定的實作類別，具體好處有：

1. **方便系統維護**：若實作類別有問題，或有新的實作類別，可以直接改變，不影響程式架構。

2. **實作內容取代**：Java 允許使用「java.sql.*」套件建立連線各種資料庫的通用渠道，但真正連線並存取各家資料庫的函式庫 JAR 檔案，則由資料庫廠商自己處理；妥慎設計後，可藉由改變 JAR 檔案連線不同資料庫。

3. **方便分工**：讓程式操作介面和商業邏輯的開發，可以分頭進行。

16.1.2　介面設計要點

介面用來定義抽象的參考型別，具有以下基本特色：

1. 與抽象類別相似的部分，只允許 public 且 abstract 的方法。

2. 子類別若非抽象類別，就要實作所有方法。

3. 可以包含常數。

4. 可以作爲宣告時的參考型別。

5. 在設計模式（design patterns）中扮演重要角色。

設計介面時，須注意：

1. 類別實作介面時，使用 implements，而非 extends。

2. 物件方法的宣告可以是 abstract 或 default，存取層級可以是 public 或 private，未標出時自動歸屬爲 public 且 abstract。

3. 靜態方法必須明確宣告 static，可以是 public 或 private，未標出時爲 public。

4. 欄位只允許常數，因此宣告必須是 public、static、final，未標出時亦如此。

5. 設計時避免把所有系統常數都放在同一個介面裡。

介面宣告可以參考第十一章的範例 InterfaceModifierLab.java。以下是使用抽象方法與常數的介面設計：

🚀 **範例：/java11-ocp-1/src/course/c16/ElectronicDevice.java**

```
1   public interface ElectronicDevice {
2       public static final String WARNING = " handle with care!";
3       int x = 10;  // is still public & static & final
4       public abstract void turnOn();
5       void turnOff();   // is still public & abstract
6   }
```

實作的類別範例：

🚀 **範例：/java11-ocp-1/src/course/c16/Television.java**

```
1   public class Television implements ElectronicDevice {
2       public void turnOn() { }
```

```
3        public void turnOff() { }
4        public void changeChannel(int channel) {}
5    }
```

物件導向程式設計的精神，應該使用較一般，亦即未特化的參考型態來宣告型別。
如果使用介面，則：

1. 只能使用介面上有定義的欄位和方法。

2. 介面隱含 java.lang.Object 的所有方法。

如：

範例：**/java11-ocp-1/src/course/c16/Television.java**

```
1    public static void main(String[] args) {
2        ElectronicDevice d = new Television();
3        d.turnOn();
4        d.turnOff();
5        d.changeChannel(58); // 特化方法，無法編譯
6        String s = d.toString(); // 可使用 Object 類別的所有方法
7    }
```

好處是未來若需要抽換實作，只需要修改 new 關鍵字後面的子類別即可：

```
1    ElectronicDevice d = new DvdPlayer();
```

使用 instanceof 運算子判斷是否有實作某介面，如範例行 7 與行 12；也可以用來判斷
是否繼承特定類別：

範例：**/java11-ocp-1/src/course/c16/Child.java**

```
1    class Super {}
2    interface MyInterface {}
3    public class Child extends Super implements MyInterface {
4        public static void main(String args[]) {
5        MyInterface i = new Child();
6            System.out.println(i instanceof Object);
7            System.out.println(i instanceof MyInterface);
8            System.out.println(i instanceof Super);
9            System.out.println(i instanceof Child);
```

```
10            Super s = new Child();
11            System.out.println(s instanceof Object);
12            System.out.println(s instanceof MyInterface);
13            System.out.println(s instanceof Super);
14            System.out.println(s instanceof Child);
15        }
16    }
```

結果

```
True
True
True
True
True
True
True
True
```

不過，以下範例不是好的設計。雖然方法的參數使用了最寬大的型別 Object，但未來可能會因為新增類別的出現，必須經常增加 if else 的程式碼，以處理新增類別，反而違反了物件導向設計原則裡的「開閉法則」（Open Close Principle, OCP）。

```
1    public static void turnObjectOn (Object o) {
2        if (o instanceof ElectronicDevice) {
3            ElectronicDevice e = (ElectronicDevice)o;
4            e.turnOn();
5        }
6    }
```

此外，Java 的子類別可以繼承一個父類別，同時實作其他介面，但繼承的語法必須放在前面：

```
1    public class SuperCar extends BasicCar
2                    implements Flyable { }
```

也可以同時實作多個介面，此時以「,」區隔：

```
1   public class SuperCar extends BasicCar
2                       implements Flyable, java.io.Serializable { }
```

介面可以繼承（extends）其他介面：

```
1   public interface SpecialFunction { }
2   public interface Flyable extends SpecialFunction { }
```

16.1.3　標記介面（marker interface）

「標記介面」（marker interface）是指沒有定義任何方法的介面，顧名思義，這類介面的唯一用途只在幫類別標記，或是做記號，方便日後使用 instanceof 運算子檢查型別，做特殊用途。Java 裡常見的標記介面如 java.io.Serializable：

```
1   public class Car implements java.io.Serializable { }
```

java.io.Serializable 可用來決定物件是否可以序列化（serialize）自己的欄位狀態，如：

```
1   Car c = new Car();
2   if (c instanceof Serializable) {
3       // do something, 在本書下冊將介紹序列化的相關主題
4   }
```

16.2　介面與設計模式

16.2.1　設計模式與介面

「封裝」、「繼承」、「多型」是物件導向程式語言的三大特色，但要讓物件導向程式語言發揮它強大的威力，就必須仰賴「物件導向程式分析與設計」（Object Oriented Analysis & Design, OOAD），具體的作法就是「設計模式」（design pattern）。這概念

好比「建築理念」與「實作工法」的關聯性，因為前者比較抽象，所以後者提供了更實際的作法。

有一句名言：「使用介面寫程式，而不是它的實作」（Program to an interface, not an implementation）詮釋了如何進行物件導向程式設計，因此使用介面成了絕大多數設計模式的特色。本章介紹 2 種常見的設計模式：

1. DAO 設計模式。

2. 工廠（Factory）設計模式。

藉由這 2 種模式的認識與使用，可以感受一下設計模式的應用。

16.2.2　DAO 設計模式

DAO 設計模式用於程式必須保存（persist）資料時。套用模式後可以：

1. 分離「商業邏輯」和「資料保存機制」，降低程式碼異動時的衝擊。

2. 使用 interface 來定義保存資料時會用到的方法。如此實作內容在未來就可視需要改變：

   - Memory - based DAOs：使用記憶體暫存。

   - File - based DAOs：使用檔案儲存。

   - JDBC - based DAOs：使用 JDBC 相關 API 將資料保存於資料庫。

   - Java Persistence API (JPA) - based DAOs：使用 JPA 相關 API 將資料保存於資料庫。

在使用 DAO 設計模式前，Employee 類別是這樣設計：

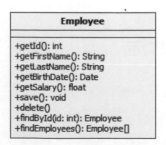

圖 16-1　Employee 類別圖，套用 DAO 模式前

這樣的設計方式的最大問題是，「商業邏輯」和「資料保存機制」並存在同一類別裡，一旦類別新增商業邏輯欄位，或是修改資料儲存方式，都會導致2個部分同時必須重新測試與驗證的麻煩。

這也違反了物件導向設計原則裡的「單一責任制法則」（Single Responsibility Principle, SRP），亦即每個類別的設計都應該具備一個主要責任就好。一個類別肩負的責任太多，會充斥很多方法與變數，讓類別顯得雜亂無章，一旦修改就容易產生bug。

套用 DAO 設計模式後，原先在 Employee 類別裡和資料儲存有關的方法，都被分離出來；因為這類機制未來有改變的可能，因此也建立介面，並視需要建立相關實作。

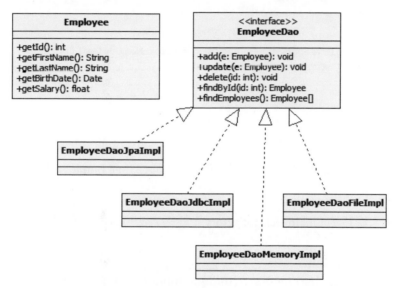

圖 16-2　Employee 相關的類別圖，套用 DAO 模式後

DAO 設計模式的好處，在於將商業邏輯和資料保存兩大責任分開，也讓資料保存機制有了多樣的選擇。

16.2.3　工廠設計模式的使用契機

因為套用了 DAO 模式，所以我們在程式碼裡會這樣宣告，並建立資料保存的物件：

```
1        EmployeeDAO dao = new EmployeeDAOMemoryImpl();
```

以介面作爲宣告型別，好處是實作的類別在有需要時可以隨時抽換，但是當這樣的程式碼出現在很多地方時，大量抽換類別也具有風險，如以下範例行 3、7、11：

🚀 範例：**/java11-ocp-1/src/course/c16/dao/DaoClient.java**

```
1    public class DaoClient {
2        public void addEmployee(Employee e) {
3            EmployeeDao dao = new EmployeeDaoMemoryImpl();
4            dao.add(e);
5        }
6        public void updateEmployee(Employee e) {
7            EmployeeDao dao = new EmployeeDaoMemoryImpl();
8            dao.update(e);
9        }
10       public void deleteEmployee(Employee e) {
11           EmployeeDao dao = new EmployeeDaoMemoryImpl();
12           dao.delete(e.getId());
13       }
14   }
```

本例只是模擬相同實作出現在不同方法中的情況，實際上也有可能出現在不同類別中，這時候使用「工廠模式」，就可以避免程式碼和介面 EmployeeDao 的某個實作綁在一起的情況發生。

首先，建立工廠類別 EmployeeDaoFactory，靜態方法可以回傳介面 EmployeeDao 的任一實作：

🚀 範例：**/java11-ocp-1/src/course/c16/dao/EmployeeDaoFactory.java**

```
1    public class EmployeeDaoFactory {
2        public static EmployeeDao createEmployeeDao() {
3            return new EmployeeDaoMemoryImpl();
4            // return new EmployeeDaoFileImpl();
5        }
6    }
```

然後，將原本直接使用 new EmployeeDaoMemoryImpl() 的程式碼，全部都換成 EmployeeDaoFactory.createEmployeeDao()，如以下範例行 3、7、11：

範例：/java11-ocp-1/src/course/c16/dao/DaoClient4Factory.java

```
1    public class DaoClient4Factory {
2        public void addEmployee(Employee e) {
3            EmployeeDao dao = EmployeeDaoFactory.createEmployeeDao();
4            dao.add(e);
5        }
6        public void updateEmployee(Employee e) {
7            EmployeeDao dao = EmployeeDaoFactory.createEmployeeDao();
8            dao.update(e);
9        }
10       public void deleteEmployee(Employee e) {
11           EmployeeDao dao = EmployeeDaoFactory.createEmployeeDao();
12           dao.delete(e.getId());
13       }
14   }
```

所以，未來若有需要抽換 EmployeeDao 的實作類別，只要修改 EmployeeDaoFactory
類別的 createEmployeeDao() 方法即可。由原本修改很多地方，縮減成只要
修改 1 個地方即可，這就是工廠模式的用處之一，UML 的類別圖如下。因為
DaoClient4Factory 類別只需要知道 EmployeeDao 介面和 EmployeeDaoFactory 類別，
因此改變機率降低很多，程式碼相對穩定。

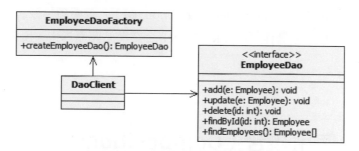

圖 16-3　工廠模式的 UML 類別圖

最後，有沒有機會都不用修改 Java 程式碼，就抽換整個系統的 EmployeeDao 實作
呢？答案是肯定的。我們可以建立進階 DAO 工廠，使用「Java Reflection」技術，讓
以下範例行 3 的字串來決定選用哪個實作類別：

🚀 **範例：/java11-ocp-1/src/course/c16/dao/EmployeeDaoAdvancedFactory.java**

```java
1    public class EmployeeDaoAdvancedFactory {
2        public static EmployeeDao createEmployeeDao() {
3            String name = "course.c16.dao.EmployeeDaoFileImpl";
4            try {
5                Class clazz = Class.forName(name);
6                EmployeeDao dao =
                     (EmployeeDao) clazz.newInstance();
7                return dao;
8            } catch (Exception e) {
9                e.printStackTrace();
10           }
11           return null;
12       }
13   }
```

如果再將該字串改放到設定檔，常見副檔名為「.properties」，或是「.xml」檔案中，並由 Java 程式讀取該設定檔，取得實作類別的字串，如本例的 course.c16.dao. EmployeeDaoFileImpl，就可以藉修改設定檔案內容來抽換 EmployeeDao 實作類別，做到完全不用修改 Java 程式的境界。

這樣的方式也是目前廣泛應用的一些 Java 框架，如 Spring Framework 等的主要機制之一，稱為「依賴注入」（Dependency Injection, DI）。有興趣再深入這個主題的讀者可參閱筆者的另一本著作《Java RWD Web 企業網站開發指南：使用 Spring MVC 與 Bootstrap》。

16.3　使用複合（Composition）

16.3.1　重複使用程式碼的技巧

程式碼經由複製與貼上（copy & paste）的過程常導致程式碼的重複，進而造成維護的麻煩。因為一旦要修正，可能面臨好幾個地方都要修改的問題，而這種作法也違反了物件導向程式設計原則裡的「不重複法則」（Don't Repeat Yourself, DRY）。

程式碼撰寫的時候，應該盡量重複使用程式碼（code reuse），有幾種常見技巧：

1. 把常用的程式碼移到「函式庫」（library）中，改使用函式庫。

2. 使用繼承。把共用的方法移到父類別中，所有子類別即可共享。

3. 使用「複合」（composition）。藉由引用物件，並使用其方法，避免自己建立一樣或類似的方法。

前述項次 3 的程式設計技巧，就是本章節說明的重點。

16.3.2　解決設計的難題

設定的情境是：

1. 介面 Car 具備 start() 方法，可以讓實作的類別都可以成為車輛。

2. 類別 CommonCar 實作 Car 介面，並覆寫抽象方法 start()，使其具備基本實作。

範例程式碼如下：

🚀 **範例：/java11-ocp-1/src/course/c16/CompositionDemo.java**

```
1    interface Car {
2        public void start();
3    }
4    class CommonCar implements Car {
5        public void start() {
6            System.out.println("starting...");
7        }
8    }
```

爾後所有車輛只要繼承 CommonCar 類別，取得 start() 的方法，再加上自己特殊能力，就成了形形色色的各式車款，如潛水車（DivingCar）和飛行車（FlyingCar）等。

但，如果我們想建立一輛複合功能的車輛呢？希望由 CommonCar 中取得 start() 的能力，再同時由 DivingCar 和 FlyingCar 取得潛水和飛行的能力。

我們遇到的難題是：

1. 希望程式碼可以重複使用，而不是直接由相關類別做複製 / 貼上程式碼的動作。

2. Java 只能單一繼承。一旦繼承了 DivingCar 類別，就必須放棄繼承 FlyingCar 類別，所以能力只能取得一半。

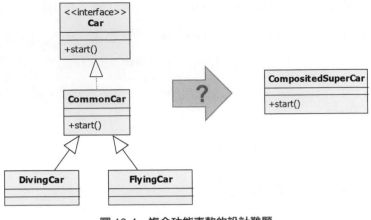

圖 16-4　複合功能車款的設計難題

這個時候，我們就可以使用物件導向裡的「複合」（composition）設計，協助產出複雜功能的物件。

複合的基本原理是「**藉由納入不同物件，並使用其功能，來壯大自己**」。作法分成 2 階段：

1. 建立其他功能類別，並參照它們。

2. 建立和所參照物件的方法一樣簽名的方法，並將要實作的功能轉交（forward）給所參照的物件去執行。

因為潛水和飛行的能力除了原本的 DivingCar 和 FlyingCar 需要使用外，新版的複合功能的車 CompositedSuperCar 也需要使用。為了程式碼可以共用，我們把潛水和飛行的能力由原本類別中獨立出來，建立以下類別：

🧑 **範例：/java11-ocp-1/src/course/c16/CompositionDemo.java**

```
1   class DivingPlugIn {
2       public void dive() {
3           System.out.println("diving...");
4       }
5   }
6   class FlyingPlugIn {
7       public void fly() {
8           System.out.println("flying...");
9       }
10  }
```

最後，使用複合的手法建立複合車類別：

🚀 **範例**：**/java11-ocp-1/src/course/c16/CompositionDemo.java**

```java
1   class CompositedSuperCar implements Car {
2       private CommonCar car = new CommonCar();
3       private DivingPlugIn divingPlugIn = new DivingPlugIn();
4       private FlyingPlugIn flyingPlugIn = new FlyingPlugIn();
5       public void start() {
6           car.start();
7       }
8       public void fly() {
9           flyingPlugIn.fly();
10      }
11      public void dive() {
12          divingPlugIn.dive();
13      }
14  }
```

💬 **說明**

1	複合車輛類別需要實作介面 Car。

2-4	分別建立 3 個需要使用其功能的物件：
	private CommonCar car = new CommonCar();
	private DivingPlugIn divingPlugIn = new DivingPlugIn();
	private FlyingPlugIn flyingPlugIn = new FlyingPlugIn();

5-7	定義 start() 方法，實作內容由 car.start() 提供。
8-10	定義 fly() 方法，實作內容由 flyingPlugIn.fly() 提供。
11-13	定義 dive() 方法，實作內容由 divingPlugIn.dive() 提供。

在這裡，複合車款 CompositedSuperCar 類別所參照的物件來自 DivingPlugIn 類別和 FlyingPlugIn 類別，而非 DivingCar 類別和 FlyingCar 類別。複合車款需要納入特別能力，而非納入其他車輛；一旦將能力如 DivingPlugIn 類別由原本的 DivingCar 類別中抽出，不僅複合車輛能用，原先的 DivingCar 類別也能修改後使用，這也是共用程式碼的好案例。

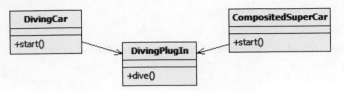

圖 16-5　不同車款共用相同能力類別

整體來看，強調類別間複合關係的類別圖會是這樣：

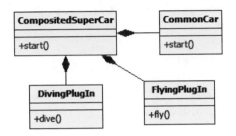

圖 16-6　使用複合設計概念建立複合功能車款

類別圖的複合關係用實心菱形表示，代表兩者依存關係相當強烈，有脣亡齒寒的意味；菱形端是關係的擁有者。

最後建立類別 Driver 進行試車：

🚀 **範例：/java11-ocp-1/src/course/c16/CompositionDemo.java**

```
1    class Driver {
2      public void testCar(Car c) {
3        if (c instanceof CommonCar) {
4          ((CommonCar)c).start();
5        } else if (c instanceof CompositedSuperCar) {
6          CompositedSuperCar superCar = (CompositedSuperCar)c;
7          superCar.start();
8          superCar.dive();
9          superCar.fly();
10       }
11     }
12   }
13   public class CompositionDemo {
14     public static void main(String args[]) {
15       Car basicCar = new CommonCar();
16       Driver p1 = new Driver();
```

```
17        p1.testCar(basicCar);
18        Car superCar = new CompositedSuperCar();
19        Driver p2 = new Driver();
20        p2.testCar(superCar);
21    }
22 }
```

16.3.3　方法的委派和轉交

在前述複合車輛的範例裡，我們使用了複合的概念，將類別方法要實作的內容，轉手給其他類別的方法代勞，這個轉手的過程可稱為「方法委派」（method delegation）或「方法轉交」（method forwarding）。

這兩種描述方式在多數情況下相通，經常可以交換使用。若真要細分，「方法轉交」指建立一個方法，實作內容就是將工作直接轉交給其他物件，自己卻甚麼都沒做；而「方法委派」會多一些實作程式碼，而非只是單純轉交。「方法委派」是比較正式的名詞。

16.4　以 default 與 static 宣告介面方法並實作內容

介面再回顧

在 Java 8 之前，介面的方法修飾詞只能是 public 與 abstract，即便未使用修飾詞，也會以此為預設。因為方法只能是 abstract，也表示方法不能有內容。

由 Java 8 開始，介面方法的修飾詞多了 public 的 static 與 default 的選項；此時方法可以有內容，分別代表類別與物件成員。

由 Java 9 開始，有內容的方法可以搭配 private 的存取層級，補足了介面方法的封裝性。

後續我們將示範介面的 default 與 static 方法使用方式，先複習一下第十一章的內容：

表 16-1　介面方法修飾詞

支援版本	存取修飾詞	非存取修飾詞	方法內容區塊 {}
Java 8 之前	public（可省略）	abstract （可省略）	N
Java 8 開始	public（可省略）	default	
Java 8 開始	public（可省略）	static	
Java 9 開始	private	留空	Y
Java 9 開始	private	static	

16.4.1　使用介面進行重構

未使用介面的情境

有一家五金公司販售差異性極高的幾種商品，包含：

1. 碎石料（Rock），以磅計重。

2. 塗料（Paint），以加侖計算容積。

3. 小零件（Widget），以個數計算。

原始的類別設計都放在套件 course.c16.asis 內，分別為：

🚀 範例：/java11-ocp-1/src/course/c16/asis/Rock.java

```
1   public class Rock {
2       private String name = this.getClass().getSimpleName();
3       private double unitPrice;
4       private double unitCost;
5       private double weight;
6       public Rock(double unitPrice, double unitCost, double weight) {
7           this.unitPrice = unitPrice;
8           this.unitCost = unitCost;
9           this.weight = weight;
10      }
11  }
```

🚀 範例：**/java11-ocp-1/src/course/c16/asis/Paint.java**

```
 1    public class Paint {
 2        private String name = this.getClass().getSimpleName();
 3        private double unitPrice;
 4        private double unitCost;
 5        private double volume;
 6        public Paint(double unitPrice, double unitCost, double volume) {
 7            this.unitPrice = unitPrice;
 8            this.unitCost = unitCost;
 9            this.volume = volume;
10        }
11    }
```

🚀 範例：**/java11-ocp-1/src/course/c16/asis/Widget.java**

```
 1    public class Widget {
 2        private String name = this.getClass().getSimpleName();
 3        private double unitPrice;
 4        private double unitCost;
 5        private double quantity;
 6        public Widget(double unitPrice, double unitCost, double quantity) {
 7            this.unitPrice = unitPrice;
 8            this.unitCost = unitCost;
 9            this.quantity = quantity;
10        }
11    }
```

但是光是這樣的設計，無法在財務報表上有一致的呈現方式。

讓產品有一致的「介面」

五金公司希望它的財務報表可以綜整所有商品後，呈現以下資訊：

1. 商品名稱。

2. 售價（sales price）。

3. 成本（cost）。

4. 利潤（profit）。

因爲這個需求，我們設計了介面 ReportAble，載明所有商品若需要在財務表報上出現，必須實作相關方法以提供的財務數字：

🚀 **範例：/java11-ocp-1/src/course/c16/asis/ReportAble.java**

```
1   public interface ReportAble {
2       public String getName();
3       public double getTotalPrice();
4       public double getTotalCost();
5       public double getProfit();
6   }
```

接下來，我們陸續讓 3 種商品實作介面 ReportAble。以碎石料爲例：

🚀 **範例：/java11-ocp-1/src/course/c16/tobe/Rock.java**

```
1   public class Rock implements ReportAble {
2       private String name = this.getClass().getSimpleName();
3       private double unitPrice;
4       private double unitCost;
5       private double weight;
6       public Rock(double unitPrice, double unitCost, double weight) {
7           this.unitPrice = unitPrice;
8           this.unitCost = unitCost;
9           this.weight = weight;
10      }
11      @Override
12      public String getName() {
13          return this.name;
14      }
15      @Override
16      public double getTotalPrice() {
17          return this.weight * this.unitPrice;
18      }
19      @Override
20      public double getTotalCost() {
21          return this.weight * this.unitCost;
22      }
23      @Override
24      public double getProfit() {
25          return getTotalPrice() - getTotalCost();
```

```
26          }
27      }
```

其他的兩樣商品也是比照辦理：

1. /java11-ocp-1/src/course/c16/tobe/Paint.java。

2. /java11-ocp-1/src/course/c16/tobe/Widget.java。

最後，建立一個 ProductReport 類別，以產出商品報表。經由這樣的過程可以發現，公司所有商品雖然不同，但若全部實作 ReportAble 介面，就可以提供一致的報表內容；而且可以只用一種 ReportAble 作為全部商品的參考型別。

範例：/java11-ocp-1/src/course/c16/tobe/ReportProduct.java

```java
1   public class ReportProduct {
2       public ReportProduct() {
3           System.out.println("** Sales Report **");
4           System.out.println("Name\tPrice\tCost\tProfit\t");
5           System.out.println("==============================");
6       }
7       public void show(ReportAble item) {
8           System.out.println(
9                   item.getName() +
10                  "\t" + item.getTotalPrice() +
11                  "\t" + item.getTotalCost() +
12                  "\t" + item.getTotalPrice());
13      }
14      public static void main(String args[]) {
15          ReportAble[] itemList = new ReportAble[5];
16          ReportProduct report = new ReportProduct();
17          itemList[0] = new Rock(15.0, 10.0, 50.0);
18          itemList[1] = new Rock(11.0, 6.0, 10.0);
19          itemList[2] = new Paint(13.0, 8.0, 25.0);
20          itemList[3] = new Widget(7.0, 5.0, 10);
21          itemList[4] = new Widget(12.0, 12.0, 20);
22          for (ReportAble item : itemList) {
23              report.show(item);
24          }
25      }
26  }
```

⚙ 結果

```
** Sales Report **
Name      Price   Cost     Profit
==============================
Rock      750.0   500.0    750.0
Rock      110.0    60.0    110.0
Paint     325.0   200.0    325.0
Widget     70.0    50.0     70.0
Widget    240.0   240.0    240.0
```

16.4.2 使用 public 的 default 與 static 方法

回顧先前例子，鑒於單一責任制法則（SRP），我們新增了 ReportProduct 類別與 show() 方法，來處理有實作 ReportAble 的商品。

這樣的作法感覺對類別的責任切割太細，是否有機會將唯一的方法 show() 移至介面 ReportAble 裡？這樣依然不違背 SRP 法則，因為該介面只是集合了所有和列印報表相關的方法。

在 Java 8 之前，這個答案是否定的，因為介面裡只能存在沒有內容的抽象方法。但由 Java 8 開始，在介面可以建立「default 方法」，就可以具備內容實作。它的規則是：

1. 使用 default 關鍵字宣告，屬於物件成員。

2. 可以擁有實作內容，但非 default 的方法還是一樣不能有內容。

3. 可被有實作該介面的子類別使用。

4. 因為 default 的方法已經有內容，因此不會強制子類別都必須實作該方法；就算後來修改介面才加入 default 方法，也不會影響已實作該介面的子類別。

5. 修飾詞 default 可以搭配 public 存取修飾詞，這也是預設。要降低存取層級達到封裝效果，直接以 private 修飾方法即可，不需要加上 default 修飾，也不能加上 default 修飾，否則無法通過編譯。

除了 default 的方法之外，Java 8 也允許在介面裡建立「static 方法」，同樣允許有實作內容。規則是：

1. 介面使用這種 static 方法就和類別使用 static 方法相同，都屬於類別成員。

2. 介面 static 方法的預設存取層級是 public，要降低存取層級可以使用 private；但和
   default 方法不同的是，static 方法加上 private 之後，依然要保留 static 修飾詞。

綜合以上 default 和 static 方法，我們修改介面 ReportAble 如下，讀者可以比較兩者
差異：

🚀 **範例：/java11-ocp-1/src/course/c16/tobe2/ReportAble.java**

```
1    public interface ReportAble {
2        public String getName();
3        public double getTotalPrice();
4        public double getTotalCost();
5        public double getProfit();
6
7        public default void show() {
8            System.out.println(
9                    this.getName() +
10                   "\t" + this.getTotalPrice() +
11                   "\t" + this.getTotalCost() +
12                   "\t" + this.getTotalPrice());
13       }
14
15       public static void report(ReportAble item) {
16           System.out.println(
17                   item.getName() +
18                   "\t" + item.getTotalPrice() +
19                   "\t" + item.getTotalCost() +
20                   "\t" + item.getTotalPrice());
21       }
22   }
```

相較於前一版本 tobe/ReportAble.java，這個版本 tobe2/ReportAble.java：

1. 新增 default 方法如行 7-13。該方法屬於**物件方法**，可以使用 this 關鍵字存取其他
   物件成員。

2. 新增 static 方法如行 15-21。該方法屬於**類別方法**，只能存取類別成員，因此這裡
   將 ReportAble 的實作以方法參數傳入。

測試新版 tobe2/ReportAble.java：

範例：/java11-ocp-1/src/course/c16/tobe2/TestReportAble.java

```
1    public class TestReportAble {
2        private static void testDefault() {
3            ReportAble[] itemList = new ReportAble[5];
4            itemList[0] = new Rock(15.0, 10.0, 50.0);
5            itemList[1] = new Rock(11.0, 6.0, 10.0);
6            itemList[2] = new Paint(13.0, 8.0, 25.0);
7            itemList[3] = new Widget(7.0, 5.0, 10);
8            itemList[4] = new Widget(12.0, 12.0, 20);
9            System.out.println("** Sales Report for default **");
10           System.out.println("Name\tPrice\tCost\tProfit\t");
11           System.out.println("==============================");
12           for (ReportAble item : itemList) {
13               item.show();
14           }
15       }
16       private static void testStatic() {
17           ReportAble[] itemList = new ReportAble[5];
18           itemList[0] = new Rock(15.0, 10.0, 50.0);
19           itemList[1] = new Rock(11.0, 6.0, 10.0);
20           itemList[2] = new Paint(13.0, 8.0, 25.0);
21           itemList[3] = new Widget(7.0, 5.0, 10);
22           itemList[4] = new Widget(12.0, 12.0, 20);
23           System.out.println("** Sales Report for static **");
24           System.out.println("Name\tPrice\tCost\tProfit\t");
25           System.out.println("==============================");
26           for (ReportAble item : itemList) {
27               ReportAble.report(item);
28           }
29       }
30       public static void main(String args[]) {
31           testDefault();
32           System.out.println("-------------------------------------");
33           testStatic();
34       }
35   }
```

不管在介面中使用行 13 的 default 的 show() 方法，或是行 27 的 static 的 report(ReportAble)
方法，都可以取得相同的結果。

結果

```
** Sales Report for default **
Name     Price    Cost     Profit
==============================
Rock     750.0    500.0    750.0
Rock     110.0    60.0     110.0
Paint    325.0    200.0    325.0
Widget   70.0     50.0     70.0
Widget   240.0    240.0    240.0
------------------------------------
** Sales Report for static **
Name     Price    Cost     Profit
==============================
Rock     750.0    500.0    750.0
Rock     110.0    60.0     110.0
Paint    325.0    200.0    325.0
Widget   70.0     50.0     70.0
Widget   240.0    240.0    240.0
```

16.4.3　使用 private 宣告以提高方法封裝性

在上一小節中，我們介紹了介面的 public static 與 public default 的方法，分別代表了「公開的類別方法」與「公開的物件方法」。

由 Java 9 開始，為了補足介面方法的封裝性，分別新增了：

1. 私有的類別方法，修飾詞使用 private static。

2. 私有的物件方法，修飾詞使用 private。必須注意的是，這裡不需要加 default，也不能加 default，否則無法通過編譯。

我們把前範例 ReportAble.java 修改如下，把原先 public 方法的內容都抽出，予以封裝為 private 的方法後，再讓 public 的方法呼叫。

範例：/java11-ocp-1/src/course/c16/tobe2/ReportAble4PrivateLab.java

```
1    public interface ReportAble4PrivateLab {
2        // other public abstract methods ...
```

```
3          public default void show() {
4              showPrivate();
5            //reportPrivate(this);
6          }
7          private void showPrivate() {
8              System.out.println(
9                      this.getName() +
10                     "\t" + this.getTotalPrice() +
11                     "\t" + this.getTotalCost() +
12                     "\t" + this.getTotalPrice());
13         }
14         public static void report(ReportAble4PrivateLab item) {
15             reportPrivate(item);
16         }
17         private static void reportPrivate(ReportAble4PrivateLab item) {
18             System.out.println(
19                     item.getName() +
20                     "\t" + item.getTotalPrice() +
21                     "\t" + item.getTotalCost() +
22                     "\t" + item.getTotalPrice());
23         }
24     }
```

範例中，public static 的類別方法呼叫 private static 的類別方法，public default 的物件方法呼叫 private 的物件方法。除此之外，物件成員也可以呼叫類別成員，因此範例行 5 移除註解後，也可以編譯與執行。

16.4.4　類別的父類別與介面同時具有相同簽名的方法

當介面開始提供有內容的方法時，讓人不禁聯想到 Java 不支援多繼承的理由之一，就是擔心不同的父類別可能存在相同簽名的方法，將使子類別混淆而無所適從。

萬一子類別繼承的「父類別」與實作的「介面」同時具有「相同簽名的方法」呢？後續進行驗證。

先建立一個與介面 ReportAble 具備相同簽名方法 show() 的父類別：

範例：**/java11-ocp-1/src/course/c16/verify/SuperClassHasShowMethod.java**

```
1    public class SuperClassHasShowMethod {
2        public void show() {
3            System.out.println(" 父類別方法可以遮蔽介面，但必須 public");
4        }
5    }
```

建立類別 Rock2，是類別 Rock 同時繼承類別 SuperClassHasShowMethod 並實作介面 ReportAble 後的新版本，我們關注的焦點是：

1. 可否通過編譯？

2. 若可以編譯，執行結果為何？

3. 若將行 2 的 show() 方法的 public 降低存取層級為 protected 或 package，又是否能通過編譯？

範例：**/java11-ocp-1/src/course/c16/verify/Rock2.java**

```
1    public class Rock2 extends SuperClassHasShowMethod implements
                                                          ReportAble {
2        private String name = this.getClass().getSimpleName();
3        private double unitPrice;
4        private double unitCost;
5        private double weight;
6        public Rock2(double unitPrice, double unitCost, double weight) {
7            this.unitPrice = unitPrice;
8            this.unitCost = unitCost;
9            this.weight = weight;
10       }
11       @Override
12       public String getName() {
13           return this.name;
14       }
15       @Override
16       public double getTotalPrice() {
17           return this.weight * this.unitPrice;
18       }
19       @Override
20       public double getTotalCost() {
21           return this.weight * this.unitCost;
```

```
22          }
23          @Override
24          public double getProfit() {
25              return getTotalPrice() - getTotalCost();
26          }
27      }
```

結論是可以通過編譯，看看執行結果是甚麼：

🚀 **範例：/java11-ocp-1/src/course/c16/verify/VeryTheSameMethods.java**

```
1    public class VeryTheSameMethods {
2        public static void main(String args[]) {
3            ReportAble[] itemList = new ReportAble[1];
4            itemList[0] = new Rock2(15.0, 10.0, 50.0);
5            System.out.println("** Sales Report for Verify **");
6            System.out.println("Name\tPrice\tCost\tProfit\t");
7            System.out.println("==============================");
8            for (ReportAble item : itemList) {
9                item.show();
10           }
11       }
12   }
```

🧩 **結果**

```
** Sales Report for Verify **
Name     Price   Cost    Profit
==============================
父類別優先權高於介面！
```

但是將 show() 方法的 public 降低存取層級為 protected 時，類別 Rock2 編譯失敗，且錯誤訊息為「The inherited method SuperClassHasShowMethod.show() cannot hide the public abstract method in ReportAble」。

由上述執行結果可以知道：

1. Java 8 之後，若父類別和介面有相同簽名的方法，且介面使用 default 宣告，並提供方法實作內容，則子類別還是可以同時繼承和實作。

2. 承上，父類別與介面的相同簽名方法，父類別的存取層級必須高於介面；因為介面已經是 public，亦即父類別的該方法其存取層級也只能是 public。如此，父類別的方法可以遮蔽（hide）介面的方法，子類別也將使用父類別的方法。

16.4.5　類別的多介面同時具有相同簽名的方法

若是子類別同時實作擁有相同簽名方法的介面呢？

為了驗證結果，建立具有 show() 方法的 InterfaceHasShowMethod 介面：

🚀 **範例：/java11-ocp-1/src/course/c16/verify2/InterfaceHasShowMethod.java**

```
1    public interface InterfaceHasShowMethod {
2        public default void show() {
3            System.out.println("另一個介面也有相同簽名的方法！");
4        }
5    }
```

建立類別 Rock2，是類別 Rock 同時實作介面 InterfaceHasShowMethod 與介面 ReportAble 後的新版本：

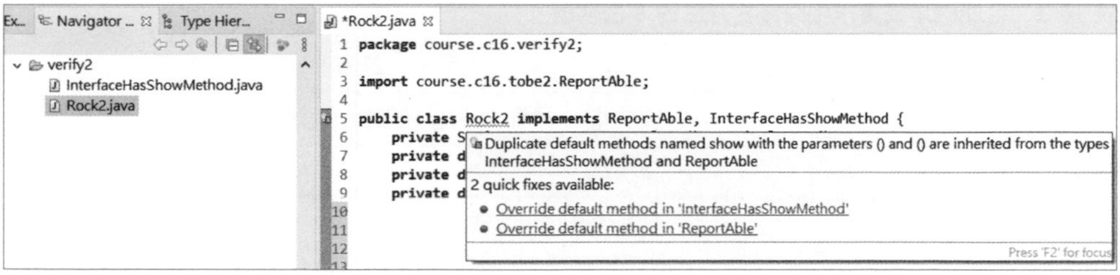

圖 16-7　實作的多個介面裡有相同簽名的方法

結果為編譯失敗，錯誤訊息是「Duplicate default methods named show with the parameters () and () are inherited from the types InterfaceHasShowMethod and ReportAble」，Java 不允許子類別實作具有相同簽名方法的不同介面，因為無法決定優先順序。

解決方式是子類別覆寫在多個介面重複的 default 方法。只要子類別能提供自己的版本，就不用擔心實作的介面有重複 default 方法的問題。

此外，子類別覆寫父類別方法時，可以使用「super」關鍵字呼叫父類別的方法。子類別覆寫介面的 default 方法時，則必須使用「介面名稱 . super」呼叫介面的 default 方法，如以下範例行 5：

🚀 **範例**：**/java11-ocp-1/src/course/c16/verify2/Rock3.java**

```
1   public class Rock3 implements ReportAble, InterfaceHasShowMethod {
2       // other implementations...
3       @Override
4       public void show() {
5           InterfaceHasShowMethod.super.show();
6           // do something specific in sub-class
7       }
8   }
```

16.4.6 　總結父類別或介面同時具有相同簽名的方法

將前述驗證結果做個結論。比較子類別可能繼承父類別或實作介面時，遭遇「相同簽名方法」的 3 個情境：

表 16-2 　可能繼承或實作相同簽名方法的 3 個情境

情境：簽名相同的方法來自…	結果
不同的父類別	編譯**失敗**，子類別只能有單一父類別。
不同的介面	編譯**失敗**。 子類別可以同時實作多個介面，但這些介面上的方法簽名不可以相同，除非子類別也實作相同簽名的方法。
父類別與介面	編譯**成功**。但父類別的方法必須是 public，以遮蔽介面的方法。

Lambda 表示式入門　17

17.1　Lambda 表示式介紹

「λ」是一個希臘字母，英文發音「Lambda」，很多領域都會用到它，例如：

1. 在「物理」領域表示「波長」。

2. 在「數學」領域表示「空字串」。

3. 在「計算機」領域表示「匿名函數」（anonymous function）。在這裡，「匿名」簡單說就是沒有名稱，「函數」則對應到類別的方法。合併來說，就是「沒有名稱的方法」。

Java 程式語言屬於計算機領域。由 Java 8 開始，希望建立一個語法簡單且能「簡化類別設計」的表示方式。導入了 Lambda 表示式，藉由「沒有名稱的方法」，就是一個可行的方式。

談到這裡，讀者或許會覺得類別的方法名稱不過幾個字，只是「沒有名稱的方法」能夠幫忙簡化多少語法？

事實上，一旦類別裡的方法沒有名稱，就表示類別裡對方法的定義可以被移除。更進一步說，若類別裡只有這一個方法，就連類別都不需要了。因此，Java 8 使用 Lambda 表示式，不僅是去除方法名稱，目標其實是在減少設計某些類別的麻煩。

17.2 功能性介面（Functional Interface）與 Lambda 表示式

17.2.1 匿名類別的兩三事

提到簡化類別設計，在 Java 裡早已經存在「匿名類別」（anonymous class）的語法，目的也是藉由去除類別名稱，來達到減少設計某些類別的麻煩。匿名類別通常用於「一次性」的目的，亦即執行時期只用來生成一次物件；因此特別設計類別名稱，定義類別內容，就被認為是比較沒有必要的舉措。

匿名類別在本書第十五章有過介紹。事實證明，這類語法最後並沒有達到太多簡化的目的，而編譯後依然產生 *.class 檔案，執行時需要建構物件實例，這些都和一般類別沒有不同。

由 Java 8 開始藉由 Lambda 表示式來解決這些問題。

17.2.2 功能性介面（Functional Interface）

Java 是物件導向的程式語言。必須事先定義類別，再用類別產生物件，才能使用物件的「方法」和「欄位」。

類別的設計反應商業邏輯的需求。有些時候，類別產生的物件不需要狀態，所以設計類別時不需要欄位，我們的目標只在使用「方法」，和使用靜態的類別方法有點像，但以 static 宣告畢竟不是物件導向的作法。

此時，繁瑣的類別定義、物件實例建構、以及物件屬性狀態的控制，都變成了不必要的負擔。這就好比，如果您只是想找個站務人員詢問何時開車，會希望去售票櫃檯跟其他人大排長龍嗎？車站裡應該有個詢問櫃檯分工，這樣才會更有效率。

為了讓「只使用方法的類別」能夠突出，Java 8 起推出「功能性介面」（Functional Interface），特色是介面只能定義 1 個抽象方法；也可以使用 @FunctionalInterface 標記介面，嚴格限定只有一個抽象方法，讓程式立意更清楚。如下：

🚀 **範例**：/java11-ocp-1/src/course/c17/FunctionalInterfaceDemo.java

```
1    @FunctionalInterface
2    interface StringAnalyzer {
3        public boolean analyze(String target, String searchStr);
4    }
```

或者是在第十一章出現的介面 Returnable，因為都只有 1 個抽象方法，都可以在介面上標註 @FunctionalInterface：

🚀 **範例**：/java11-ocp-1/src/course/c11/toBe2/Returnable.java

```
1    @FunctionalInterface
2    public interface Returnable {
3        public void doReturn ();
4    }
```

所以，實作這種介面的類別，就可以很清楚地被定義在「只提供某個方法的實作」。

此外，使用介面也可以利用多種實作類別，達成抽換的目的：

🚀 **範例**：/java11-ocp-1/src/course/c17/FunctionalInterfaceDemo.java

```
1    @FunctionalInterface
2    interface StringAnalyzer {
3        public boolean analyze(String target, String searchStr);
4    }
5    class ContainsAnalyzer implements StringAnalyzer {
6        public boolean analyze(String target, String searchStr) {
7            return target.contains(searchStr);
8        }
9    }
10   class StartWithAnalyzer implements StringAnalyzer {
11       public boolean analyze(String target, String searchStr) {
12           return target.startsWith(searchStr);
13       }
14   }
```

```
15   public class FunctionalInterfaceDemo {
16       public static void main(String[] args) {
17           String target = "jim is teaching", searchStr = "jim";
18
19           StringAnalyzer a1 = new ContainsAnalyzer();
20           System.out.println(analyzeString(a1, target, searchStr));
21
22           StringAnalyzer a2 = new StartWithAnalyzer();
23           System.out.println(analyzeString(a2, target, searchStr));
24       }
25       private static boolean analyzeString( StringAnalyzer analyzer,
                                                String target, String searchStr) {
26           return analyzer.analyze(target, searchStr);
27       }
28   }
```

到目前為止，功能性介面和一般介面的最大差異在只有一個抽象方法，本質上還是介面，因此在運用上和一般介面基本相同。

17.2.3　功能性介面和 Lambda 表示式的關係

Lambda 表示式目的在使用匿名函數，也就是沒有名稱的方法。功能性介面的導入，在這裡扮演了關鍵因素。

仔細觀察先前 FunctionalInterfaceDemo 的範例。第 25 行宣告的方法 analyzeString() 需要實作介面 StringAnalyzer 的物件參考，其實只是要使用實作後的 analyze() 方法，如範例行 26。然而為了這個目的，前置作業必須：

1. 在行 5-14 撰 寫 ContainsAnalyzer 類 別 和 StartWithAnalyzer 類 別，並 實 作 方 法 analyze()。

2. 在行 19 和 22 建立前述兩類別的物件實例：

🚀 **範例：/java11-ocp-1/src/course/c17/FunctionalInterfaceDemo.java**

```
19   StringAnalyzer a1 = new ContainsAnalyzer();
22   StringAnalyzer a2 = new StartWithAnalyzer();
```

如果大費周章設計類別和建立物件只爲了使用某個方法，何不乾脆把物件參考 a1 與 a2 直接指向「方法內容」，以類似以下的方式表達：

```
19    StringAnalyzer a1 = {
輸入(String target, String searchStr), 輸出target.contains(searchStr)
};
22    StringAnalyzer a2 = {
輸入(String target, String searchStr), 輸出target.startsWith(searchStr)
};
```

這樣的作法就是 Lambda 的精神，不需要因爲只是需要呼叫一個方法就設計類別，也不用產生物件，直接使用方法內容，簡單直接。

事實上，正確的 Lambda 表示方式如下。這裡的參數 t 就是 target，參數 s 就是 searchStr，更簡化而已：

```
19    StringAnalyzer a1 = (t, s) -> t.contains(s);
22    StringAnalyzer a2 = (t, s) -> t.startsWith(s);
```

很特別嗎？這的確和我們過去認知的語法有很大差距。「=」左邊使用介面宣告變數還是一樣，但右邊卻由原本的「類別定義」，以「方法定義」取代。

但是，一個方法可以代表一個類別的全部嗎？一般類別可以有多個方法，或許不行。但 StringAnalyzer 是功能性介面，需要實作的抽象方法只有一個，因此這裡的方法的確可以代表一個類別。

如果觀念上沒有問題，就可以知道在 FunctionalInterfaceDemo 範例程式碼行 6-8 對於功能性介面的方法的實作：

🚀 **範例**：**/java11-ocp-1/src/course/c17/FunctionalInterfaceDemo.java**

```
6    public boolean analyze(String target, String searchStr) {
7        return target.contains(searchStr);
8    }
```

可以簡化成：

```
6-8   (t, s) -> t.contains(s);
```

現在，只需要了解語法上 Java 8 的編譯器是如何幫我們逐步推斷（infer），讓兩者可以畫上等號：

1. 因為以功能性介面 StringAnalyzer 為參考型別，而且只有一個方法，所以以下內容都可以推斷，在 Lambda 表示式裡都不需要再敘明：

   - 方法名稱。

   - 方法參數，含型態、個數。

   - 回傳型別。

2. 因為 StringAnalyzer 唯一的方法必須傳入 2 個字串，所以推斷 Lambda 表示式裡的變數 t 是字串，變數 s 是字串。

3. 因為 StringAnalyzer 唯一的方法必須回傳型態 boolean，就由 t.contains(s) 或 t.startsWith(s) 的結果來回應，關鍵字 return 也省下來了。

4. 最後，在輸入端的參數「(t, s)」和輸出端「t.contains(s)」之間加上箭頭符號「->」，Lambda 表示式就大功告成。

這就是 Java 8 使用 Lambda 表示式來表現一個匿名方法的過程。它的目的在簡化功能性介面（functional interface）的實作內容，也只能簡化這種情境。

由原先的建立類別並實作介面，藉由 Lambda 表示式簡化到只需提供方法內容，而這個方法內容，在意義上也足以代表一個類別。

17.2.4　Lambda 表示式的使用範例

我們以一個更完整的情境示範 Lambda 表示式的使用，步驟是：

1. 建立 Animal 類別，具備能否游泳（canSwim）、能否跳躍（canJump）兩個屬性欄位。

2. 建立 IChecker 功能性介面，唯一的抽象方法就是要檢驗 Animal 的屬性。

3. 建立 CheckCanJump 和 CheckCanSwim 兩個類別實作 IChecker 介面，分別檢查動物是否能跳躍（canJump）、是否能游泳（canSwim）。

4. 建立 CheckByCommon 類別，先以傳統方式發動 Animal 的能力檢查，後續再使用 Lambda 表示式比較。

範例如下：

🚀 **範例：/java11-ocp-1/src/course/c17/Animal.java**

```
1    public class Animal {
2        private String name;
3        private boolean canJump;
4        private boolean canSwim;
5        public Animal(String name, boolean canJump, boolean canSwim) {
6            this.name = name;
7            this.canJump = canJump;
8            this.canSwim = canSwim;
9        }
10       public boolean canJump() {
11           return canJump;
12       }
13       public boolean canSwim() {
14           return canSwim;
15       }
16       public String toString() {
17           return name;
18       }
19   }
```

🚀 **範例：/java11-ocp-1/src/course/c17/IChecker.java**

```
1    @FunctionalInterface
2    public interface IChecker {
3        boolean test(Animal a);
4    }
```

🚀 **範例：/java11-ocp-1/src/course/c17/CheckCanJump.java**

```
1    public class CheckCanJump implements IChecker {
2        public boolean test(Animal a) {
3            return a.canJump();
4        }
5    }
```

🚀 範例：**/java11-ocp-1/src/course/c17/CheckCanSwim.java**

```java
1   public class CheckCanSwim implements IChecker {
2       public boolean test(Animal a) {
3           return a.canSwim();
4       }
5   }
```

🚀 範例：**/java11-ocp-1/src/course/c17/CheckByCommon.java**：

```java
1   public class CheckByCommon {
2       public static void main(String[] args) {
3           List<Animal> animals = new ArrayList<>();
4           animals.add(new Animal("fish", false, true));
5           animals.add(new Animal("monkey", true, false));
6           animals.add(new Animal("rabbit", true, false));
7           animals.add(new Animal("human", true, true));
8           check(animals, new CheckCanJump());
9       }
10      private static void check(List<Animal> animals, IChecker checker) {
11          for (Animal animal : animals) {
12              if (checker.test(animal))
13                  System.out.println(animal);
14          }
15      }
16  }
```

💬 **說明**

8	方法 check() 中傳入類別 CheckCanJump，檢查動物是否可以跳躍。
12	使用 IChecker 介面裡唯一的方法 test()，檢查動物是否可以跳躍。

🧩 **結果**

```
Monkey
Rabbit
Human
```

由這個範例中，可以發現幾個問題：

1. 以目前程式架構來看，若未來 Animal 類別進行擴充，具備更多屬性，就需要更多
   實作 IChecker 介面的類別來檢驗 Animal 的屬性。

2. 因為 IChecker 介面是功能性介面，實作的類別只需要針對唯一的抽象方法提供實
   作即可。對於這類實作，因為類別裡只有一個方法，唯一的方法足以代表類別，
   所以可以使用 Lambda 表示式來簡化程式。

使用 Lambda 表示式的進階範例如下。本範例依然需要搭配類別 Animal 和介面
IChecker，但類別 CheckCanJump 和 CheckCanSwim 已經被簡化，不再需要。如下：

🚀 範例：**/java11-ocp-1/src/course/c17/CheckByLambda.java**

```
1    public class CheckByLambda {
2        public static void main(String[] args) {
3            List<Animal> animals = new ArrayList<>();
4            animals.add(new Animal("fish", false, true));
5            animals.add(new Animal("monkey", true, false));
6            animals.add(new Animal("rabbit", true, false));
7            animals.add(new Animal("human", true, true));
8            check(animals, a -> a.canJump());
9        }
10       private static void check(List<Animal> animals, IChecker checker) {
11           for (Animal animal : animals) {
12               if (checker.test(animal))
13                   System.out.println(animal);
14           }
15       }
16   }
```

結論：

1. 比較範例類別 CheckByLambda 和 CheckByCommon，雖然兩者唯一差別在程式碼
   行 8 的 check() 方法中使用 Lambda 表示式，用匿名方法取代類別定義，不再需要
   傳入類別 CheckCanJump。但因此可以捨棄原先實作 IChecker 的 CheckCanJump 和
   CheckCanSwim 兩個類別檔，影響是更多的。

2. Lambda 表示式「a -> a.canJump()」只著重方法的內容：

   ● 傳入參數名稱 a。

- 回傳 a.canSwim() 的執行結果。

3. Lambda 表示直接定義方法內容，少了名稱、參數型態等，這些都將由功能性介面 IChecker 中推斷出來。因為介面裡只有唯一方法，所以 Java 知道要傳甚麼型態的參數，要回傳甚麼型態的結果。

17.2.5　Lambda 表示式的使用方式

複習基本程式碼敘述

在了解 Lambda 表示式的使用方式之前，先複習一些基本觀念，重新理解哪些程式碼可以通過編譯，那些不行：

```
1    public int doReturn(String x, String y) {
2        x.length();                      // 可編譯
3        x.length() + y.length();         // 不可編譯
4        int z = x.length() + y.length(); // 可編譯
5        return x.length() + y.length();  // 可編譯
6    }
```

📣 說明

2	呼叫物件參考 String 的方法。雖然方法 length() 有回傳結果，但語法上不一定要將方法的執行結果指定給另一個變數。
3	運算式需要有變數承接結果，或使用 return 回傳結果。錯誤訊息是「The left-hand side of an assignment must be a variable」。
4	運算式「=」左側一定要宣告變數，再把右側運算式結果回傳左側變數。因為有宣告變數承接運算結果，可通過編譯。
5	雖然未將運算式結果指定給另一變數，但將運算式結果直接回傳（return），也可以通過編譯。

接下來說明如何撰寫 Lambda 表示式。

撰寫 Lambda 表示式的原則

Lambda 表示式所呈現的「匿名方法」必須包含 3 部分：

1. **方法參數**（**argument list**）：代表輸入端。

2. **箭頭符號**（**arrow token**）：為「->」，介接輸入端與輸出端。

3. **方法內容**（**body**）：代表輸出端。

其中，項次 1 的「方法參數」和項次 3 的「方法內容」是比較容易有變化的部分。在過去，我們認為方法宣告的基本特徵是：

1. 方法名稱後面必須接上括號 ( )，可以傳入參數。

2. 除非抽象方法，否則方法後面必須有大括號 { }，表示有實作內容。

但是，這 2 個特徵在 Lambda 表示式所呈現的匿名方法中，卻可以因為要精簡語法而省略。以下分別進行了解：

關於「方法參數」：

1. **參數的型別宣告**可有可無，因為可由功能性介面推斷。

2. 基本上需要方法名稱後面的括號 ( )，**是否省略括號 ( ) 和方法參數個數**有關。如果參數只有 1 個，而且已經省略參數的型別宣告，則可以選擇再省略括號。參考下表了解差異：

表 17-1　**方法參數個數影響 Lambda 表示式寫法**

介面抽象方法舉例		int getInt()	int getInt(int x)	int getInt(int x, int y)
方法參數個數		0	1	大於 1
Lambda 表示式	基本寫法	() -> 100	(int x) -> 2*x	(int x, int y) -> x + y
	省略型別	() -> 100	(x) -> 2*x	(x, y) -> x + y
	省略 ( )	不行	x -> 2*x	不行

關於「方法內容」：

1. 若**使用**大括號 { }，就和一般方法內的程式碼區塊一致，如：

- 若有回傳，必須加上「return」。

- 可以有多行程式碼，每行程式碼以「;」區隔。

2. 若**未使用**大括號 { }，必須注意：

- 表示簡單的情況，只能有 1 行程式碼。

- 不能加上 return。即便功能性介面宣告的抽象方法定義要回傳，則 Java 自動將該行程式碼的執行結果回傳，不需要也不能加上 return；若不需要回傳，就不會回傳。

- 因為只有 1 行，不需要也不能使用「;」斷行，如：

```
1    print( animals, a -> a.canJump() );       // 可以通過編譯
2    print( animals, a -> a.canJump(); );       // 無法通過編譯
```

驗證前述關於方法參數與方法內容的 Lambda 表示式撰寫原則：

🚀 **範例：/java11-ocp-1/src/course/c17/LambdaTest.java**

```
1    // 方法未帶參數
2    @FunctionalInterface
3    interface Param_0 {
4        int getInt();
5    }
6    // 方法帶1個參數
7    @FunctionalInterface
8    interface Param_1 {
9        int getInt(int x);
10   }
11   // 方法帶2個參數
12   @FunctionalInterface
13   interface Param_2 {
14       int getInt(int x, int y);
15   }
16   // 方法有回傳
17   @FunctionalInterface
18   interface ReturnHas {
19       boolean hasReturn(String a, String b);
20   }
21   // 方法沒有回傳
22   @FunctionalInterface
23   interface ReturnNo {
24       void noReturn(String a, String b);
25   }
26   public class LambdaTest {
27       public static void main(String[] args) {
28           // 方法未帶參數
```

```
29          Param_0 p01 = () -> 100;
30          Param_0 p02 = -> 100;    // 編譯失敗
31
32          // 方法帶 1 個參數
33          Param_1 p11 = (int x) -> 2 * x;
34          Param_1 p12 = (x) -> 2 * x;
35          Param_1 p13 = x -> 2 * x;
36
37          // 方法帶 2 個參數
38          Param_2 p21 = (int x, int y) -> x + y;
39          Param_2 p22 = (x, y) -> x + y;
40          Param_2 p23 = x, y -> x + y;    // 編譯失敗
41
42          // 方法有回傳
43          ReturnHas returnHas1 = (a, b) -> a.startsWith(b);
44          ReturnHas returnHas2 = (a, b) -> a.length() > b.length();
45          ReturnHas returnHas3 = (a, b) -> {
46              return a.length() > b.length();
47          };
48
49          // 方法沒有回傳
50          ReturnNo returnNo1 = (a, b) -> a.startsWith(b);
51          ReturnNo returnNo2 = (a, b) -> a.length() > b.length();
                                                      // 編譯失敗
52          ReturnNo returnNo3 = (a, b) -> {
53              System.out.println(a.length() > b.length());
54          };
55      }
56  }
```

💬 **說明**

30	編譯失敗，方法不帶括號 ( ) 只能是 1 個參數。
40	編譯失敗，方法不帶括號 ( ) 只能是 1 個參數。
44	運算式無變數承接結果，視同回傳結果。
45-47	使用大括號 { }，和一般方法寫法一樣。
50	雖然字串方法 startsWith() 可以回傳結果，但不一定要使用變數儲存結果，或將結果回傳。

| 51 | 編譯失敗。運算式無變數承接結果，視同回傳結果，編譯失敗訊息是「Void methods cannot return a value」。 |
| 52-54 | 使用大括號 { }，和一般方法寫法一樣。 |

熟悉前述原則後，驗證以下 Lambda 表示式是否可以通過編譯：

表 17-2　Lambda 表示式與編譯結果

Lambda 表示式範例	編譯	說明
(int x, int y) -> x + y	OK	
(x, y) -> x + y	OK	
(x, y) -> { System.out.println(x + y);}	OK	
(String s) -> s.contains("word")	OK	
s -> s.contains("word")	OK	
() -> true	OK	
a, b -> a.startsWith("test")	NG	2 個以上參數需有括號 ( )。
a -> { a.startsWith("test"); }	OK	
a -> { return a.startsWith("test") }	NG	方法內容加上大括號 { } 後，每行程式碼都要有分號 (;) 區隔。
(a, b) -> { int a = 0; return 5;}	NG	方法內容裡的區域變數名稱不能和參數相同。
(a, b) -> { int c = 0; return 5;}	OK	

17.3　使用內建的功能性介面

因為功能性介面只有一個方法，可以預期使用情境，因此在套件 java.util.function 下內建了許多的功能性介面。主要區分四大類：

1. **評斷型**（**predicate**）：使用泛型傳入參數，且回傳 Boolean。

2. **消費型**（**consumer**）：使用泛型傳入參數，且沒有回傳（void）。

3. **功能型**（**function**）：將傳入的參數由 T 型別轉換成 U 型別。

4. **供應型**（**supplier**）：如同工廠方法，且方法沒有傳入參數，但可以建立並回傳 T 型別的物件實例。

限於篇幅，本書上冊旨在讓讀者了解這些內建功能性介面的存在，因此僅以範例介紹項次 1 的評斷型功能性介面，其餘將在下冊介紹。

使用評斷型功能性介面 Predicate 時，必須評斷通過與否，因此唯一的方法 test() 回傳 true / false：

🚀 **範例**：**java.util.function.Predicate**

```
1    package java.util.function;
2    @FunctionalInterface
3    public interface Predicate<T> {
4        boolean test(T t);
5        // 其餘 default、static 方法
6    }
```

其實和我們範例中的 IChecker 介面用途一樣，只差在泛型的使用：

🚀 **範例**：**/java11-ocp-1/src/course/c17/IChecker.java**

```
1    @FunctionalInterface
2    public interface IChecker {
3        boolean test(Animal a);
4    }
```

現在改用 Predicate 介面取代 IChecker 介面：

🚀 **範例**：**/java11-ocp-1/src/course/c17/CheckByLambdaPredicate.java**

```
1    public class CheckByLambdaPredicate {
2        public static void main(String[] args) {
3            List<Animal> animals = new ArrayList<>();
4            animals.add(new Animal("fish", false, true));
5            animals.add(new Animal("monkey", true, false));
6            animals.add(new Animal("rabbit", true, false));
7            animals.add(new Animal("human", true, true));
8            check(animals, a -> a.canJump());
```

```
 9          }
10          private static void check(List<Animal> animals, Predicate<Animal>
                                                                 checker) {
11              for (Animal animal : animals) {
12                  if (checker.test(animal))
13                      System.out.println(animal);
14              }
15          }
16      }
```

比較範例類別 CheckByLambda 和 CheckByLambdaPredicate，唯一差別在行 10 將介面 IChecker 改為使用泛型的介面 Predicate<Animal>，如此一來，就連 IChecker 介面也不需要了。

Java 為了推廣 Lambda 表示式，先是導入功能性介面 functional interface，現在又提供了四種內建功能性介面，做足了準備工作。

最後，本範例僅需要基本的 Animal 類別，其他如介面 IChecker，和其實作類別 CheckCanJump 和 CheckCanSwim 全部不需要，這就是使用 Lambda 表示式的好處，可以協助我們精簡程式碼並提升開發效率。

18

擬真試題實戰詳解

試題 1

Given:

```
1   public static void main(String[] args) {
2       int a;
3       int b = 5;
4       if (b > 2) {
5           a = ++b;
6           b = a + 7;
7       } else {
8           b++;
9       }
10      System.out.println(a + " " + b);
11  }
```

What is the result?

A. compilation error

B. 0 5

C. 6 13

D. 5 12

参考答案　A

說　明

行 10 編譯失敗，因為行 2 變數 a 宣告時沒有初始值；失敗顯示訊息為「The local variable a may not have been initialized」。雖然在行 5 有給值，因為是在 if-else 的選擇區塊內，執行時期才知道是否真有執行，編譯時期無法認定，因此編譯還是失敗。

試題 2

Given:

```
1    public class DNASynch {
2        int aCount;
3        int tCount;
4        int cCount;
5        int gCount;
6        DNASynch(int a, int tCount, int c, int g) {
7            // line 1
8        }
9        int setCCount(int c) {
10           return c;
11       }
12       void setGCount(int gCount) {
13           this.gCount = gCount;
14       }
15   }
```

Which two lines of code when inserted in line 1 correctly modifies instance variables?

A. setCCount(c) = cCount;

B. tCount = tCount;

C. aCount = a;

D. setGCount(g);

E. cCount = setCCount(c);

參考答案 CD

說　明

1. 選項 A 編譯失敗，因為等號左側必須是變數，訊息為 The left-hand side of an assignment must be a variable。

2. 選項 B 未修改欄位值，應改為 this.aCount = aCount;。

3. 選項 E 未修改欄位值。

試題 3

Given:

```
1    public static void main(String[] args) {
2        char c = 'b';
3        int i = 0;
4        switch (c) {
5        case 'a':
6            i++;
7            break;
8        case 'b':
9            i++;
10       case 'c' | 'd':          // line 1
11           i++;
12       case 'e':
13           i++;
14           break;
15       case 'f':
16           i++;
17           break;
18       default:
19           System.out.println(c);
20       }
21       System.out.println(i);
22   }
```

What is the result?

A. b1

B. 2

C. b2

D. 1

E. b3

F. 3

G. The compilation fails due to an error in line 1.

参考答案　F

說　明

程式碼在進入行 8 之後，因為一直沒遇到 break 敘述，所以直到行 14 才退出 switch-case 程式碼區塊；期間經歷「i++」一共 3 次，故 i = 3。

試題 4

Given:

```
1    public static void main(String[] args) {
2        int a = 0;
3        do {
4            a++;
5            if (a == 1) {
6                continue;
7            }
8            System.out.println(a);
9        } while (a < 1);
10   }
```

What is the result?

A. 01

B. 0

C. 1

D. The program prints nothing.

E. It prints 1 in the infinite loop.

參考答案　D

說　明

1. 後測式迴圈至少執行一次。

2. 進入行 6 之後，遇到 continue 敘述，直接進行下一個迴圈，進入行 9。

3. 進入行 9 後，條件不滿足，結束迴圈。

試題 5

Given:

```
1    public static void main(String... args) {
2        for (var y: args) {
3            System.out.println(y);
4        }
5    }
```

What is the type of the local variable y?

A. Character

B. char

C. String[ ]

D. String

參考答案　D

試題 6

Given:

```
1    public class Exam {
2        static String prefix = "Hello";
3        private String name = "World";
4        public static String getName() {
5            return new Exam().name;
6        }
7        public static void main(String[] args) {
8            Exam q = new Exam();
9            System.out.println(/* insert code here */);
10       }
11   }
```

Which two options can you insert inside println() method to produce HelloWorld? (Choose two.)

A. Exam.prefix + Exam.name

B. new Exam().prefix + new Exam().name

C. Exam.prefix + Exam.getName()

D. Exam.getName + prefix

E. prefix + Exam.name

F. prefix + name

參考答案 BC

說　明 呼叫物件欄位需要物件參考，呼叫靜態欄位使用類別名稱或物件參考。

A. 編譯失敗：Exam.name

D. 編譯失敗：Exam.getName，需要加 ()

E. 編譯失敗：Exam.name

F. 編譯失敗：name

試題 7

Given:

```
1    class Super {
2        public void x() {
3            print();
4        }
5        private void print() {
6            System.out.print("Bonjour le monde! ");
7        }
8    }
9    class Sub extends Super {
10       public void y() {
11           print();
12       }
13       private void print() {
14           System.out.print("Hello world! ");
15       }
16   }
```

And:

```
1    public static void main(String[] args) {
2        Sub b = new Sub();
3        b.x();
4        b.y();
5    }
```

What is the output?

A. Hello world! Bonjour le monde!

B. Hello world! Hello world!

C. Bonjour le monde! Hello world!

D. Bonjour le monde! Bonjour le monde!

參考答案 C

試題 8

Given:

```
1    public void stuff() throws StuffException {
2        // ...
3    }
```

and omitting the throws StuffException clause results in a compilation error.

Which statement is true about StuffException?

A. StuffException is a subclass of RuntimeError.

B. StuffException is unchecked.

C. The body of stuff() can only throw StuffException.

D. The body of stuff() can throw StuffException or its subclasses.

參考答案 D

說　明 StuffException 是 Checked Exception。

試題 9

Which describes an aspect of Java that contributes to high performance?

A. Java prioritizes garbage collection.

B. Java has a library of built-in functions that can be used to enable pipeline burst execution.

C. Java monitors and optimizes code that is frequently executed.

D. Java automatically parallelizes code execution.

參考答案 C

說　明 題意是關於 Java 的一般狀況，因此答題選項也應該偏向一般狀況：

A. Garbage collection 是週期性的執行，可以移除不需要的記憶體的使用，但對於執行時的高效能幫助比較不大。

B. 只針對特定功能。

D. 必須藉由程式碼實作或指定，非自動。

試題 10

Given:

```
1    public class MethodLab {
2        // line 1
3    }
```

And:

```
1    public void methodA() {
2        System.out.println("methodA");
3    }
4    public String methodB() {
5        System.out.println("methodB");
6    }
7    public void methodC(int i) {
8        return ++i;
9    }
10   public boolean methodD(int x) {
11       return x > 0;
12   }
13   public char methodE(String msg) {
14       return msg;
15   }
```

Which two method implementations are correct, when inserted independently in line 1?
(Choose two.)

A. methodA

B. methodB

C. methodC

D. methodD

E. methodE

参考答案 AD

說　明

methodB() 需要回傳 String，methodC() 不能有回傳，methodE() 要回傳 char。

試題 11

Given a mathematical formula:

$$m = c \times \frac{r(1+r)^n}{(1+r)^n - 1}$$

and these declarations:

```
1    double m;
2    double r = 0.1 / 12;
3    int c = 100_000;
4    int n = 90;
```

How can you code the formula?

A. m = c * (r * Math.pow(1 + r, n) / (Math.pow(1 + r, n) - 1));

B. m = c * ((r * Math.pow(1 + r, n) / (Math.pow(1 + r, n)) - 1));

C. m = c * r * Math.pow(1 + r, n) / Math.pow(1 + r, n) - 1;

D. m = c * (r * Math.pow(1 + r, n) / Math.pow(1 + r, n) - 1);

参考答案 A

說　明　求解 X 的 Y 次方的作法：

```
1    System.out.println("1.5 的 2 次方 = " + Math.pow(1.5, 2));
```

公式的分母 $(1+r)^n - 1$ 必須要有括號 () 確保完整執行，因此選 A。

試題 12

Which is the correct order of possible statements in the structure of a Java class file?

A. class, package, import

B. package, import, class

C. import, package, class

D. package, class, import

E. import, class, package

參考答案　B

說　明　如以下示範：

```
1    package q012;
2    import java.util.ArrayList;
3    public class Test {
4        public static void main(String[] args) {
5            new ArrayList<String>();
6        }
7    }
```

試題 13

Given:

```
1    public interface ExampleInterface {
2    // Option A.
3        public abstract void methodA();
4    // Option B.
5        final void methodB() {
6            System.out.println("B");
7        }
8    // Option C.
9        private abstract void methodC();
10   // Option D.
```

```
11          public String methodD();
12   // Option E.
13          public int e;
14   // Option F.
15          final void methodF();
16   // Option G.
17          public void methodG(){
18              System.out.println("G");
19          }
20   }
```

Which two options are valid to be written in this interface? (Choose two)

A. Option A

B. Option B

C. Option C

D. Option D

E. Option E

F. Option F

G. Option G

參考答案　AD

說　明　參考 11.7.2 介面的使用方式。

介面方法的修飾詞只可能是 public、private、abstract、default、static 和 strictfp，介面欄位的修飾詞必定是 public、static、final。因此：

1. 選項 B 的修飾詞 final 無法通過編譯。

2. 選項 C 的修飾詞 abstract 只能是 public，使用 private 將使子類別無法實作內容。

3. 選項 E 的介面欄位宣告必須是 public、static、final 且同時初始化給值。

4. 選項 F 的修飾詞 final 無法通過編譯。

5. 選項 G 的修飾詞沒有 abstract、default 或 static；因為預設是 abstract，不能有方法內容實作。

試題 14

Given:

```
1    public class Test {
2        public static void main(String[] params) {
3            for (int x = 0; x < params.length; x++) {
4                System.out.print(x + "). " + params[x]);
5                switch (params[x]) {
6                case "one":
7                    continue;
8                case "two":
9                    x--;
10                   continue;
11               default:
12                   break;
13               }
14           }
15       }
16   }
```

executed with this command:

java Test one two three

What is the result?

A. 0). one

B. 0). one1). two2). three

C. The compilation fails.

D. It creates an infinite loop printing: 0). one1). two1). two...

E. java.lang.NullPointerException is thrown.

參考答案 D

說　明

1. 在 x=0 輸出「0). one」，並在行 7 時以 continue 敘述進行下一個迴圈。

2. 在 x=1 時輸出「1). two」，並在行 9 時因 x-- 敘述使 x=0；在行 10 時以 continue 敘述進行下一個迴圈並使 x++，因此無窮迴圈。

試題 15

Given:

```
1    public interface Builder {
2        public X build(String s);
3    }
4    class BulderImpl implements Builder {
5        @Override
6        public Y build(String s) {
7            return new Y();
8        }
9    }
```

Assuming this code compiles correctly, which 3 statements are true?

A. Y cannot be abstract.

B. Y is a subtype of X.

C. X cannot be abstract.

D. X cannot be final.

E. Y cannot be final.

F. X is a subtype of Y.

參考答案 ABD

說　明

1. 覆寫後回傳的型別要一致或更小，因此 Y 是子類別，X 是父類別或介面，所以選項 B 對正確、選項 F 錯誤。

2. 承上，類別 X 不可以是 final，否則沒有子類別，所以選項 D 正確。

3. 由行 7，因為類別 Y 可以建立物件實例，不可能是 abstract；但沒證據顯示類別 X 不可以是 abstract，所以選項 A 正確、選項 C 錯誤。

試題 16

Given:

```
1    public class SportsCar extends Vehicle {
2        private float turbo;
3        // ...
4        public void setTurbo(float turbo) {
5            this.turbo = turbo;
6        }
7    }
```

What is known about the SportsCar class?

A. The SportsCar class is a subclass of Vehicle and inherits its methods.

B. The SportsCar class is a subclass and cannot override setTurbo method from the superclass Vehicle.

C. The SportsCar class is a superclass that has more functionality than the Vehicle class.

D. The SportsCar class inherits the setTurbo method from the superclass Vehicle.

參考答案 A

說　明

1. 選項 B：若類別 Vehicle 有 setTurbo() 且不是 private，則子類別可以覆寫。

2. 選項 C：類別 SportsCar 是子類別。

3. 選項 D：不確定類別 Vehicle 是否有方法 setTurbo()，因此不能斷定類別 SportsCar 是否繼承該方法。

試題 17

Given:

```
1    package a;
2    public class Lab {
3        String name;
```

```
 4        public Lab(String name) {
 5            this.name = name;
 6        }
 7        public String toString() {
 8            return name;
 9        }
10    }
```

And:

```
1    package b;
2    import a.Lab;
3    public class Test {
4        public static void main(String[] args) {
5            Lab t = new Lab("Student");
6            System.out.println(t);
7        }
8    }
```

What is the result?

A. null

B. nothing

C. It fails to compile.

D. java.lang.IllegalAccessException is thrown.

E. Student

 E

試題 18

Given:

```
1    public static void main(String[] args) {
2        String s = "";
3        if (Double.parseDouble("10.00f") > 10) {
```

```
4              s += 1;
5          }
6      if (1_5 == Integer.parseInt("15")) {
7              s += 2;
8          }
9      if (2024 > 2023L) {
10             s += 3;
11         }
12     System.out.println(s);
13  }
```

What is the result?

A. 23

B. 12

C. 123

D. 13

參考答案 A

說　明

1. 程式碼只會進入行 7 與行 10。

2. 字串相加結果是字元相連。

試題 19

Given:

```
1  class Foo {
2      public void foo(Collection c) {
3          System.out.println("Bonjour le monde");
4      }
5  }
6  class Bar extends Foo {
7      public void foo(Collection c) {
8          System.out.println("Hello world");
```

```
 9          }
10          public void foo(ArrayList a) {
11              System.out.println("Olá Mundo");
12          }
13      }
```

And:

```
1      public static void main(String[] args) {
2          Foo f1 = new Foo();
3          Foo f2 = new Bar();
4          Bar b1 = new Bar();
5          Collection<String> c = new ArrayList<>();
6          // line 1
7      }
```

Which three in line 1 are true?

A. b1.foo(c) outputs Bonjour le monde

B. f1.foo(c) outputs Hello world

C. f1.foo(c) outputs Olá Mundo

D. b1.foo(c) outputs Hello world

E. f2.foo(c) outputs Olá Mundo

F. b1.foo(c) outputs Olá Mundo

G. f2.foo(c) outputs Bonjour le monde

H. f2.foo(c) outputs Hello world

I. f1.foo(c) outputs Bonjour le monde

參考答案　DHI

說　明

依據 https://docs.oracle.com/javase/specs/jls/se7/html/jls-8.html#jls-8.4.9 的敘述「When a method is invoked（§ 15.12），the number of actual arguments（and any explicit type arguments) and the compile-time types of the arguments are used, at compile time, to determine the signature of the method that will be invoked (§15.12.2). If the method that is to be invoked is an instance method, the actual method to be invoked will be determined at run time, using dynamic method lookup (§15.12.4).」

考量方法呼叫順序的因素是：

1. 被呼叫的方法的**物件參考**的**宣告型別**與執行時的**實際型別**。

2. 傳入方法的**參數**的**宣告型別**與執行時的**實際型別**。

當方法被呼叫時，基本上依照**編譯器**看到的候選方法，依其**參數契合度**的順序進行呼叫；**執行時期**若宣告型別與實際型別不同，則優先呼叫**覆寫**的方法。因此：

1. 呼叫 f1.foo(c) 時輸出「Bonjour le monde」。

   - 編譯器預期可呼叫的方法為 Foo.foo(Collection)。
   - 因為實際型別也是 Foo，無子類別覆寫的方法存在，所以將呼叫 Foo.foo(Collection)。
   - 若前者不存在，無法編譯。

2. 呼叫 f2.foo(c) 時輸出「Hello world」。

   - 編譯器預期可呼叫的方法為 Foo.foo(Collection)。
   - 實際型別是 Bar，子類別覆寫的方法存在，所以將呼叫 Bar.foo(Collection)。
   - 若前者不存在，將改呼父類別未覆寫的方法，所以是 Foo.foo(Collection)。
   - 若前兩個方法都不存在，無法通過編譯。

3. 呼叫 b1.foo(c) 時輸出「Hello world」。

   - 編譯器預期可呼叫的方法為 Bar.foo(Collection)。
   - 實際型別是 Bar，無子類別覆寫的方法存在，所以呼叫 Bar.foo(Collection)。
   - 若前者不存在，因為子類別擁有父類別方法，可呼叫 Foo.foo(Collection)。
   - 若前兩者都不存在，因為剩餘的 Bar.foo(ArrayList) 無法接受 Collection 參數，將編譯失敗。

試題 20

Given:

```
1   public class Person {
2       private String name = "Duke";
3       public Person(String name) {
4           this.name = name;
5       }
6       public String toString() {
7           return name;
8       }
9   }
```

And:

```
1   public static void main(String[] args) {
2       Person p1 = new Person();    // line 1
3       System.out.println(p1);
4   }
```

What is the result?

A. null

B. Duke

C. The compilation fails due to an error in line 1.

D. p1

參考答案　C

說　明　類別 Person 沒有未帶參數的建構子。

試題 21

Given:

```
1    public class Test {
2        int aCount;
3        int tCount;
4        int cCount;
5        int gCount;
6        public int getACount(int aCount) {
7            return aCount;
8        }
9        public int getTCount(int tCount) {
10           return this.tCount;
11       }
12       public int getCCount() {
13           return getTotalCount() - this.aCount - getTCount(0) - gCount;
14       }
15       public int getGCount() {
16           return getGCount();
17       }
18       public int getTotalCount() {
19           return aCount + getTCount(0) + this.cCount + this.gCount;
20       }
21   }
```

Which two methods facilitate valid ways to read instance fields? (Choose two.)

A. getTCount

B. getACount

C. getTotalCount

D. getCCount

E. getGCount

參考答案　CD

說　明

1. 方法 getACount() 單純回傳方法參數，方法 getGCount() 又呼叫自己，均無法讀取實例欄位，因此排除選項 B 與 E。

2. 方法 getTCount() 讀取欄位時又傳入無關參數，不是好設計，故排除選項 A。

試題 22

Given:

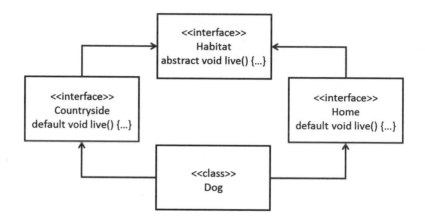

Which statement is true about the Dog class?

A. Dog class does not have to override the live() method, so long as it does not try to call it.

B. Dog class does not have to override the live() method if Countryside and Home provide compatible implementations.

C. Dog class must implement either Countryside or Home interfaces, but not both.

D. The live() method implementation from the first interface that Dog implements will take precedence.

E. Dog class must provide implementation for the live() method.

參考答案　E

説　明

參見章節「16.4.4 類別的父類別與介面同時具有相同簽名的方法」。原則是：

1. 子類別可以實作多介面，但介面上的方法簽名不可以相同，否則編譯失敗。

2. 承上，解決方式是在子類別覆寫在多介面重複的 default 方法。只要子類別能提供自己的版本，就不用擔心實作的介面有重複 default 方法的問題。

試題 23

Given:

```
1   class Foo {
2       public void foo(Collection arg) {
3           System.out.println("Bonjour le monde");
4       }
5   }
6   class Bar extends Foo {
7       public void foo(Collection arg) {
8           System.out.println("Hello world");
9       }
10      public void foo(List arg) {
11          System.out.println("Hola Mundo");
12      }
13  }
```

And:

```
1   public static void main(String[] args) {
2       Foo f1 = new Foo();
3       Foo f2 = new Bar();
4       Bar b1 = new Bar();
5       List<String> l = new ArrayList<>();
6       // line 1
7   }
```

Which three in line 1 are true?

A. b1.foo(l) outputs Hello world

B. f1.foo(l) outputs Bonjour le monde

C. f1.foo(l) outputs Hello world

D. f1.foo(l) outputs Hola Mundo

E. b1.foo(l) outputs Bonjour le monde

F. f2.foo(l) outputs Hola Mundo

G. f2.foo(l) outputs Bonjour le monde

H. b1.foo(l) outputs Hola Mundo

I. f2.foo(l) outputs Hello world

參考答案 BHI

說　明

依據 https://docs.oracle.com/javase/specs/jls/se7/html/jls-8.html#jls-8.4.9 的描述「When a method is invoked（§ 15.12），the number of actual arguments (and any explicit type arguments) and the compile-time types of the arguments are used, at compile time, to determine the signature of the method that will be invoked（§ 15.12.2）. If the method that is to be invoked is an instance method, the actual method to be invoked will be determined at run time, using dynamic method lookup（§ 15.12.4).」

考量方法呼叫的順序的因素是：

1. 被呼叫的方法的**物件參考**的**宣告型別**與執行時的**實際型別**。

2. 傳入方法的**參數**的**宣告型別**與執行時的**實際型別**。

當方法被呼叫時，基本上依照**編譯器**看到的候選方法，依其**參數契合度**的順序進行呼叫；**執行時期**若宣告型別與實際型別不同，則優先呼叫**覆寫**的方法。因此：

1. 呼叫 f1.foo(l) 時輸出「Bonjour le monde」。

- 編譯器預期可呼叫的方法為 Foo.foo(Collection)。

- 因為實際型別也是 Foo，無子類別覆寫的方法存在，所以將呼叫 Foo.foo(Collection)。

- 若前者不存在，則無法編譯。

2. 呼叫 f2.foo(l) 時輸出「Hello world」。

- 編譯器預期可呼叫的方法為 Foo.foo(Collection)。

- 實際型別是 Bar，因為子類別覆寫方法存在，所以呼叫 Bar.foo(Collection)。

- 若前者不存在，將改呼父類別未覆寫的方法，所以是 Foo.foo(Collection)。

- 若前兩個方法都不存在，則無法通過編譯。

3. 呼叫 b1.foo(l) 時輸出「Hola Mundo!」。

- 編譯器預期可呼叫的方法為 Bar.foo(List)、Bar.foo(Collection)。

- 實際型別是 Bar，無子類別覆寫的方法存在，所以呼叫 Bar.foo(List)。

- 若前者不存在，改呼叫 Bar.foo(Collection)。

- 若前兩者都不存在，因為子類別擁有父類別方法，將改呼叫 Foo.foo(Collection)。

試題 24

Given:

```
1    abstract class Vehicle {            // line 1
2        abstract void wheels();
3    }
4    class Car extends Vehicle {
5                                         // line 2
6        void wheels(int i) {            // line 3
7            System.out.println(5);
8        }
9    }
```

And:

```
1    public class Test {
2        public static void main(String[] args) {
3            Vehicle ob = new Car();     // line 4
4            ob.wheels();
5        }
6    }
```

What must you do so that the code prints 5?

A. Remove the parameter from wheels method in line 3.

B. Add @Override annotation in line 2.

C. Replace the code in line 4 with Car ob = new Car();

D. Remove abstract keyword in line 1.

（**參考答案**） A

（**說　明**）

程式碼行 6 的方法必須可以「覆寫」行 2 的抽象方法，移除行 6(即 line 3) 方法的參數使父子類別方法簽名一致是最簡單的方式，故選 A。

試題 25

Given: src/b/Refer.java

```
1    package b;
2    public class Refer {
3    }
```

And: src/a/Test.java

```
1    package a;
2    import b.Refer;
3    public class Test {
4        public static void main(String[] args) {
5            Refer b = new Refer();
6        }
7    }
```

Which is the valid way to generate bytecode for all classes?

A. java /src/a/Test.java

B. javac d /src /src/a/Test

C. java /src/a/Test.java /src/b/Refer.java

D. java cp /src a.Test

E. javac d /src /src/a/Test.java /src/b/Refer.java

參考答案 E

說　明

參考 8.3 節說明。指令 javac 後的選項 d 或 -d 是用來指定產生的編譯檔的存放路徑。

試題 26

Given:

```
1    public class Employee {
2        private String name;
3        public Employee(String name) {
4            this.name = name;
5        }
6        public String toString() {
7            return name;
8        }
9    }
```

And:

```
1    public class Test {
2        public static void main(String[] args) {
3            Employee p = null;
4            checkEmployee(p);
5            System.out.print(p);
6            p = new Employee("Mary");
7            checkEmployee(p);
8            System.out.print(p);
9        }
10       public static Employee checkEmployee(Employee p) {
11           if (p == null) {
12               p = new Employee("Joe");
```

```
13              } else {
14                  p = null;
15              }
16          return p;
17      }
18  }
```

What is the result?

A. JoeMarry

B. Joenull

C. nullnull

D. nullMary

参考答案　D

說　明

Java 是 pass by value/copy，參見 10.4.2. 的觀念說明。行 4 與行 7 都是複製了一份遙控器傳入方法 checkEmployee() 內，因此不影響方法 main() 裡的遙控器指向。

試題 27

Given:

```
1   class Super {
2       static String greeting() {
3           return "Good Night";
4       }
5       String name() {
6           return "Java";
7       }
8   }
9   class Sub extends Super {
10      static String greeting() {
11          return "Good Afternoon";
12      }
```

```
13        String name() {
14            return "Duke";
15        }
16    }
```

And:

```
1    public class Test {
2        public static void main(String[] args) {
3            Super s = new Sub();
4            System.out.println(s.greeting() + ", " + s.name());
5        }
6    }
```

What is the result?

A. Good Afternoon, Duke

B. Good Night, Duke

C. Good Afternoon, Java

D. Good Night, Java

(參考答案) B

(說　明) 參考14.2.2的說明與範例。只有物件方法才有覆寫機制，靜態方法沒有。

試題 28

Given:

```
1    public class Main {
2        public static void sayHello(String... args) {
3            System.out.println("Hello ");
4            for (String arg : args) {
5                System.out.println(arg);
6            }
7        }
8        public static void main(String[] args) {
```

```
9              Main c = null;
10             c.sayHello();
11         }
12   }
```

What is the result?

A. NullPointerException is thrown at line 4.

B. NullPointerException is thrown at line 10.

C. A compilation error occurs.

D. Hello

參考答案 D

說　明

1. 呼叫 static 方法，不需要建立物件，因此行 9 不影響。

2. 行 2 使用可變動個數的方法參數，所以行 10 可以不傳遞參數。

試題 29

Given:

```
1    public static void main(String[] args) {
2        for (var i = 0; i < 10; i++) {
3            switch (i % 5) {
4            case 2:
5                i *= i;
6                break;
7            case 3:
8                i++;
9                break;
10           case 1:
11           case 4:
12               i++;
13               continue;
14           default:
```

```
15              break;
16          }
17          System.out.print(i + " ");
18          i++;
19      }
20  }
```

What is the result?

A. nothing

B. 0

C. 10

D. 0 4 9

參考答案 D

說　　明

switch 區塊內使用 break 敘述是用於結束自身區塊；本題在 switch 區塊內使用的 continue 敘述，則作用於外層的 for 迴圈區塊，可以直接啟動下一個迴圈。

試題 30

What makes Java dynamic?

A. At runtime, classes are loaded as needed, and new code modules can be loaded on demand.

B. The runtime can process machine language sources as well as executables from different language compilers.

C. The Java compiler uses reflection to test if class methods are supported by resources of a target platform.

D. The Java compiler preprocesses classes to run on specific target platforms.

參考答案 A

說　明

參考「14.2.1 覆寫方法的規則」。Java 可以在執行時期動態決定載入與執行的實際類別和模組（參考本書下冊相關模組章節）。

試題 31

Given:

```
1    interface Interface1 {
2        public int method() throws Exception;
3        private void pMethod(){
4            /* implementation */
5        }
6    }
7    interface Interface2 {
8        public boolean equals();
9        public static void sMethod() {
10           /* implementation */
11       }
12   }
13   interface Interface3 {
14       public void method();
15       public void method(String str);
16   }
17   interface Interface4 {
18       public void aMethod() {
19           /* implementation */
20       }
21       public void method();
22   }
23   interface Interface5 {
24       public static void sMethod();
25       public void method(String str);
26   }
```

Which two interfaces can be used in lambda expressions? (Choose two.)

A. Interface1

B. Interface2

C. Interface3

D. Interface4

E. Interface5

參考答案 AB

說　明

1. Interface4 編譯失敗，因為 aMethod() 預設是 abstract，不可以有方法內容。

2. Interface5 編譯失敗，因為 sMethod() 是 static，必須有方法內容。

3. Interface3 通過編譯，但 lambda 表示式基於 functional interface，必須只能有一個
   抽象方法。

試題 32

Given:

```
1    enum Alphabet {
2        A, B, C;
3        // line 1
4    }
```

And:

```
1    public static void main(String[] args) {
2        System.out.println(Alphabet.getFirstItem());
3    }
```

What code should be written at line 1 to make this code print: A?

A.

```
final String getFirstItem() {

    return A.toString();

}
```

B.

```
static String getFirstItem() {

    return Alphabet.values()[1].toString();

}
```

C.

```
static String getFirstItem() {

    return A.toString();

}
```

D.

```
String getFirstItem() {

    return A.toString();

}
```

参考答案　C

說　明　參考「15.5.3 進階型列舉型別」：

1. 直接使用列舉型別名稱呼叫方法，該方法必須是 static，因此答案只可能是選項 B 或 C。

2. 每一個列舉型別預設都會有 static 的 values() 方法，可以回傳具備所有列舉項目的陣列；要取得第一個列舉項目，必須使用 index 為 0，因此選項 B 錯誤。

3. 選項 C 的方法是以 static 宣告，列舉項目的物件參考 A 也是以 static 宣告，兩者相容，編譯沒有問題。

試題 33

Given:

```
1    public interface TestInterface {
2        default void samplingProbeProcedure() {
```

```
3              probeProcedure();
4              System.out.println("P");
5              System.out.println("Q");
6          }
7          default void explosionProbeProcedure() {
8              probeProcedure();
9              System.out.println("R");
10         }
11         // line 1
12     }
```

Eliminate code duplication.

Keep constant the number of methods other classes may implement from this interface.

Which method can be added line 1 to meet these requirements?

A.

```
private default void probeProcedure() {

    System.out.println("S");

}
```

B.

```
static void probeProcedure() {

    System.out.println("S");

}
```

C.

```
private void probeProcedure() {

    System.out.println("S");

}
```

D.

```
default void probeProcedure() {

    System.out.println("S");

}
```

参考答案　C

說　明

在 line 1 增加哪一個方法後，可以保持其他類別在實作這個介面時的方法數量不變？答案是該方法以 private 宣告。

1. 選項 A 的 private 與 default 宣告不能一起使用，因此編譯失敗。

2. 選項 B 的方法使用 static 宣告，可以通過編譯；但預設是 public，將會增加其他類別在實作這個介面後的可用方法數量。

3. 選項 D 的方法使用 default 宣告，可以通過編譯；但預設是 public，將會增加其他類別在實作這個介面後的可用方法數量。

試題 34

Given:

```
1    public class Main {
2        private static class Greet {
3            private void print() {
4                System.out.println("an exam");
5            }
6        }
7        public static void main(String[] args) {
8            Main.Greet i = new Greet();
9            i.print();
10       }
11   }
```

What is the result?

A. The compilation fails at line 9.

B. The compilation fails at line 2.

C. an exam

D. The compilation fails at line 8.

参考答案 C

說　明

参考範例「/java11-ocp-1/src/course/c15/EnclosingClass.java」。因為是內部類別，行 2 與行 3 的 private 宣告不影響行 7 的 main() 方法的使用；若將 main() 移至其他類別，將編譯失敗。

將行 8 改為：

```
8          Main.Greet i = new Main.Greet();
```

或：

```
8          Greet i = new Greet();
```

都可以通過編譯並正常執行。

試題 35

Given:

```
1   public static void main(String[] args) {
2       var data = new ArrayList<>();
3       data.add("Duke");
4       data.add(30);
5       data.add("Hello World");
6       data.set(1, 25);
7       data.remove(2);
8       data.set(3, 1000L);
9       System.out.print(data);
10  }
```

What is the output?

A. [Hello World, 1000]

B. [Duke, 30, Hello World]

C. [Duke, 25, null, 1000]

D. An exception is thrown at run time.

參考答案 D

說　明

1. ArrayList 的 set(int index, E element) 方法目的在「置換」指定 index 的元素。置換前會先確認 ArrayList 長度與指定 index 是否存在，不存在就拋出 IndexOutOfBounds Exception。

2. 行 5 完成後，ArrayList 長度為 3，因此行 6 可以將成員 30 置換為 25。

3. 行 7 時移除 ArrayList 最後一個成員，長度降為 2；要置換第 4 個成員 (index 為 3)，於是拋出「java.lang.IndexOutOfBoundsException: Index 3 out of bounds for length 2」的錯誤訊息。

試題 36

Which two are successful examples of autoboxing? (Choose two.)

A. String a = "A";

B. Integer b = 5;

C. Float c = Float.valueOf(null);

D. Double d = 4;

E. Long e = 23L;

F. Float f = 6.0;

參考答案 BE

說　明

1. 選項 A 是 String 行為，和 autoboxing 無關；選項 C 並未包裹 float。

2. 選項 D 編譯失敗訊息為「Type mismatch: cannot convert from int to Double」，應改為 Double d = 4d，或 Double d = 4.0。

3. 選項 F 編譯失敗訊息為「Type mismatch: cannot convert from **double** to **Float**」，應改為 Float f = 6.0f。

試題 37

Given:

```
1    public class Hello {
2        class Greeting {
3            void sayHi() {
4                System.out.println("Hi");
5            }
6        }
7        public static void main(String[] args) {
8        // Option A.
9            Hello.Greeting gA = new Hello.Greeting();
10           gA.sayHi();
11
12       // Option B.
13           Hello hB = new Hello();
14           Hello.Greeting gB = hB.new Greeting();
15           gB.sayHi();
16
17       // Option C.
18           Hello hC = new Hello();
19           Hello.Greeting gC = hC.new Hello.Greeting();
20           gC.sayHi();
21
22       // Option D.
23           Hello hD = new Hello();
24           Greeting hG = new Greeting();
25           hG.sayHi();
26       }
27   }
```

Which option enable the code to print Hi?

(參考答案) B

說　明

內部類別（inner class）使用方式和「物件成員」相同，必須先有外部類別的參考，才可以建立內部類別：

1. 選項 A 編譯失敗，行 9 須改為 Hello.Greeting gA = new Hello().new Greeting(); 或 Greeting gA = new Hello().new Greeting();。

2. 選項 C 編譯失敗，行 19 須改為 Hello.Greeting gC = hC.new Greeting(); 或 Greeting gC = hC.new Greeting();。

3. 選項 D 編譯失敗，行 24 須改為 Greeting hG = hD.new Greeting();。

試題 38

Given:

```
1    enum Color implements Serializable {
2        R(1), G(2), B(3);
3        int code;
4        public Color(int c) {
5            this.code = c;
6        }
7    }
```

What action ensures successful compilation?

A. Replace public Color(int c) with private Color(int c).

B. Replace int c; with private in c;.

C. Replace int c; with private final int c;.

D. Replace enum Color implements Serializable with public enum Color.

E. Replace enum Color with public enum Color.

參考答案　A

考題行 4 的建構子宣告為 public，因此無法通過編譯。存取修飾詞應該是 private，或予隱藏，預設即為 private。

試題 39

Given:

```
1    public class A {
2    }
```

And:

```
1    public final class B extends A {
2    }
```

What is the result of compiling these two classes?

A. The compilation fails because there is no zero args constructor defined in class A.

B. The compilation fails because either class A or class B needs to implement the toString() method.

C. The compilation fails because a final class cannot extend another class.

D. The compilation succeeds.

參考答案　D

說　明

final 的類別作為父類別將導致無法被繼承。若父類別 A 宣告 final 將導致無法編譯；但類別 B 是子類別，因此可以正常編譯。

試題 40

Given:

```
1    public class Test {
2        class Student {           // line 1
3            String name;
4            Student(String name) {      // line 2
5                this.name = name;
6            }
7        }
8        public static void main(String[] args) {
9            var student = new Student("duke");   // line 3
10       }
11   }
```

Which two independent changes will make the Test class compiled? (Choose two.)

A. Move the entire Student class declaration to a separate Java file, Student.java.

B. Change line 2 to public Student(String name).

C. Change line 1 to public class Student {.

D. Change line 3 to Student student = new Student("duke");.

E. Change line 1 to static class Student {.

參考答案 AE

說　明

參見 15.6.3 的範例說明。因爲建立內部類別的物件必須有外部類別的物件參考，因此程式碼行 9、亦即 line 3 編譯失敗。其補救方式：

1. 把內部類別移往外部後成爲一般類別，如選項 A。

2. 把內部類別改宣告爲 static 的巢狀類別，如選項 E。

試題 41

Which two statements correctly describe capabilities of interfaces and abstract classes? (Choose two.)

A. Interfaces cannot have protected methods but abstract classes can.

B. Both interfaces and abstract classes can have final methods.

C. Interfaces cannot have instance fields but abstract classes can.

D. Interfaces cannot have static methods but abstract classes can.

E. Interfaces cannot have methods with bodies but abstract classes can.

參考答案 AC

說　明

1. 介面的**方法**的修飾詞只能是 public、private、abstract、default、static、strictfp，而且可以有內容，所以選項 B、D、E 錯誤。

2. 介面的**欄位**的修飾詞只能是 public、static、final，因此不會有實例（instance）變數欄位，所以選項 C 正確。

試題 42

Given:

```
1    enum GRADE {
2        A(100), B(75), C(50);
3        int percent;
4        private GRADE(int percent) {
5            this.percent = percent;
6        }
7    }
```

And:

```
1    static void checkGrade(GRADE g) {
2        switch (g) {
3        case /* line 1 */
4            System.out.println("Great");
5            break;
6        default:
7            System.out.println("Not Great");
8            break;
9        }
10   }
```

Which code fragment can be inserted into line 1 to print Great?

A. GRADE.A.ValueOf()

B. A

C. A.toString()

D. GRADE.A

參考答案　B

試題 43

Given:

```
1    enum Letter {
2        ALPHA(100), DELTA(200), OMICRON(300);
3        int i;
4        Letter(int i) {
5            this.i = i;
6        }
7        /* line 1 */
8    }
```

And:

```
1    public static void main(String[] args) {
2        System.out.println(Letter.values()[1]);
3    }
```

What code should be written at line 1 for this code to print 200?

A. public String toString() { return String.valueOf(ALPHA.i); }

B. public String toString() { return String.valueOf(Letter.values()[1]); }

C. public String toString() { return String.valueOf(i); }

D. String toString() { return "200"; }

參考答案 C

說　明 使用列舉型別預設的 values() 方法時，以本例而言：

1. Letter.values()[0] 會得到 Letter.ALPHA。

2. Letter.values()[1] 會得到 Letter.DELTA。

3. Letter.values()[2] 會得到 Letter.OMICRON。

要輸出 200，唯一關聯此數字的是列舉項目 Letter.DELTA 的屬性欄位 i 值，所以藉由覆寫 toString() 方法輸出屬性欄位 i 值，故選 C。

其他選項：

1. 選項 A 輸出 100。

2. 選項 B 因無窮迴圈拋出例外 java.lang.StackOverflowError。

3. 選項 D 編譯失敗，覆寫 toString() 後，存取層級不能由 public 降低為 package。

試題 44

Given:

```
1    // Option A:
2    @FunctionalInterface
3    interface MyInterfaceA {
```

```
 4        public void run();
 5    }
 6   //Option B:
 7   @FunctionalInterface
 8   interface MyInterfaceB {
 9        public void run();
10        public void call();
11   }
12   //Option C:
13   interface MyInterfaceC {
14        public default void run() {}
15        public void run(String s);
16   }
17   //Option D:
18   @FunctionalInterface
19   interface MyInterfaceD {
20   }
21   //Option E:
22   interface MyInterfaceE {
23        @FunctionalInterface
24        public void run();
25   }
```

Which two are functional interfaces? (Choose two.)

A. Option A

B. Option B

C. Option C

D. Option D

E. Option E

參考答案 AC

說　明 functional interface 只能有一個抽象方法。

試題 45

Given:

```
1    public static void main(String[] args) {
2        var i = 1235;
3        var s = "" + i;
4        if ("1235".equals(s))
5            System.out.println("Alpha");
6        if ("1235" == s)
7            System.out.println("Delta");
8    }
```

What will be the output of this code?

A. Does not compile

B. Prints nothing

C. Prints "Alpha" only

D. Prints "Alpha" followed by "Delta"

E. Prints "Delta" only

F. Throws an Exception

參考答案 C

說　明

1. String 是 immutable，因此行 3 會將「"" + i」結合後，產生一個新的 String 物件，並讓物件參考 s 指向該物件。

2. 所以，行 6 的「"1235" == s」是 false，因為 "1235" 會是另一個 Java 產生的 String Literal 物件，物件參考 s 不會指向它，但兩個 String 物件的確內容相同，故選 C。

3. 本題不會因為使用 var 而導致編譯失敗，因為 = 號右側型態很容易被 Java 推估。

試題 46

Given:

```
1    public static void main(String[] args) {
2        int[] nums = { 1, 2, 3, 4, 5 };
3        output(nums);
4    }
5    private static void output(int[] nums) {
6        // code block
7    }
```

And:

```
1    // Option A.
2    for (int i = 0; ++i < 10 && i < nums.length;) {
3        System.out.print(nums[i]);
4    }
5    // Option B.
6    for (var i = 0; i < nums.length; ++i) {
7        System.out.print(nums[i]);
8    }
9    // Option C.
10   for (int i = nums.length; i > 0; i--) {
11       System.out.print(nums[i]);
12   }
13   // Option D.
14   for (int j = 0, i = j; i <= nums.length - 1; i++) {
15       System.out.print(nums[i]);
16   }
17   // Option E.
18   for (var j = 0, i = j; i <= nums.length - 1; ++i) {
19       System.out.print(nums[i]);
20   }
```

Which of the following fragments can be inserted within the output() method, so that all the numbers from 1 to 5 are printed to the console? Choose 2:

A. Option A

B. Option B

C. Option C

D. Option D

E. Option E

參考答案 BD

說　明 參考「9.3 使用 for 迴圈」。for 迴圈的進行順序是：

1. 初始條件（用於變數宣告）。

2. 滿足條件→程式碼區塊→變動條件。

3. 滿足條件→程式碼區塊→變動條件。

…直到結束。

為了輸出陣列所有成員，初始條件 i 必須經過 0、1、2、3、4，所以：

1. 選項 A 的初始條件 i 將經歷 1、2、3、4，輸出為 2345。

2. 選項 B 的初始條件 i 將經歷 0、1、2、3、4，輸出為 12345。

3. 選項 C 的初始條件 i 將經歷 5、4、3、2、1，因此一開始就拋出 java.lang. ArrayIndexOutOfBoundsException。

4. 選項 D 的初始條件 i 將經歷 0、1、2、3、4，輸出為 12345。

5. 選項 E 的行 18 編譯失敗，因為複合宣告（compound declaration）不適用於 var 變數，參見「6.6.1. 使用 var 宣告的時機」。

試題 47

Given:

```
1    class Super {
2        private boolean checkValue(int val) {
3            return true;
4        }
5    }
6    class Sub extends Super {
7        public int changeVal(int val) {
```

```
 8              if (checkValue(val)) {
 9                  return val;
10              } else {
11                  return 0;
12              }
13          }
14      }
```

And:

```
1   public class Test {
2       public static void main(String[] args) {
3           Sub b = new Sub();
4           System.out.println(b.changeVal(1));
5       }
6   }
```

What is the result?

A. nothing

B. It fails to compile.

C. 0

D. A java.lang.IllegalArgumentException is thrown.

E. 10

參考答案 B

說　明 行 8 編譯失敗。父類別方法 checkValue() 是 private，無法給子類別使用。

試題 48

Given:

```
1   public static void main(String[] args) {
2       StringBuilder sb = new StringBuilder(5);
3       sb.append("HOWDZ");
```

```
4        sb.insert(0, ' ');
5        sb.replace(3, 5, "XX");
6        sb.insert(6, "COW");
7        sb.delete(2, 7);
8        System.out.println(sb.length());
9    }
```

What is the result?

A. 4

B. 3

C. An exception is thrown at runtime.

D. 5

參考答案 A

說 明 執行過程為：

2	數值 5 是 initial capacity，無關長度限制。
3	最初為「HOWDZ」。
4	• 方法 insert() 的第一個參數是位移量（offset），值 0 表示塞在最前面。 • 執行後改變為「 HOWDZ」，第 1 個字元為空白。
5	• 方法 replace() 的第一、二個參數都是索引（index），第一個參數包含（inclusive）數字本身，第二個參數不包含（exclusive）數字本身。 • 本行以字串 XX 取代 index 為 3 與 4 的字元（不含 5），改變後為「HOXXZ」。
6	使用方法 insert() 在偏移 6 個字元後，塞入 COW 改變為「 HOXXZCOW」。
7	• 方法 delete() 的第一、二個參數都是索引（index），第一個參數包含（inclusive）數字本身，第二個參數不包含（exclusive）數字本身。 • 使用 delete() 刪除 index 為 2、3、4、5、6 的成員後（不含 7），改變為「 HOW」。
8	輸出字串長度 4。

試題 49

Given:

```
1    public static void main(String[] args) {
2        var list = new ArrayList<String>();
3        list.add("one");
4        list.add("two");
5        // line 5
6        for (var s : list)
7            System.out.print(s);
8    }
```

Which of the following options can be added to line 5 for the code to compile and run correctly?

A. list.add(3);

B. list.add(String.valueOf("3"));

C. list.add(Integer.valueOf(3));

D. list.add(Integer.parseInt("3"));

E. list.add(3, "three");

F. None of these

參考答案 B

說　明

1. 只能放入 String 型態，所以可能是 B 或 E。

2. 使用 add() 方法時，程式邏輯會呼叫 private 的 rangeCheckForAdd() 方法檢查 index 是否合理。選項 E 指定的 index 參數是 3，且 ArrayList 目前長度 size 值 2，因為 index > size，執行時會拋出 IndexOutOfBoundsException，如下：

🚀 **範例：java.util.ArrayList**

```
1    private void rangeCheckForAdd(int index) {
2        if (index > size || index < 0)
```

```
3                    throw new IndexOutOfBoundsException(outOfBoundsMsg(index));
4     }
```

試題 50

Given:

```
1    package a;
2    public class Employee {
3        protected Employee() {    // line 3
4        }
5    }
```

And:

```
6    package b;
7    import a.Employee;
8    public class Main {   // line 8
9        public static void main(String[] args) {
10           Employee p = new Employee();    // line 10
11       }
12   }
```

Which two allow b.Main to allocate a new Employee? (Choose two.)

A. In line 3, change the access modifier to private:

```
3        private Employee() {
```

B. In line 3, change the access modifier to public:

```
3        public Employee() {
```

C. In line 8, add extends Employee to the Main class:

```
8    public class Main extends Employee {
```

and change line 10 to create a new Main object:

```
10          Employee p = new Main();
```

D. In line 8, change the access modifier to protected:

```
8    protected class Main {
```

E. In line 1, remove the access modifier:

```
3          Employee() {
```

參考答案 BC

說　明

1. line 3 的建構子以 protected 宣告，只有繼承關係才能跨 package 存取，因此選項 C 正確。

2. 選項 B 將類別存取升級為 public 也是一種方式。

試題 51

Given:

```
1    public class ATCGSynch {
2        int aCount;
3        int tCount;
4        int cCount;
5        int gCount;
6        ATCGSynch (int a, int tCount, int c, int g) {
7            // line 1
8        }
9        int setCCount(int c) {
10            return c;
11        }
12        void setGCount(int g) {
13            this.gCount = g;
```

```
14          }
15      }
```

Which two lines of code when inserted in line 1 correctly modifies instance variables? (Choose three.)

A. setCCount(c) = cCount;

B. tCount = tCount;

C. setGCount(g);

D. cCount = setCCount(c);

E. aCount = a;

參考答案 CDE

說　明

1. 選項 A 編譯失敗，等號左側必須是變數。

2. 選項 B 無法修改 tCount 實例變數，必須改為 this.tCount = tCount;。

試題 52

Given:

```
1   class MyDog {
2   }
```

And:

```
1   javac C:\exam\MyDog.java
```

What is the expected result of javac?

A. javac fails to compile the class and prints the error message, C:\exam\MyDog.java:1:error: package java does not exist

B. javac compiles MyDog.java without errors or warnings.

C. javac fails to compile the class and prints the error message, C:\exam\MyDog. java:1:error: expected import java.lang

D. javac fails to compile the class and prints the error message, Error: Could not find or load main class MyDog.class

 參考答案 B

試題 53

Given:

```
 1    interface Food {
 2        void getIngredients();
 3    }
 4    abstract class Cookie implements Food {
 5    }
 6    class ChocolateCookie implements Cookie {
 7        public void getIngredients() { }
 8    }
 9    class SpecialChocolateCookie extends ChocolateCookie {
10        void getIngredients(int x) { }
11    }
```

Which is true?

A. The compilation fails due to an error in line 6.

B. The compilation succeeds.

C. The compilation fails due to an error in line 4.

D. The compilation fails due to an error in line 10.

E. The compilation fails due to an error in line 7.

F. The compilation fails due to an error in line 9.

G. The compilation fails due to an error in line 2.

參考答案 A

說　明

1. 行 6 必須由 implements 改為 extends。

2. 改正後，行 10 方法是行 7 方法的 Overloading，因此編譯通過。

試題 54

Given:

```
1    StringBuilder sb = new StringBuilder("ABCD");
```

Which would cause sb to be AZCD?

A. sb.replace(sb.indexOf("A"), sb.indexOf("C"), "Z");

B. sb.replace(sb.indexOf("B"), sb.indexOf("C"), "Z");

C. sb.replace(sb.indexOf("B"), sb.indexOf("B"), "Z");

D. sb.replace(sb.indexOf("A"), sb.indexOf("B"), "Z");

參考答案　B

說　明　依據 API 文件說明，replace(start, end, str) 方法的 3 個參數：

1. start: The beginning index, inclusive.

2. end: The ending index, exclusive.

3. str: String that will replace previous contents.

試題 55

Given:

```
1    class Stuff {
2        String office;
3        // other fields
4    }
```

```
5    class Admin {
6        var stuff = new ArrayList<Stuff>();
7        public var display() {
8            var stuff = new Stuff();
9            var offices = new ArrayList<>();
10           offices.add("A");
11           offices.add("B");
12           for (var office : offices) {
13               System.out.println("stuff location: " + office);
14           }
15       }
16   }
```

Which two lines cause compilation errors? (Choose two.)

A. line 12

B. line 6

C. line 9

D. line 8

E. line 7

（參考答案） BE

（說　明） var 宣告只能用於區域變數。

試題 56

Given:

```
1    interface MyInterface {
2        void printOne();
3    }
```

And:

```
1    // Option A
2    abstract class MyClassA implements MyInterface {
3        public abstract void printOne();
4    }
5    // Option B
6    class MyClassB implements MyInterface {
7        private void printOne() {
8            System.out.println("one");
9        }
10   }
11   // Option C
12   class MyClassC implements MyInterface {
13       public void printOne() {
14           System.out.println("one");
15       }
16   }
17   // Option D
18   abstract class MyClassD implements MyInterface {
19       public void printOne() {
20           System.out.println("one");
21       }
22   }
23   // Option E
24   abstract class MyClassE implements MyInterface {
25       public String printOne() {
26           return "one";
27       }
28   }
29   // Option F
30   class MyClassF {
31       public void printOne() {
32           System.out.println("one");
33       }
34   }
```

Which three classes successfully override printOne()? (Choose three.)

A. Option A

B. Option B

C. Option C

D. Option D

E. Option E

F. Option F

參考答案 ACD

說　明

1. 選項 A 即便沒有實作內容，也算是覆寫，加上 @Override 可驗證。

2. 選項 B 編譯失敗，行 7 必須是 public。

3. 選項 E 編譯失敗，行 25 必須是 void，錯誤訊息 The return type is incompatible with MyInterface.printOne()。

4. 選項 F 編譯成功，但未實作 MyInterface。

試題 57

Given:

```
1    class SomeKlass {
2        public void operation() {
3            System.out.print("SomeKlass:operation() ");
4        }
5    }
6    class AnotherKlass extends SomeKlass {
7        public void operation() {
8            System.out.print("AnotherKlass:operation() ");
9        }
10   }
11   public class Test {
12       public static void main(String[] args) {
13           AnotherKlass ac = new AnotherKlass();
14           SomeKlass sc = new AnotherKlass();
15           ac = sc;
16           sc.operation();
17           ac.operation();
18       }
19   }
```

What is the result?

A. A ClassCastException is thrown at runtime.

B. AnotherKlass:operation() AnotherKlass:operation()

C. The compilation fails.

D. SomeKlass:operation() AnotherKlass:operation()

E. AnotherKlass:operation() SomeKlass:operation()

F. SomeKlass:operation() SomeKlass:operation()

參考答案 C

說　明 行 15 編譯失敗，改為如下可以通過編譯：

```
15          ac = (AnotherKlass) sc;
```

試題 58

Given:

```
1    public class OverloadLab {
2        public void test(Object[] o) {
3            System.out.println("This is an object array");
4        }
5        public void test(long[] l) {
6            System.out.println("This is an array");
7        }
8        public void test(Object o) {
9            System.out.println("This is an object");
10       }
11       public static void main(String[] args) {
12           int[] arr = new int[1];
13           new OverloadLab().test(arr);
14       }
15   }
```

What is the output?

A. This is an object array

B. The compilation fails due to an error in line 1

C. This is an array

D. This is an object

參考答案　D

說　明

1. 方法名稱相同，參數不同，是為 Overloading。

2. Overloading 的方法呼叫時，基本上依照**編譯器**看到的候選方法，依其**參數契合度**的順序進行呼叫。

3. 因為不存在以參數 int[] 作為參數的方法 test()，因此退而求其次找相近的方法。和 int[] 比較接近的是 Object，故選 D。

4. int[] 與 Object[]、long[] 完全無關。

試題 59

Given:

```
1    class DoubleNumber {
2        private final double value;
3        public DoubleNumber(String value) {
4            this(Double.parseDouble(value));
5        }
6        public DoubleNumber(double value) {
7            this.value = value;
8        }
9        public DoubleNumber() {
10       }
11       public double getValue() {
12           return value;
13       }
14   }
```

And:

```
1    public static void main(String[] args) {
2        DoubleNumber d1 = new DoubleNumber("1.99");
3        DoubleNumber d2 = new DoubleNumber(0.99);
4        DoubleNumber d3 = new DoubleNumber();
5        System.out.println(d1.getValue() + ", " + d2.getValue() + ", " +
                                                      d3.getValue());
6    }
```

What is the result?

A. The compilation fails.

B. 1.99, 0.99, 0

C. 1.99, 0.99, 0.0

D. 1.99, 0.99

參考答案　A

說　明

行 9 編譯失敗，因為 final 的實例變數如果沒有在宣告時一起給值，就必須在每一個建構子都有初始化的管道。

試題 60

Given:

```
1    class MySuper {
2        protected MySuper() {
3            this(2);
4            System.out.print("1");
5        }
6        protected MySuper(int i) {
7            System.out.print(i);
8        }
9    }
10   public class MySub extends MySuper {
```

```
11          MySub() {
12              this(4);
13              System.out.print("3");
14          }
15          MySub(int i) {
16              System.out.print(i);
17          }
18          public static void main(String[] args) {
19              new MySub(4);
20          }
21      }
```

What is the result?

A. 2134

B. 2143

C. 214

D. 234

參考答案　C

說　明　子類別建構子執行前，先執行父類別建構子。

試題 61

Which statement about access modifiers is correct?

A. An instance variable can be declared with the static modifier.

B. A local variable can be declared with the final modifier.

C. An abstract method can be declared with the private modifier.

D. An inner class cannot be declared with the public modifier.

E. An interface can be declared with the protected modifier

參考答案　B

說　明

1. 選項 A：使用 static 宣告後，就不是 instance variable。

2. 選項 C：導致方法是 abstract 卻又因為是 private，讓子類別無法看見而覆寫。

3. 選項 E：只能是 public，不寫就是 public。

4. 選項 D：inner class 可以是 public，如以下範例行 2。但產生內部類別的物件時，還是需要外部類別的物件參考，如以下範例行 6。

```
1    public class Test {
2        public class A {
3        }
4        public static void main(String[] args) {
5        //  A a = new A();   // 編譯失敗
6            A a = new Test().new A();
7        }
8    }
```

試題 62

Given:

```
1    class Employee {
2        private String name;
3        public void setName(String name) {
4            String title = "Dr. ";
5            name = title + name;
6        }
7        public String toString() {
8            return name;
9        }
10   }
```

And:

```
1    public static void main(String[] args) {
2        Employee p = new Employee();
3        p.setName("Who");
```

```
4          System.out.println(p);
5      }
```

What is the result?

A. Dr. Who

B. Dr. Null

C. An exception is thrown at runtime.

D. null

参考答案 D

說　　明 程式碼行 5 改為以下後答案為 A：

```
5          this.name = title + name;
```

試題 63

Given:

```
1   public class Exam {
2       private int sum;
3       public int calculate() {
4           int x = 0;
5           while (x < 3) {
6               sum += x++;
7           }
8           return sum;
9       }
10      public static void main(String[] args) {
11          Exam t = new Exam();
12          int sum = t.calculate();
13          sum = t.calculate();
14          t.calculate();
15          System.out.println(sum);
16      }
17  }
```

What is the result?

A. 9

B. An exception is thrown at runtime.

C. 3

D. 6

参考答案 D

說　明

程式碼行 5-7 等價如下：

```
5          while (x < 3) {
6              sum += x;
7              ++x;
8          }
```

因此：

12	Sum 值為 0 + 0 + 1 + 2 = 3。
13	Sum 值為 3 + 0 + 1 + 2 = 6。
14-15	Exam 物件內的實例變數 sum 值變為 9，但 main() 方法的區域變數 sum 值並未改變，因此行 15 輸出 6。若把行 14 程式碼改成與行 13 一致，則輸出 9。

試題 64

Given:

```
1    package a;
2    public abstract class Animal {
3        protected abstract void eat();
4    }
```

And:

```
1    package b;
2    import a.Animal;
3    public abstract class Tiger extends Animal {
4        // line 1
5    }
```

Which two lines inserted in line 1 will allow this code to compile? (Choose two.)

A. protected void eat(){}

B. void eat(){}

C. abstract void eat();

D. private void eat(){}

E. public abstract void eat();

（參考答案） AE

（說　明）

1. 子類別要覆寫父類別方法，存取修飾詞只能相同或更大，因此選項B、C是 default，選項D是private，都無法通過編譯。

2. 因為子類別也是abstract類別，是否實作抽象方法都可以，故選項E正確。

試題 65

Given:

```
1    public class Test {
2        public static void main(String[] args) {
3            int a = 4;
4            int b = 2;
5            System.out.println(a + b + "=(a+b)=" + a + b);
6        }
7    }
```

What is the result?

A. An exception is thrown at runtime.

B. 42=(a+b)=42

C. 42=(a+b)=6

D. 6=(a+b)=42

E. 6=(a+b)=6

參考答案　D

說　明

運算子「+」可用於數字相加與字串相連。表達式內一旦出現字串，後續即便數字都以字串處理。

試題 66

Given:

```
1    public static void main(String[] args) {
2        byte x = 8, y = 7;
3        // line 1
4        System.out.println(z);
5    }
```

Which expression when added at line 1 will produce the output of 1.14?

A. float z = (float)(Math.round((**float**)x/y*100)/100);

B. float z = Math.round((int)(x/y),2);

C. float z = Math.round((float)x/y,2);

D. float z = Math.round((**float**)x/y*100)/(float)100;

參考答案　D

說　明　Math 的 round() 方法簽名如下，提供 float 或 double 參數，回傳 int 整數：

範例：java.lang.Math

```
1    public static int round(float a)
```

因為無法指定小數點位數，因此選項 B 與 C 編譯失敗。

此外，以下行 1 的數字會和行 2 相同，因此是先轉型，再數學計算。

```
1    float f1 = (float) x / y;
2    float f2 =((float) x) / y;
3    float f3 = (float) (x / y);
```

選項 D 的推導過程如下：

```
1    Math.round( (float) x / y )               // =1
2    Math.round( (float) x / y * 100 )         // =114
3    Math.round( (float) x / y * 100 ) / 100           // =1
4    Math.round( (float) x / y * 100 ) / (float)100    // =1.14
```

注意行 3 的 114 / 100 = 1 的結果。因為被除數與除數都是 int，計算結果也只能是 int，故選項 A 結果為 1。

必須把被除數或除數其中之一轉型為 float，如選項 D，才能得到正確結果。

試題 67

Given:

```
1    public class Exam {
2        public static void main(String[] args) {
3            int i = 0;
4            for (String s : args) {
5                System.out.print((i++) + ")" + s + " ");
6            }
7        }
8    }
```

executed with this command:

```
1  │  java Exam one two three
```

What is the output of this class?

A. The compilation fails.

B. 0)one 1)two 2)three

C. A java.lang.ArrayIndexOutOfBoundsException is thrown.

D. 0)one

E. nothing

参考答案　B

說　明

程式碼行 5 與以下等價，亦即是否有括號 ()，如 (i++) 與 i++，對遞增或遞減運算子的效果沒有其他影響：

```
5  │          System.out.print( i++ + ")" + s + " ");
```

會先執行 System.out.print() 後，才執行 i 的遞增，故選項 B 正確。

試題 68

Which three initialization statements are correct? (Choose three.)

A. int x = 12_21;

B. short sh = (short) 'A';

C. String contact# = "(999 (111)";

D. boolean true = (2 == 2);

E. float x = 1.99;

F. int[][] e = { { 3, 3 }, { 2, 2 } };

G. byte b = 10; char c = b;

參考答案 ABF

說 明

1. 選項 C 編譯失敗，變數名稱不可有特殊字元 #。

2. 選項 D 編譯失敗，變數名稱不可以是關鍵字 true。

3. 選項 E 編譯失敗，變數值 1.99 預設是 double，必須轉型。

4. 選項 G 編譯失敗。char 的變數可以直接指向數字常量，但指向數字變數則要轉型。

試題 69

Given:

```
1    public class Test {
2        static void print(int... arr) {
3            System.out.println("int[]...");
4        }
5        static void print(long l1, long l2) {
6            System.out.println("long, long");
7        }
8        static void print(Integer i1, Integer i2) {
9            System.out.println("Integer, Integer");
10       }
11       public static void main(String[] args) {
12           int i = 9;
13           print(i, i);
14       }
15   }
```

What is the result of compiling and running the following code?

A. Does not compile

B. Prints int[]...

C. Prints long, long

D. Prints Integer, Integer

E. Throws Exception

F. None of these

參考答案 C

說　明 本題的 3 個方法都可以執行。以參數相似度決定 Overloading 選擇順序：

1. 參數型態相符程度。完全一樣最好，同是基本型別或參考型別優先度高，因此第 2 個 print() 優先於第 3 個。

2. 參數數量相符程度。完全一樣最好，因為第 3 個 print() 方法有 2 個參數，優先於第 1 個 print() 方法的 1 個參數。

試題 70

Given a class Exam with instance field integers, and many constructor options like below:

```
1   public class Exam {
2       private Integer[] integers;
3       // Option A
4       public Exam (List<Integer> integers) {
5           this.integers = integers;
6       }
7       // Option B
8       public Exam (Integer... integers) {
9           integers = integers;
10      }
11      // Option C
12      public Exam (Integer... integers) {
13          this.integers = integers;
14      }
15      // Option D
16      public Exam (Integer integers) {
17          integers = integers;
18      }
19      // Option E
20      public Exam (Integer[] integers) {
21          this.integers = integers;
22      }
23  }
```

Which two constructors independently will compile and set the class field integers? (Choose two.)

A. Option A

B. Option B

C. Option C

D. Option D

E. Option E

參考答案　CE

說　明

1. 選項 A 編譯失敗，實例變數欄位與建構子參數型態不符。

2. 選項 B 與 D 未有效設定實例變數欄位，應使用 this.integers。

試題 71

Given:

```
1    public static void main(String[] args) {
2        String s1 = new String("Java");
3        String s2 = "Java";
4        String s3 = s1.intern();
5        System.out.print((s1 == s2) + " ");
6        System.out.print((s2 == s3) + " ");
7        System.out.print((s1 == s3) + " ");
8    }
```

What is the result?

A. false true true

B. true false false

C. false false true

D. false true false

參考答案　D

說　明

1. 行 2 的 s1 的 new String("Java") 依據 API 文件說明「Initializes a newly created String object so that it represents the same sequence of characters as the argument; in other words, the newly created string is a copy of the argument string.」，將產生新的 String 物件，而且和建構子參數字串的字元內容順序一致。

2. 行 3 的 s2 的 "Java" 在建構字串物件後，因爲不可更改 (immutable)，會存放在字串池中等待其他重複使用的機會。

3. 行 4 的 s3 指向 s1.intern()，依據 API 文件說明「When the intern method is invoked, if the pool already contains a string equal to this String object as determined by the equals(Object) method, then the string from the pool is returned. Otherwise, this String object is added to the pool and a reference to this String object is returned.」，方法 intern() 會先去字串池中以 equals() 方法尋找相同的字串物件，如果存在就返回該物件的參照位址（遙控器）；如果不存在則在字串池中建立新的 String 物件，並返回該物件的參照位址。

因爲**物件參考 s1 不涉及字串池**，**s2 與 s3 都涉及字串池可重複使用**；所以 s1 != s2，s1 != s3，s2 == s3。

試題 72

Given:

```
1    public static void main(String[] args) {
2        var x = 10;
3        var y = 5;
4        x += (y * 5 + y) / x - 2;
5        System.out.println(x);
6    }
```

What is the result?

A. 5

B. 3

C. 23

D. 25

E. 11

参考答案　E

說　明　注意運算子處理順序，最終值為 11：

```
1        x += (y * 5 + y) / x - 2;
2        x += 30 / 10 - 2;
3        x += 1;
4        x = x + 1;
```

試題 73

Given:

```
1    public class Exam {
2        private int a;
3        private static int b;
4        public static void main(String[] args) {
5            Exam t1 = new Exam();
6            t1.a = 2;
7            Exam.b = 3;
8            Exam t2 = new Exam();
9            t2.a = 4;
10           t2.b = 5;
11           System.out.print(t1.a + "," + t1.b + " ");
12           System.out.print(t2.a + "," + Exam.b + " ");
13           System.out.print(t2.a + "," + t1.b + " ");
14       }
15   }
```

What is the result?

A. 2,3 4,3 4,5

B. 2,3 4,5 4,5

C. 2,5 4,5 4,5

D. 2,3 4,5 4,3

參考答案　C

說　明

1. static 變數 b 是所有 Exam 物件實例共享，因此行 7 的給值 3 將被行 10 的給值 5 取代。

2. static 變數 b 可以使用類別 Exam 和物件參考 t2 關聯。

試題 74

Given:

```
1    interface MyFunInterface {
2        double getFunValue();
3    }
```

And:

```
1    public class Test {
2        public static void main(String[] args) {
3            MyFunInterface myFun;
4            myFun = () -> "3.14159";
5            System.out.println("Value of MyFun = " + myFun.getFunValue());
6        }
7    }
```

What is the result?

A. It throws a runtime exception.

B. Value of MyFun = 3.14159

C. The code does not compile.

D. Value of MyFun = "3.14159"

C

說　明　行 4 編譯失敗，應回傳 double 而非 String。

試題 75

Given:

```
1    public class Exam {
2        public static void main(String[] args) {
3            System.out.println(args[1] + "--" + args[3] + "--" + args[0]);
4        }
5    }
```

executed using this command:

```
1    java Exam my pen is red
```

What is the output of this class?

A. pen--red--my

B. my--pen--is

C. my--is--java

D. java--Exam--my

E. Exam-pen--red

參考答案　A

試題 76

Which describes a characteristic of setting up the Java development environment?

A. Setting up the Java development environment requires that you also install the JRE.

B. The Java development environment is set up for all operating systems by default.

C. You set up the Java development environment for a specific operating system when you install the JDK.

D. Setting up the Java development environment occurs when you install an IDE before the JDK.

參考答案 C

說　明

本題詢問哪一個選項描述了「設定 Java 開發環境」（setting up the Java development environment）的本質？設定 Java 開發環境一般的認知是和安裝 JDK 有密切關係，如 https://www.oracle.com/webfolder/technetwork/tutorials/oraclecode/windows-hol-setup. pdf。各選項說明如下：

1. 選項 A 的相似語意是「設定 Java 開發環境需要同時安裝 JRE」，而且 JRE 的安裝看語意應該是獨立的選項。然新版 Java 已經取消 JRE 的安裝，只需要安裝 JDK。

2. 選項 B 的相似語意是「所有作業系統預設已經設定 Java 開發環境」，這種說法不容易正確，背後可能還涉及了複雜的商業問題。

3. 選項 C 的相似語意是「安裝 JDK 時將為該作業系統設定 Java 開發環境」，這是比較合理的敘述。

4. 選項 D 的相似語意是「在安裝 JDK 前安裝 IDE，會需要設定 Java 開發環境」。IDE 種類很多；有些是先安裝 JDK 再安裝 IDE，有些 IDE 可以自動取得作業系統中的 Java 開發環境設定，或提供選項供開發者決定。如果作業系統尚未安裝 JDK，應該無法設定 Java 開發環境，因此正確性不如選項 C。

試題 77

Given:

```
1    package lab.p1;
2    public class Super {
3        public int x = 42;
4        protected Super() {}    // line 1
5    }
```

And:

```
1    package lab.p2;
2    import lab.p1.Super;
3    public class Sub extends Super {
4        int x = 10;              // line 2
5        public Sub() {super();}   // line 3
6    }
```

And:

```
1    package lab;
2    import lab.p1.Super;
3    import lab.p2.Sub;
4    public class Exam {
5        public static void main(String[] args) {
6            Super obj = new Sub();              // line 4
7            System.out.println(obj.x);          // line 5
8        }
9    }
```

What is the result?

A. 42

B. The compilation fails due to an error in line 4.

C. 10

D. The compilation fails due to an error in line 3.

E. The compilation fails due to an error in line 2.

F. The compilation fails due to an error in line 1.

G. The compilation fails due to an error in line 5.

參考答案 A

說 明 參考「14.2.2 只有物件成員的方法可以覆寫」。

試題 78

Given:

```
1    public static void main(String[] args) {
2        char[][] arrays = { { '1', '4' }, { '2', '5' }, { '3', '6' } };
3        for (char[] xx : arrays) {
4            for (char yy : xx) {
5                System.out.print(yy);
6            }
7            System.out.print(" ");
8        }
9    }
```

What is the result?

A. 12 34 56

B. An ArrayIndexOutOfBoundsException is thrown at runtime.

C. The compilation fails.

D. 123 456

E. 14 25 36

 E

試題 79

Given:

```
1    public class Exam {
2        public static void main(String[] args) {
3            System.out.println(args[0] + args[1] + args[2]);
4        }
5    }
```

executed using command:

```
1   java Exam "Good Day" Good Day
```

What is the output?

A. An exception is thrown at runtime.

B. Good DayGood Day

C. Good Day Good Day

D. Good DayGoodDay

E. GoodGood DayGoodDay

 D

試題 80

Given:

```
1   public static void main(String[] args) {
2       String str = "this is it";
3       int i = str.indexOf("is");
4       str.substring(i + 5);
5       i = str.indexOf("is");
6       System.out.println(str + " " + i);
7   }
```

What is the result?

A. is it 1

B. An IndexOutOfBoundsException is thrown at runtime.

C. is it 0

D. this is it 2

E. this is it 5

 D

變數 i 的值為 2。String 物件是不可更改（immutable）的，因此行 4 沒有效果，行 5 也跟著沒有效果，所以 i 值沒有改變。

試題 81

Given "while" loop sample:

```
1    int x = 0;
2    while (x < 10) {
3        System.out.print(x++);
4    }
```

And following "for" loops:

```
1    public static void main(String[] args) {
2        // Option A.
3        int a = 0;
4        for (; a < 10;) {
5            System.out.print(++a);
6        }
7        // Option B.
8        for (b; b < 10; b++) {
9            System.out.print(b);
10       }
11       // Option C.
12       for (int c = 0; c < 10;) {
13           System.out.print(c);
14           ++c;
15       }
16       // Option D.
17       for (int d = 0;; d++) {
18           System.out.print(d);
19           if (d == 10) {
20               break;
21           }
22       }
23   }
```

Which "for" loop produces the same output as "while" loop?

A. Option A

B. Option B

C. Option C

D. Option D

参考答案　C

說　明　while loop 輸出 0123456789，各選項：

1. 選項 A 輸出 12345678910，++a 會先 +1 再印出。

2. 選項 B 編譯失敗，因為變數 b 未宣告型態。

3. 選項 C 輸出 0123456789。

4. 選項 D 輸出 012345678910。

試題 82

Given:

```
1    public static void main(String[] args) {
2      String[][] color2dArr={
3        { "Brown", "Pink" },
4        { "Black" },
5        { "Blue", "Yellow", "Green", "Grey" }
6      };
7      for (int row=0; row < color2dArr.length; row++) {
8        int column=0;
9        for (; column < color2dArr[row].length; column++) {
10         System.out.print(
11           "[" + row + "," + column + "]=" + color2dArr[row][column] + " ");
12       }
13     }
14   }
```

What is the result?

A. [0,0]=Brown [0,1]=Pink [1,0]=Black [,1]=Blue [2,0]=Yellow [2,1]=Green [3,0]=Grey

B. [0,0]=Brown [1,0]=Black [2,0]=Blue

C. java.lang.ArrayIndexOutOfBoundsException is thrown

D. [0,0]=Brown [0,1]=Pink [1,0]=Black [2,0]=Blue [2,1]=Yellow [2,2]=Green [2,3]=Grey

參考答案 D

說　明 迴圈的進行順序是：

1. 初始條件（用於變數宣告）。

2. 滿足條件→程式碼區塊→變動條件。

3. 滿足條件→程式碼區塊→變動條件。

…直到結束。所以把行 8 與行 9 合併為 1 行後，更容易看清題目本質：

```
8    //  int column=0;
9         for (int column=0; column < color2dArr[row].length; column++) {
```

試題 83

Given:

```
1     interface MyInterface {
2         abstract void x();
3     }
4     abstract class ClassB /* position 1 */ {
5         /* position 2 */
6         public void x() {}
7         public abstract void z();
8     }
9     class ClassC extends ClassB implements MyInterface {
10        /* position 3 */
11    }
```

Which code, when inserted at one or more marked positions, would allow ClassB and ClassC to compile?

A. @Override // position 3

   void x () {} // position 3

   @Override // position 3

   public void z() { } // position 3

B. @Override // position 2

   public void z() { } // position 3

C. implements MyInterface // position 1

   @Override // position 2

D. public void z() { } // position 3

參考答案　D

說　明　參考「12.4.2 Java 只能單一繼承」：

1. 無法通過編譯的是 ClassC。因為 implements MyInterface 而需要實作的 void x() 方法，可以藉由 extends ClassB 後取得的 void x() 方法來彌補，唯一要處理的只有實作 void z() 方法，故選 D。

2. position 3 不可以是 @Override void x () {}，必須是 @Override public void x () {}，故選項 A 錯誤。

3. 要在 position 2 加上 @Override，則 position 1 必須要有 implements MyInterface，所以選項 B 錯誤；但即便滿足前述條件，也不能讓 ClassC 通過編譯，因此選項 C 錯誤。

試題 84

Given:

```
1    public class Exam {
2        private final int a = 9;
3        static final int b;
4        public Exam() {
```

```
5              System.out.print(a);
6              System.out.print(b);
7          }
8      public static void main(String[] args) {
9              new Exam();
10         }
11  }
```

What is the result?

A. 9

B. The compilation fails at line 3.

D. The compilation fails at line 9.

E. The compilation fails at line 6.

參考答案　B

說　　明　static 的 final 變數，必須宣告時馬上給值，或在區塊 static { } 內給值。

試題 85

Given:

```
1   class GameObject {
2       public Object[] moveTo(int x, int y) {
3           System.out.println("MoveTo GameObject");
4           return new Integer[] { x + 5, y + 5 };
5       }
6   }
7   class DeskGame extends GameObject {
8       public Object[] move(Number x, Number y) {
9           System.out.println("MoveTo DeskGame");
10          return super.moveTo(x.intValue(), y.intValue());
11      }
12  }
```

And:

```
1    public class Test {
2        public static void main(String[] args) {
3            var game = new DeskGame();
4            game.move(5.0, 5.0);
5            game.moveTo(5, 5);
6        }
7    }
```

What is the result?

A.

MoveTo GameObject

MoveTo GameObject

B.

MoveTo DeskGame

MoveTo GameObject

MoveTo GameObject

C.

MoveTo GameObject

D.

MoveTo GameObject

MoveTo DeskGame

MoveTo GameObject

參考答案　B

說　明

1. 類別 Test 的行 3 使用 var 宣告，推估 game 的型別是 DeskGame。

2. 當方法被呼叫時，先依照編譯器看到的候選方法，依其參數契合度的順序進行呼叫；如果宣告型別與實際型別不同，則覆寫的方法優先呼叫。本例因為宣告型別與實際型別相同，無後者考量，因此類別 Test 的行 4 會呼叫 move(Number x, Number y)，行 5 呼叫 moveTo(int x, int y)。

試題 86

Given:

```
1    public static void main(String[] args) {
2        int x = 0;
3        for (; x < 10; x++) {
4            System.out.print(++x + " ");
5        }
6    }
```

What is the result?

A. 1 3 5 7 9

B. 1 3 5 7 9 11

C. 2 4 6 8 10

D. 2 4 6 8

參考答案　A

說　明　考題等價於：

```
1    public static void main(String[] args) {
2        for (int x = 0; x < 10; x++) {
3            x++;
4            System.out.print(x+ " ");
5        }
6    }
```

1. 當 x 為 0 時輸出 1，因此答案只會是選項 A 或 B。

2. 當行 4 輸出 9，下一步驟進入行 2 會讓 x=10。此時已經不滿足行 2 的條件 x < 10，因此迴圈終止。故最後輸出值為 9，答案為選項 A。

試題 87

Given:

```
1    class Item {
2        private String name;
3        public Item(String name) {
4            this.name = name;
5        }
6    }
```

And:

```
1    public class Test {
2        public static void main(String[] args) {
3            Item[] items = createItemArray();
4            /* line 1 */
5            for (Item t : items) {
6                System.out.println(t);
7            }
8        }
9        private static Item[] createItemArray() {
10           Item[] items = new Item[3];
11           items[0] = new Item("Hat");
12           items[1] = new Item("Rat");
13           items[2] = items[0];
14           items[0] = new Item("Cat");
15           items[1] = items[2];
16           return items;
17       }
18   }
```

How many Item objects are eligible for garbage collection in line 1?

A. 3

B. 2

C. 0

D. 1

E. 4

參考答案 D

說　明

考題詢問在 line 1 時有多少個物件有資格（eligible）被資源回收（garbage collection）？
分析如下圖，最終有 1 個物件 new Item("Rat") 將被資源回收：

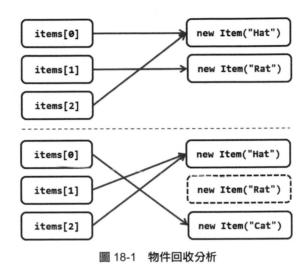

圖 18-1　物件回收分析

試題 88

Given:

```
1    class MySuper {
2        protected MySuper() {
3            this(2);
4            System.out.print("3");
5        }
6        protected MySuper(int i) {
7            System.out.print(i);
8        }
9    }
10   class MySub extends MySuper {
11       MySub() {
12           this(4);
13           System.out.print("1");
```

```
14          }
15      MySub(int i) {
16          System.out.print(i);
17      }
18  }
19
```

And:

```
1   public static void main(String[] args) {
2       new MySub(4);
3   }
```

What is the result?

A. 2134

B. 234

C. 2341

D. 214

参考答案　B

說　明　子類別的建構子執行前，必須先執行父類別建構子。因此順序為：

1. 行 15、2、3、6、7，將輸出字串 2。

2. 行 4，將輸出字串 3。

3. 行 16，將輸出字串 4。

程式結束，一共輸出字串 234。

試題 89

Given:

```
1   class Plant {
2   }
```

```
3    class Tree extends Plant {
4    }
```

And:

```
1    public class Garden {
2        private static Plant plant;
3        public static void main(String[] args) {
4            plant = new Tree();
5            feed(plant);
6            feed(plant);
7        }
8        public static void feed(Plant p) {
9            if (p instanceof Tree) {
10                System.out.print("Is a tree, ");
11            }
12            p = null;
13        }
14    }
```

What is the result?

A. Is a tree,

B. The program prints nothing.

C. Is a tree, Is a tree,

D. An exception is thrown at runtime.

參考答案 C

說　明

參考「10.4.1. 變數值傳遞的發生情境」。Java 在行 5 與行 6 都會複製一份物件參考 plant 傳入 feed() 方法，且這些物件參考一開始都仍指向行 4 的物件。

在 feed() 方法內，若以物件參考 plant 對物件進行改變，會真實影響行 4 的物件，但本例沒有；只是將複製的物件參考 p 指向其他標的，如 null，如此複製的物件參考 p 就和行 4 的物件 new Tree() 完全無關。

在方法 feed() 執行結束後，只有複製的物件參考 plant 被 GC，並不影響行 4 物件，故兩次執行都輸出相同結果。

試題 90

Given:

```
1    public static void main(String[] args) {
2        StringBuilder sb = new StringBuilder("MMNOOOPQQ");
3        int i = 0;
4        a:
5        while (i < sb.length()) {
6            char x = sb.charAt(i);
7            int j = 0;
8            i++;
9            b:
10           while (j < sb.length()) {
11               char y = sb.charAt(j);
12               if (i != j && y == x) {
13                   sb.deleteCharAt(j);
14                   // line 1
15               }
16               j++;
17           }
18       }
19       System.out.println(sb);
20   }
```

Which two statement inserted independently at line 1 enable this code to print MOOQ?

A. i--;

B. continue b;

C. break b;

D. j--;

E. continue a;

F. break a;

參考答案 CE

說　明

1. 在行 14 的 line 1 放置適當的程式碼，可以在行 12 判斷當成員索引 i、j 不同，字元成員 x、y 卻相同時，將該字元成員移除。可以使字串 MMNOOOPQQ 移除每一種字串的其中一個，因此移除 MNOPQ，剩餘 MOOQ。

2. 行 4 與行 9 稱為「label」，可用於搭配 break 與 continue 敘述，參考 Java 文件說明 https://docs.oracle.com/javase/tutorial/java/nutsandbolts/branch.html。

   - break 敘述用於迴圈內可以終止未完成的所有迴圈執行；break 敘述搭配 label，則可以藉由 label 指定作用的迴圈。

   - continue 敘述用於迴圈內可以結束目前迴圈，並繼續下一次迴圈；continue 敘述搭配 label 則可以藉由 label 指定作用的迴圈。

3. 註解行 line 1 使用「break b;」或「continue a;」效果相同，都會讓程式碼進入行 14 後，直接跳到行 5 執行，所以在行 13 以內部迴圈刪除重複的字元成員後，直接進行下一個外部迴圈。

試題 91

Given:

```
1    public class Exam {
2        enum Machine {
3            AUTO("Car"), MEDICAL("Printer");
4            private String type;
5            private Machine(String type) {
6                this.type = type;
7            }
8            public String getType() {
9                return type;
10           }
11           public void setType(String type) {
12               this.type = type;    // line 1
13           }
14       }
```

```
15      public static void main(String[] args) {
16          Machine.AUTO.setType("abcd");      // line 2
17          for (Machine p : Machine.values()) {
18              System.out.println(p + ": " + p.getType());    // line 3
19          }
20      }
21  }
```

A. An exception is thrown at run time.

B. AUTO: abcd

　MEDICAL: Printer

C. The compilation fails due to an error on line 2.

D. The compilation fails due to an error on line 1.

E. AUTO: Car

　MEDICAL: Printer

F. The compilation fails due to an error on line 3.

參考答案 B

說　明

參考「15.5.3 進階型列舉型別」。因為列舉型別的列舉項目是 public、static 與 final，因此行 16 把 Machine.AUTO 的 type 改為 abcd 後，行 18 迴圈輸出列舉型別 Machine 的所有列舉項目 AUTO 與 MEDICAL 時，也會與行 16 有一致結果。

試題 92

Given:

```
1   interface MyInterface {
2       void showTest();
3   }
```

And:

```
1    // Option A.
2    abstract class MyClassA implements MyInterface {
3        public String showTest() {
4            return "test";
5        }
6    }
7    // Option B.
8    abstract class MyClassB implements MyInterface {
9        public void showTest() {
10           System.out.println("test");
11       }
12   }
13   // Option C.
14   class MyClassC implements MyInterface {
15       void showTest();
16   }
17   // Option D.
18   class MyClassD implements MyInterface {
19       private void showTest() {
20           System.out.println("test");
21       }
22   }
23   // Option E.
24   abstract class MyClassE implements MyInterface {
25       public abstract void showTest();
26   }
27   // Option F.
28   class MyClassF implements MyInterface {
29       public void showTest() {
30           System.out.println("test");
31       }
32   }
```

Which three classes successfully override showTest()?

A. Option A

B. Option B

C. Option C

D. Option D

E. Option E

F. Option F

参考答案 BEF

說　明 參考「11.5.5 熟悉覆寫規則」，掌握 4 個原則：

1. 覆寫的前提是父子類別的方法的「簽名（名稱＋參數）」完全相同。

2. 覆寫後存取層級（access modifier）必須相同或更高。

3. 覆寫後回傳型態（return type）必須相同或是子類別。

4. 覆寫後拋出的例外（Exception）必須相同，或是子類別，而且數量可以更少。

試題 93

Given:

```
1   public static void main(String[] args) {
2       char[][] arr2d = { { 'a', 'b' }, { 'c', 'd' }, { 'e', 'f' } };
3       for (char[] arr1d : arr2d) {
4           for (char c : arr1d) {
5               System.out.print(c);
6           }
7           System.out.print(" ");
8       }
9   }
```

What is the result?

A. An ArrayIndexOutofBoundsException is thrown at runtime.

B. The compilation fails.

C. ac eb df

D. ab cd ef

E. ace bdf

参考答案 D

試題 94

Given:

```
1    interface Printer {
2        public default void print(String msg) {
3            System.out.println("Message from Printer: " + msg);
4        }
5    }
6    abstract class AbstractPrinter {
7        protected void print(String load) {
8            System.out.println("Message from Abstract Printer: " + load);
9        }
10   }
```

And:

```
1    public class PrinterImpl extends AbstractPrinter implements Printer {
2        public static void main(String[] args) {
3            PrinterImpl test = new PrinterImpl();
4            test.print("Good Day!");
5        }
6    }
```

What is the output?

A. Compilation error.

B. Message from Printer: Good Day!

C. Message from Abstract Printer: Good Day!

D. A runtime error is thrown.

參考答案　A

說　明

參考 16.4.4~16.4.6。本題編譯失敗，訊息為「The inherited method AbstractPrinter. print(String) cannot hide the public abstract method in Printer」。子類別 PrinterImpl 的父類別 AbstractPrinter 與介面 Printer 具備相同方法 print()，這部分沒有衝突，Java 會

嘗試以父類別方法覆寫介面方法，但最終因爲 protected 無法遮蔽 public 而編譯失敗。

試題 95

Given:

```
1    interface Calculator {
2        public int calc (int a, int b);
3    }
```

And:

```
1    public static void main(String[] args) {
2        int result = 0;
3        // line 1
4        result = c.calc(30, 40);
5        System.out.println(result);
6    }
```

Which two options, independently, can be inserted in line 1 to compile?

A. Calculator c = (int x, int y) -> { x * y };

B. Calculator c = (int x, int y) -> { return x * y; };

C. Calculator c = (x, y) -> x * y;

D. Calculator c = x, y -> x * y;

E. Calculator c = (int x, y) -> { return x * y; };

參考答案 BC

說　明 參考「17.2.5 Lambda 表示式的使用方式」。

試題 96

Given:

```
1    public class Test {
2        static StringBuilder sb1 = new StringBuilder("d ");
3        StringBuilder sb2 = new StringBuilder("c ");
4        StringBuilder foo(StringBuilder s) {
5            System.out.print(s + " b " + sb2);
6            return new StringBuilder("e");
7        }
8        public static void main(String[] args) {
9            sb1 = sb1.append(new Test().foo(new StringBuilder("a")));
10           System.out.println(sb1);
11       }
12   }
```

what is the result?

A. a b c e

B. a b c

C. A compile time error occurs.

D. d e

E. b c a

F. a b c d e

參考答案 F

說　　明

1. StringBuilder 與 String 相加（＋）會得到 String，如以下範例輸出結果 xy，因此行 5 通過編譯：

```
1    public static void main(String[] args) {
2        String s = new StringBuilder("x") + "y";
3        System.out.println(s);    // 輸出xy
4    }
```

2. StringBuilder 的方法 apend() 原始碼如下。介面 CharSequence 的實作包含 String、StringBuilder 等，因此題目行 9 可以通過編譯：

🚀 **範例：java.lang.StringBuilder**

```
1    @Override
2    public StringBuilder append(CharSequence s) {
3        super.append(s);
4        return this;
5    }
```

3. 因爲編譯可以通過，結果輸出 a b c d e。

試題 97

Given:

```
1    public class Test {
2        static int myInt = 999;
3        public static void main(String[] args) {
4            int myInt = myInt;
5            System.out.println(myInt);
6        }
7    }
```

What is true?

A. The code does not compile successfully.

B. It prints 999.

C. The code compiles and runs successfully but with a wrong answer (i.e., a bug).

D. Code compiles but throws a runtime exception when run.

参考答案　A

說　明

1. 行 4 的變數 myInt 在方法 main() 內有另行宣告，因此和行 2 的變數 myInt 沒有關聯。

2. 行 4 的敘述讓變數 myInt 等於自己，等同沒有給值，編譯失敗訊息為「The local variable myInt may not have been initialized」。

試題 98

Given:

```
1    public class Test {
2        public void output(byte v) {
3            System.out.println("Byte value is " + v);
4        }
5        public void output(short v) {
6            System.out.println("Short value is " + v);
7        }
8        public void output(Object v) {
9            System.out.println("Object value is " + v);
10       }
11       public static void main(String[] args) {
12           byte x = 14;
13           short y = 13;
14           new Test().output(x + y);    //line 1
15       }
16   }
```

What is the output?

A. Short value is 27

B. The compilation fails due to an error in line 1.

C. Byte value is 27

D. Object value is 27

参考答案　D

說　明　參考「5.3.3. 暫存空間對算術運算的影響」:

1. Java 在計算 byte、char、short 時，會將數字自動升級為 int，才開始計算。

2. 基本型別 int 透過自動包裹的機制，可以成為 Integer，屬於 Object 的子類別，因此多載（Overloaded）的方法中最後會選擇 output(Object) 執行。

試題 99

Given:

```
1   interface MyInterface {
2   // Option A
3       final void methodA();
4   // Option B
5       public void methodB() {
6           System.out.println("B");
7       }
8   // Option C
9       public abstract void methodC();
10  // Option D
11      private abstract void methodD();
12  // Option E
13      public int E;
14  // Option F
15      public String methodF();
16  // Option G
17      final void methodG() {
18          System.out.println("G");
19      }
20  }
```

Which two statements are valid to be written in this interface?

A. Option A

B. Option B

C. Option C

D. Option D

E. Option E

F. Option F

G. Option G

說　明

1. 選項 A 編譯失敗，方法不可以是 final。

2. 選項 B 編譯失敗，public 方法未宣告 abstract、default、static 時，預設是 abstract，不可以有方法內容。

3. 選項 D 編譯失敗，private 方法只能宣告為 static，或者直接留空。

4. 選項 E 編譯失敗，欄位必定是 public、static 且 final，因此必須馬上給初始值。

5. 選項 G 編譯失敗，方法不可以是 final。

試題 100

Given:

```
1   package p1;
2   public class A {
3       public int x = 52;
4       protected A() {}        // line 1
5   }
```

And:

```
1   package p2;
2   import p1.A;
3   public class B extends A {
4       int x = 27;               // line 2
5       public B() {super();};    // line 3
6   }
```

And:

```
1   import p1.A;
2   import p2.B;
```

```
3    public class Test {
4        public static void main(String[] args) {
5            A obj = new B();          // line 4
6            System.out.println(obj.x);  // line 5
7        }
8    }
```

What is the result?

A. The compilation fails due to an error in line 1.

B. The compilation fails due to an error in line 2.

C. The compilation fails due to an error in line 3.

D. The compilation fails due to an error in line 4.

E. The compilation fails due to an error in line 5.

F. 52

G. 27

參考答案　F

說　明

1. 本題通過編譯，且答案輸出 52。

2. 參考「14.1.2 欄位遮蔽效應」，因此 line 2 可以通過編譯。